普通高等教育网络工程专业教材

网站前端技术案例教程
（HTML+CSS+JavaScript）
（第二版）

主　编　黄华升

副主编　罗兰花　袁淑丹　巫湘林　任子亭

中国水利水电出版社
www.waterpub.com.cn

·北京·

内 容 提 要

本书系统地介绍了 HTML、CSS、JavaScript 的基本语法，并从基本概念到具体实践，从页面元素到页面布局，从单张网页到网站结构，对网站前端技术进行了细致的阐述和演示。

全书共 12 章，结合 HTML、CSS 和 JavaScript 的基础知识及应用提供了 32 个案例和一个综合实训项目，其中第 1 章至第 3 章讲解 HTML 与 CSS 的基础知识，包括 HTML 和 CSS 简介、编辑工具的选用、基本文本页面的编辑、CSS 选择器、CSS 文本样式属性等；第 4 章至第 6 章讲解盒子模型、定位方法、列表样式、超级链接等；第 7 章和第 8 章讲解表格与表单、CSS3 常用属性等；第 9 章至第 11 章讲解 JavaScript 的编程基础与事件处理方法；第 12 章为实训项目，将前面的知识点融会贯通，以"黄姚古镇旅游网"为任务需求，完成演示准备、建立项目、建立模板、编辑具体页面、发布网站等一系列工作。

第二版选择国产开源的 HBuilder 作为操作软件介绍，方便零基础的初学者获取使用软件；添加了 CSS3 弹性盒子（Flex Box）内容，修改了部分案例内容，使案件教学更充实，教学过程更方便。

本书可作为计算机相关专业前端技术基础课教材、非计算机专业网页制作选修课教材。

图书在版编目（ＣＩＰ）数据

网站前端技术案例教程：HTML+CSS+JavaScript /
黄华升主编. -- 2版. -- 北京：中国水利水电出版社，
2022.6
普通高等教育网络工程专业教材
ISBN 978-7-5226-0706-1

Ⅰ. ①网… Ⅱ. ①黄… Ⅲ. ①超文本标记语言－程序
设计－高等学校－教材②网页制作工具－高等学校－教材
③JAVA语言－程序设计－高等学校－教材 Ⅳ.
①TP312.8②TP393.092.2

中国版本图书馆CIP数据核字(2022)第079473号

策划编辑：周益丹　责任编辑：高　辉　加工编辑：黄卓群　封面设计：梁　燕

书　　名	普通高等教育网络工程专业教材 网站前端技术案例教程（HTML+CSS+JavaScript）（第二版） WANGZHAN QIANDUAN JISHU ANLI JIAOCHENG(HTML+CSS+JavaScript)
作　　者	主　编　黄华升 副主编　罗兰花　袁淑丹　巫湘林　任子亭
出版发行	中国水利水电出版社 （北京市海淀区玉渊潭南路 1 号 D 座　100038） 网址：www.waterpub.com.cn E-mail: mchannel@263.net（万水） 　　　　sales@mwr.gov.cn 电话：（010）68545888（营销中心）、82562819（万水）
经　　售	北京科水图书销售有限公司 电话：（010）68545874、63202643 全国各地新华书店和相关出版物销售网点
排　　版	北京万水电子信息有限公司
印　　刷	三河市鑫金马印装有限公司
规　　格	184mm×260mm　16 开本　19.75 印张　493 千字
版　　次	2017 年 8 月第 1 版　2017 年 8 月第 1 次印刷 2022 年 6 月第 2 版　2022 年 6 月第 1 次印刷
印　　数	0001—3000 册
定　　价	49.00 元

第二版前言

随着互联网的快速发展和竞争日渐激烈，网站用户体验成为了重要的关注点，专业的前端工程师随之成为热门职业，各大公司对前端工程师的需求量都很大，要求也越来越高，优秀的前端工程师更是稀缺。在各大人才招聘网站上都能看到不断更新的前端工程师的岗位招聘需求，因此学好前端技术对就业和发展都非常有用。前端工程师的职责是制作标准优化的代码，增加交互动态功能，并进行丰富互联网的 Web 开发，致力于通过技术改善用户体验。前端工程师需要掌握的技术有 HTML、JavaScript、CSS，以及最新出现的各种框架如 node.js、AngularJS、vue.js 等。虽然未来会出现更多新技术和新框架来帮助前端工程师完成各种复杂的任务，但是它们都离不开三大核心技术：HTML、JavaScript、CSS。

本书以 HTML、CSS、JavaScript 三大核心技术的知识点为主线，以建设一个旅游资讯网站为任务驱动，将复杂的网站设计操作转化为多个通俗易懂的任务，最后汇总成一个综合案例——"黄姚古镇旅游网"网站开发。全书共分 11 个模块、32 个案例，每个案例以实例为引导，操作步骤清晰，有利于初学者系统地学习前端网页设计的基础知识，掌握网站开发的方法与过程。本书采用"案例驱动"编写方式，将知识点巧妙地设计到相应案例中，使读者在实现案例效果的同时掌握基础知识。本书案例具有连贯性，最后把前面所有案例串联起来形成一个综合案例，让学生的学习更有成就感。第二版加入了 flex 布局内容，并对部分案例进行了优化，使得案例编排更合理，使用更方便。

本书由黄华升任主编（负责统稿工作），罗兰花、袁淑丹、巫湘林、任子亭任副主编，另外参与编写的还有韦小梧、吴继军、陈杨明、张琴芳、胡世洋、殷玉玲、胡元闯、陈醒基、王珍珍、黄江鑫、张红军等。

本书配有案例源代码、电子教案、操作视频等教学资源。在"学习通"平台（https://mooc1.chaoxing.com/course/201676611.html）提供了慕课资源，方便开展混合式教学。

在本书编写过程中，编者得到了贺州学院领导和中国水利水电出版社的帮助与支持，在此一并表示感谢。由于时间仓促，加之编者水平有限，书中疏漏甚至错误之处在所难免，恳请读者批评指正。

编 者
2022 年 3 月

第一版前言

随着互联网的快速发展和激烈竞争，用户体验成为了一个重要的关注点，专业的前端工程师随之成为热门职业，各大公司对前端工程师的需求量都很大，要求也越来越高，优秀的前端工程师更是稀缺。在各大人才招聘网站上都能看到不断更新的招聘前端工程师的岗位需求，学好前端技术对就业和发展都非常有用。

前端工程师的职责是制作标准优化的代码，增加交互动态功能，并进行丰富互联网的 Web 开发，致力于通过技术改善用户体验。要求掌握的主要技术包含 HTML、JavaScript、CSS，以及最新出现的各种框架如 node.js、AngularJS、vue.js 等等。虽然以后会有各种各样的新技术、新框架，帮助前端工程师完成各种复杂的任务，但是所有这些新技术、新框架都离不开三大核心技术 HTML、JavaScript、CSS。作为一本前端工程师基础课程的教程，本书以 HTML、JavaScript、CSS 为知识点，适合所有将要进入前端技术领域的初学者。

本教材的特点如下：

根据对前端工程师的技术要求分析，以 HTML、CSS、JavaScript 三大核心技术的知识点为主线，以建设一个旅游资讯网站为任务驱动，将复杂的网站设计操作转化为多个通俗易懂的任务，最后汇总成一个大的综合实例——"黄姚古镇旅游网"。全书共分为 11 个模块，每个模块又细分为多个案例，全书共有 32 个案例。每个案例以实例为引导，操作步骤清晰，有利于初学者比较系统地学习前端网页设计的基础知识，掌握网站开发的方法与过程。教材采用"案例驱动式"编写方式，将知识点巧妙地设计到相应案例中，将每次要简述的基础知识融入到案例中，使读者在实现案例效果的同时，就能掌握基础知识。每个案例的教与学难度基本控制在 1 个学时到 2 个学时之间，方便老师开展课堂教学。案例具有连贯性，在最后一章把所有前面的案例串联起来形成一个综合案例，让学生有成就感。

本书由黄华升任主编，任子亭、袁淑丹、巫湘林任副主编。黄华升主持了全书的编写及审稿工作，并编写了第 9～11 章内容；袁淑丹编写了第 1～4 章内容；任子亭编写了第 5～8 章内容；巫湘林编写了第 12 章内容。

本书精心配置了源代码、教学课件、配套视频等教学资源，并将演示视频发布到网络上生成了二维码，在书中的案例部分附加了操作视频二维码，读者可以使用手机扫一扫二维码，即可一边阅读书本的讲解，一边看着手机观看视频分解，实现"书+码"的学习互动。本书配有微信公众号，提供在线答疑服务及更多资源。

微信公众号

本书可用作计算机相关专业的前端技术基础课程教材、非计算机专业的网页制作选修课教材，社会人员学习网页前端的基础教材，也可供其他计算机专业人员参考使用。

　　由于作者水平有限，书中疏漏和错误之处在所难免，欢迎广大读者提出宝贵意见。

编　者

2017 年 6 月

目　　录

第 1 章　网页制作基础知识

- 了解 Web 标准。
- 掌握 HTML、CSS 及 JavaScript 的作用。
- 了解网页制作工具 Dreamweaver。

随着互联网的迅猛发展，各种 Web 网站不断涌现，在学习 HTML、CSS 及 JavaScript 前，先了解一些与互联网有关的知识有利于我们更好地进行后续学习。

1.1　网站建设基本概念

首先要来认识一下网页，打开浏览器，在地址栏中输入一个网址，浏览器就会展示出相应的网页内容。

1.1.1　名词解释

在设计制作网页之前，一定要了解有关网页的一些术语。下面就来详细学习 Internet、WWW、URL、DNS 等术语。

1. Internet

Internet 是连接世界各地成千上万个计算机网络的网络，是全世界最大的计算机网络系统，称为国际互联网络。

2. WWW

WWW 是 World Wide Web 的缩写，中文名为万维网，是 Internet 众多服务应用中最普及、功能最丰富、最常见的一个，是一个基于超文本格式的检索器。超文本格式是将文档中不同的部分通过关键字的方式建立链接，使得信息不仅可以以传统的线性方式进行搜索，还可以以非线性链接方式进行。我们平时上网浏览的网页正是万维网页面。它不是网络，而是一种提供信息的服务系统。

3. URL

URL（Uniform Resource Locator，统一资源定位符）是对可以从互联网上得到的资源的位置和访问方法的一种简洁表述，简单来说就是互联网上标准资源的地址。互联网上的每个文件都有一个唯一的 URL，它包含的信息指出文件的存储位置以及浏览器应该如何处理。用户要访问 Internet 上的资源，就必须知道该资源的地址，即该资源在 Internet 上的网址或 Web 地址。

4. DNS

DNS（Domain Name System，域名系统）为 Internet 上的主机分配域名地址和 IP 地址。用户使用域名地址，该系统就会自动把域名地址转为 IP 地址。域名服务是运行域名系统的

Internet 工具，即我们平时所记的网址，如 http://www.hzu.gx.cn。

5. HTTP

HTTP 是指超文本传输协议，负责规定浏览器和服务器互相交流的方式。

6. Web

Web 的本义是蜘蛛网或网，在网页设计中我们用以表示网页，现广泛用于网络、互联网等技术领域。其表现为三种形式，即超文本（Hypertext）、超媒体（Hypermedia）、超文本传输协议（HTTP）。

7. W3C

万维网联盟（World Wide Web Consortium，W3C），又称 W3C 理事会，1994 年 10 月在麻省理工学院计算机科学实验室成立。W3C 为解决 Web 应用中不同平台、技术和开发者带来的不兼容问题，保障 Web 信息的顺利和完整流通，制定了一系列标准并督促 Web 应用开发者和内容提供者遵循这些标准。标准的内容包括使用语言的规范、开发中使用的导则和解释引擎的行为等。W3C 还制定了 XML 和 CSS 等众多影响深远的标准规范。但是，W3C 制定的 Web 标准并非强制标准而只是推荐标准，因此部分网站仍然不能完全实现这些标准，特别是使用早期所见即所得网页编辑软件设计的网页往往会包含大量非标准代码。

W3C 致力于对 Web 进行标准化，创建并维护了 WWW 标准。W3C 标准被称为 W3C 推荐标准（W3C Recommendations），W3C 最重要的工作是发展 Web 规范，也就是描述 Web 通信协议（如 HTML 和 XML）和其他构建模块的推荐标准。

8. 网页

网页（Web Page）是一个用 HTML 语言编写的文件（扩展名为 html 和 htm），存储在与互联网相连的计算机中，经由网址（URL）识别与存取，通过 Internet 传输并被 Web 浏览器读取后翻译成以文本、图片、声音、视频等多媒体信息元素构成的页面文件。网页一般由文字、图片、超链接等组成，另外声音、视频、动画等可以为网页增加丰富的色彩和动态效果。

9. 网站

网站（Web Site）是指在因特网上，根据一定的规则，使用 HTML 等工具制作的用于展示特定内容的相关网页的集合。简单地说，网站是一种通信工具，就像布告栏一样，人们可以通过它发布自己想要公开的资讯或者提供相关的网络服务，也可以通过网页浏览器访问网站来获取自己需要的资讯或者享受网络服务。

网站由域名、网页和网站空间三部分组成。网站域名就是在访问网站时在浏览器地址栏中输入的网址，网页用某种形式的 HTML 来编写，多个网页由超级链接联系起来。网站空间由专门的独立服务器或租用的虚拟主机承担，网页需要上传到网站空间中才能供浏览者访问。

10. 主页

主页（Home Page）又称首页，就是通过浏览器进入网站的第一页。主页是网站最重要的一页，是访问者浏览网页的向导。它根据大多数人的习惯，以色彩、线条、图片等要素将导航条、各功能区和内容进行分隔。在网站文件中默认的主页名为 index.html。

11. 静态网页

在网站设计中，通常只有 HTML 格式的网页被称为静态网页，早期的网站基本是由静态网页制作的。静态网页的主要特点如下：

● 扩展名一般为 html 或 htm。

- 没有后台数据库的支持，网站制作和维护的工作量比较大。
- 交互性较差，只适合直接显示各种信息。

12. 动态网页

与静态网页相对应，采用动态网站技术生成的网页称为动态网页。动态网页的主要特点如下：

- 扩展名一般为 asp、jsp 或 php。
- 有后台数据库的支持，可大大降低网站维护的工作量。
- 交互性较强，可以实现如用户登录、在线调查、用户管理等多种交互功能。

13. 网页基本元素

网页是由文本、图片等多种媒体元素构成的。

- 文本：是网页中最主要的信息载体，浏览者主要通过它来了解各种信息。
- 图片：可以使网页看上去更加美观。如果是新闻类或说明类网页，插入图片后可以让浏览者更加快捷地了解网页所要表达的内容。
- 水平线：在网页中主要起到分隔区域的作用，使网页的结构更加美观合理。
- 表格：是网页设计过程中使用最多的基本元素，首先它可以显示分类数据，其次用它进行网页排版可以达到更好的定位效果。
- 表单：当访问者要查找信息或申请服务时，需要向网页提交某些信息，这些信息就是通过表单的方式输入到 Web 服务器，并根据所设置的表单处理程序进行加工处理的。表单中包括输入文本、单选按钮、复选框和下拉菜单等。
- 超链接：是实现网页按照一定逻辑关系跳转的元素。一般情况下，在浏览网页时将鼠标指针指向具有超链接的文本或图片时，鼠标指针就会变成小手的形状。
- 动态元素：如今网页中的动态元素可以说是丰富多彩，包括 GIF 动画、Flash 动画、滚动字幕、悬停按钮、广告横幅、网站计数器等。这些动态元素使网页不再是一个静止的画面，而被赋予了生命力，使网页活了起来。

1.1.2　Web 标准概述

Web 标准不是某一个标准，而是一系列标准的集合。用户只有了解其概念后才能对网页做到有的放矢，在全局上把握各种技术。

网页的 Web 标准主要由三部分组成：结构（Structure）、表现（Presentation）和行为（Behavior）、这些标准主要由万维网联盟起草和发布，我们主要了解万维网联盟规定的结构（Structure）、表现（Presentation）和行为（Behavior）标准。

1. 结构标准语言

结构标准语言包括两个部分：可扩展标记语言（XML）和可扩展超文本标记语言（XHTML）。和 HTML 一样，XML 同样来源于标准通用标记语言，XML 和标准通用标记语言都是能定义其他语言的语言。XML 最初设计的目的是弥补 HTML 的不足，以强大的扩展性满足网络信息发布的需要，后来逐渐用于网络数据的转换和描述。

目前遵循的是 W3C 于 2000 年 1 月 26 日推出的 XML 1.0。XML 虽然数据转换能力强大，完全可以替代 HTML，但面对成千上万已有的站点，直接采用 XML 还为时过早。因此，我们在 HTML 4.0 的基础上，用 XML 的规则对其进行扩展，得到了 XHTML。简单地说，建立 XHTML

的目的就是为了实现 HTML 向 XML 的过渡。

2. 表现标准语言

CSS（层叠样式表）目前遵循的是 W3C 于 1998 年 5 月 12 日推出的 CSS2。同时 CSS3 版本对 CSS2 版本有很多的修改和补充，也逐步在推广应用。W3C 创建 CSS 标准的目的是以 CSS 取代 HTML 表格式布局、帧和其他表现的语言。纯 CSS 布局与结构式 XHTML 相结合能帮助设计师分离外观与结构，使站点的访问及维护更加容易。

3. 行为标准语言

行为标准语言包括两部分：DOM 和 ECMAScript。DOM（Document Object Model，文档对象模型）。根据 W3C DOM 规范（详见 http://www.w3.org/DOM/），DOM 是一种与浏览器、平台、语言的接口，是访问其他页面的标准组件。DOM 定义了表示和修改文档所需的对象、这些对象的行为和属性以及这些对象之间的关系。通过 JavaScript，可以重构整个 HTML 文档，也可以添加、移除、改变或重排页面上的项目。

ECMAScript 是 ECMA 制定的标准脚本语言，主要为 JavaScript 技术建立 Web 标准，目的就是解决网站中由于浏览器升级、网站代码冗余和臃肿等带来的问题。

总之使用 Web 标准的好处在于大大缩减了页面代码，提高了浏览速度，降低了网络带宽成本。由于结构清晰，网页更容易被搜索引擎搜索，为智能化网络提供支持。

1.2　网页制作入门

想要制作出完美的网页或网站，HTML+CSS+JavaScript 就是我们要学习掌握的基本技术，当然也是本书的重点内容。

1.2.1　HTML 简介

HTML（HyperText Markup Language，超文本标记语言）是一种用来制作超文本文档的简单标记语言。所谓超文本，是指用 HTML 创建的文档可以加入图片、声音、动画、影视等内容，并且可以实现从一个文件跳转到另一个文件，与世界各地主机的文件连接。

HTML 超文本标记语言（第一版）是在 1993 年 6 月作为互联网工程工作小组（IETF）工作草案发布（并非标准）的。HTML 2.0 于 1995 年 11 月作为 RFC 1866 发布，在 RFC 2854 于 2000 年 6 月发布之后被宣布已经过时。HTML 3.2 于 1997 年 1 月 14 日发布，为 W3C 推荐标准。HTML 4.0 于 1997 年 12 月 18 日发布，为 W3C 推荐标准。HTML 4.01（微小改进）于 1999 年 12 月 24 日发布，为 W3C 推荐标准。ISO/IEC 15445:2000（ISO HTML）于 2000 年 5 月 15 日发布，基于严格的 HTML 4.01 语法，是国际标准化组织和国际电工委员会的标准。

HTML 没有 1.0 版本是因为当时有很多不同的版本。有些人认为蒂姆·伯纳斯·李的版本应该算初版，这个版本没有 IMG 元素。当时被称为 HTML+的后续版的开发工作于 1993 年开始，最初被设计成为"HTML 的一个超集"。为了和当时的各种 HTML 标准区分开，第一个正式规范使用了 2.0 作为其版本号。HTML+的发展继续，但是它从未成为标准。

HTML 3.0 规范由当时刚成立的 W3C 于 1995 年 3 月提出，它提供了很多新的特性，例如表格、文字绕排和复杂数学元素的显示。虽然它是被设计用来兼容 HTML 2.0 版本的，但是实现这个标准的工作在当时过于复杂，在草案于 1995 年 9 月过期时，标准开发也因为缺乏浏览器支持而终止了。　HTML 3.1 版本从未被正式提出，而下一个被提出的版本是开发代号为 Wilbur 的 HTML 3.2，它去掉了大部分 HTML 3.0 中的新特性，但是加入了很多特定浏览器的元素和属性，例如 Netscape 和 Mosaic 的元素和属性。HTML 对数学公式的支持最后成为另外一个标准 MathML。

HTML 4.0 同样加入了很多特定浏览器的元素和属性，但是同时也开始"清理"这个标准，把一些元素和属性标记为过时的，建议不再使用它们。未来 HTML 和 CSS 的结合会更好。

2014 年 10 月 29 日，W3C 宣布，HTML 5 标准规范制定完成。如今的 HTML 5 发展非常迅速，大家可以在有了本书的基础后继续学习 HTML 5 的相关知识。

1.2.2　CSS 简介

CSS（Cascading Style Sheet，层叠样式表或级联样式表）是一组格式设置规则，用于控制 Web 页面的外观。使用 CSS 样式设置页面的格式，可将页面的内容与表现形式分离。页面内容存放在 HTML 文档中，而用于定义表现形式的 CSS 规则存放在另一个文件中或 HTML 文档的某一部分，通常为文件头部分。将内容与表现形式分离，不仅可以使维护站点的外观变得更加容易，而且还可以使 HTML 文档代码变得更加简练，缩短浏览器的加载时间。

CSS 是 W3C 定义和维护的标准，是一种用来为结构化文档（如 HTML 文档或 XML 应用）添加样式（如字体、间距和颜色等）的计算机语言，它可以使网页制作者的工作更加轻松和灵活，现在越来越多的网站采用了 CSS 技术。

由于允许同时控制多重页面的样式和布局，CSS 可以称得上 Web 设计领域的一个突破。网页设计者可以为每个 HTML 元素定义样式，并将之应用于所希望的任意页面中，如需进行全局的更新，只需简单地改变样式，网站中的所有元素均会自动地更新。

1.2.3　JavaScript 简介

JavaScript 作为直译式脚本语言，是一种动态类型、弱类型、基于原型的语言，内置支持类型。它的解释器被称为 JavaScript 引擎，是浏览器的一部分，是广泛应用于客户端的脚本语言，最早是在 HTML（标准通用标记语言下的一个应用）网页上使用，用来给 HTML 网页增加动态功能。

一个 JavaScript 程序其实是一个代码文档，它需要嵌入或调入 HTML 文档进行使用。任何可以编写 HTML 代码的软件都可以用来编写 JavaScript 程序。

1.3　案例 1：欢迎来到黄姚古镇

案例 1：欢迎来到
黄姚古镇

使用网页编辑工具完成网页编辑，并使用浏览器预览网页效果。

1.3.1　常用编辑工具对比

编写 HTML 代码的工具有很多，本节介绍四种最常用的编辑工具：记事本、EditPlus、Dreamweaver 和 HBuilder。记事本是一个简单的文本编辑器，EditPlus 是一个比较专业的文本编辑器，Dreamweaver 是一个所见即所得的网页制作工具，HBuilder 是 DCloud（数字天堂）公司推出的一款 Web 集成开发环境。

1. 记事本

记事本是 Windows 操作系统自带的一个应用程序，使用起来十分方便和简单。下面通过一个简单网页实例介绍用记事本编写 HTML 代码的方法。

（1）选择"开始"→"所有程序"→"附件"→"记事本"命令，运行"记事本"程序。在"记事本"窗口中输入代码：

```
1   <html>
2   <head>
3   <title>欢迎光临黄姚古镇网站</title>
4   </head>
5   <body>
6   这是第一个简单网页!
7   </body>
8   </html>
```

（2）选择"文件"→"保存"命令，在弹出的"另存为"对话框中选择要保存的路径，在"文件名"文本框中输入文件名 1-1.html。

（3）打开"资源管理器"窗口，根据刚才保存网页的位置找到 1-1.html 文件。

（4）双击 1-1.html 文件图标，系统自动启动 IE 浏览器并打开这个网页文件，效果如图 1-1 所示。

图 1-1　第一张简单网页效果图

2. EditPlus

EditPlus 是一款功能全面的文本、HTML、程序源代码编辑器。它提供了更加便捷的代码编辑功能，默认支持 HTML、CSS、PHP、ASP、Perl、C/C++、Java、JavaScript 和 VBScript 等语法高亮显示；提供了与 Internet 的无缝连接，可以在 EditPlus 的工作区域中打开 Internet 浏览窗口；提供了多工作窗口，不用切换到桌面便可在工作区域中打开多个文档。

总之，EditPlus 功能强大，界面简洁美观，且启动速度快。不但中文支持比较好，而且支持语法高亮、代码折叠、代码自动完成（其功能比较弱），但不支持代码提示功能。配置功能强大，很适合初学者使用。EditPlus 的工作界面如图 1-2 所示。

3. Dreamweaver

Dreamweaver 是一个"所见即所得"的网页制作和网站管理开发工具，利用它可以设计、开发并维护符合 Web 标准的网站和应用程序。无论网站开发者是喜欢直接编写 HTML 代码的驾驭感还是偏爱在可视化编辑环境中工作，Dreamweaver 都会提供帮助良多的工具，丰富 Web 创作体验。

4. HBuilder

HBuilder 是 DCloud（数字天堂）公司推出的一款 Web 集成开发环境，是一款专业的 HTML

编辑器，用于对 Web 的站点、网页和应用程序进行设计、编码和开发。轻巧、快速、强大的语法提示功能是它的特点，最重要的是开源、免安装，这样大大降低了初学者的入门难度，是初学者的首选工具。

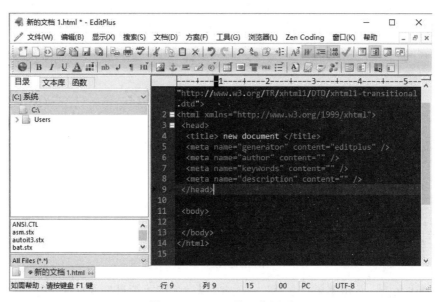

图 1-2　EditPlus 的工作界面

1.3.2　使用 HBuilder 编辑网页

下面使用 HBuilder 来编辑我们的第一个网页。

（1）安装 HBuilder：在 HBuilder 官网 http://www.dcloud.io/ 单击免费下载，下载最新版的 HBuilder，如图 1-3 所示。下载后解压到电脑，直接启动绿色图标的 HBuilder 文件即可启动软件，程序会在后台自动加载所需要的插件。

图 1-3　HBuilder 官网下载

（2）简单初始设置：启动 HBuilder 软件后单击菜单"视图"，选择"显示左侧视图"即可打开文件管理器，选择"显示内置浏览器"即可下载安装内置的浏览器插件，不用离开软件即可预览项目效果。设置后的主界面如图 1-4 所示。

图 1-4　HBuilder 设置后的主界面图

（3）新建文档：单击菜单"文件"，选择"新建"→"项目"选项即可打开"新建项目"对话框，如图 1-5 所示。在"项目名称"处输入项目名称，单击"浏览"按钮选择项目保存路径，选择路径后单击"选择文件夹"即可保持项目存储位置，最后单击"创建"按钮来创建新的项目。

图 1-5　"新建项目"对话框

（4）新建文件：单击选中左边项目管理器内的项目名称，单击"文件"→"新建"→html

命令，即可打开"新建 html 文件"对话框，如图 1-6 所示。输入文件名称，确认文件存储的路径，单击"创建"按钮即可创建 HTML 文件。创建文件后，在软件中间的编辑窗体将自动创建 HTML 的框架代码，如图 1-7 所示。我们主要使用"代码"来编辑网页，这样做可以更加深入地了解网页的组成，提高后面对网站的维护、更新和修改效率。这里我们选择"代码"视图，进入代码视图窗体。

图 1-6　"新建 html 文件"对话框

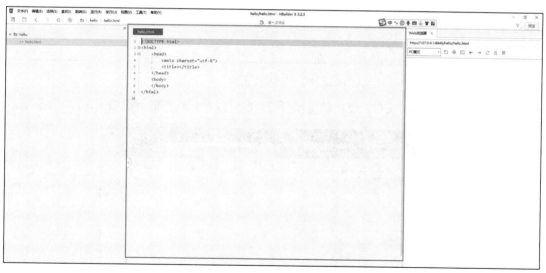

图 1-7　代码编辑窗口

（5）在代码视图中录入下面的网页代码。软件已经帮我们自动生成了大部分代码，我们只需要录入<title>标记与<body>标记之间的内容即可，其他部分无须更改。

```
1    <!DOCTYPE html>
2    <html>
3        <head>
4            <meta charset="utf-8">
```

```
5            <title>欢迎来到黄姚古镇网页</title>
6         </head>
7         <body>
8         欢迎来到黄姚古镇网页！
9         </body>
10   </html>
```

（6）录入完毕后，选择"文件"→"保存"命令即可保存网页文件。在内置浏览器上可看到刚才录入的代码效果，如图 1-8 所示。

图 1-8　代码效果

（7）找到保存的网页文件，使用浏览器打开，也可以看到制作的网页效果，如图 1-9 所示。

图 1-9　"欢迎来到黄姚古镇网页"效果图

第 2 章　建设基本 HTML 页面

- 掌握 HTML 结构。
- 掌握 HTML 中的文本标记。
- 掌握文本修饰标记的使用。
- 掌握图片标记的使用。

在 Web 标准中，HTML 负责网页的结构，那么我们就要了解如何在网页中构建基本结构，如何把文本、图片等基本且重要的元素添加到网页中，让网页变得更加丰富多彩。

2.1　案例 2：黄姚古镇简介

案例 2：黄姚古镇简介

2.1.1　案例描述

在计算机信息技术飞速发展的今天，网页是我们获取信息最主要的途径。网页是构成网站的基础，主要的元素有文字、图片等。本节我们通过"黄姚古镇简介"的网页来学习网页的基本结构，其效果如图 2-1 所示。

黄姚古镇简介

历史追溯

"南黄姚，北平遥，东周庄，西凤凰"，黄姚，古时隶县居南越地。

汉元鼎六年（前111年），汉武帝平定南越，置苍梧郡，辖临贺、猛陵等县，黄姚地属临贺地。

南朝梁 普通元年（520年），梁武帝萧衍在今昭平县地马江一带至平乐县南面置静州，辖梁寿、静慰二郡，并在二郡中设龙平、安乐、宁新、博劳、荡山五县，黄姚地属荡山县管辖。

隋炀帝大业三年（607年），改州为郡，撤销静州，将安乐、博劳、宁新三县撤并入龙平县，荡山县部分归龙平县管辖，部分归贺川县管辖，黄姚地受龙平县管辖。

唐武德四年（621年）复置静州，并将临贺、平乐等地设置为昭州、贺州，黄姚地受昭州龙平县管辖。

五代十国时期，虽经战乱，但州治还沿用唐代制，黄姚地属在龙平县不变。宋仁宗时期平定侬智高之乱后，静、昭、贺三州趋于安定，宣和六年（1124年），将龙平县改名为招平县，意请招抚平定，后将"招"字改为具有 光明、明亮之意的"昭"字，定名为昭平县，黄姚地属昭平县管辖。

明洪武十八年（1385年），将昭平县划分为宁化里管理，黄姚属宁化里管辖。
清咸丰十年（1860年），地方多故，将昭平县划分为十区，以预、备、财、恒、足、关、防、乐、太、平十个字为区名，黄姚属"关"字区管辖。

民国十五年（1926年），广西实行区乡保甲制度，将全县划分为明源、黄姚、马江三大行政区和二十三个小乡镇，在黄姚区设立黄姚镇，属黄姚区管辖。

解放后，1950年4月，昭平县全境划分为一、二、三、四区4个区，其余二十三个乡镇仍按解放前的区域划分不变，黄姚镇属二区管辖。

1959年9月改称为黄姚人民公社。
1984年7月，将原黄姚公社拆分为黄姚镇和巩桥乡。
2003年黄姚古镇景区正式成立。

民间记载

图 2-1　"黄姚古镇简介"网页效果图

2.1.2 相关知识

1. HTML 的构成

HTML（超文本标记语言）不是一种编程语言，而是一种描述性的标记语言，对超文本中内容的呈现方式进行描述。下面就来学习 HTML 文档的基本格式。

我们通过 Dreamweaver 新建一个 HTML 默认的文档，它会自带如下代码：

```
1  <!DOCTYPE html PUBLIC "-//W3C//DTD XHTML 1.0 Transitional//EN" "http://www.w3.org/TR/xhtml1/
   DTD/xhtml1-transitional.dtd">
2  <html xmlns="http://www.w3.org/1999/xhtml">
3  <head>
4  <meta http-equiv="Content-Type" content="text/html; charset=utf-8" />
5  <title> 无标题文档</title>
6  </head>
7  <body>
8  </body>
9  </html>
```

这些代码就构成了 HTML 的基本结构，下面来看下这些组成部分。

● <!DOCTYPE>标记

<!DOCTYPE>标记位于文档的最前面，用于向浏览器说明当前文档使用哪种 HTML 或 XHTML 标准规范。必须在开头处使用<!DOCTYPE>标记为所有的 XHTML 文档指定 XHTML 版本和类型，只有这样浏览器才能将该网页作为有效的 XHTML 文档，并按指定的文档类型进行解析。

● <html ></html>标记

<html>标记位于<!DOCTYPE> 标记之后，也称为根标记，用于告知浏览器其自身是一个 HTML 文档。<html>标记标志着 HTML 文档的开始，</html>标记标志着 HTML 文档的结束，在它们之间的是文档的头部和主体内容。

在<html>之后有一串代码 xmlns="http://www.w3.org/1999/xhtml"，用于声明 XHTML 统一的默认命名空间。

● <head></head>标记

<head>标记用于定义 HTML 文档的头部信息，也称为头部标记，紧跟在<html>标记之后，主要用来封装其他位于文档头部的标记，如<title><meta><link><style>等，描述文档的标题、作者以及和其他文档的关系等。

一个 HTML 文档只能含有一对<head>标记，绝大多数文档头部包含的数据都不会真正作为内容显示在页面中。

● <body></body>标记

<body>标记用于定义 HTML 文档所要显示的内容，也称为主体标记。浏览器中显示的所有文本、图像、音频和视频等信息都必须位于<body>标记内，<body>标记中的信息才是最终展示给用户看的。

一个 HTML 文档只能含有一对<body>标记，且<body>标记必须在<html>标记内，位于<head>头部标记之后，与<head>标记是并列关系。

2．文本标记

在网页中文本是常用的元素之一，它可以起到传递信息、导航和交互的作用。在网页中怎么添加文本，这就是我们要讲解的内容了。

● 标题标记（h1～h6）

在一个网站的网页中或一篇独立的文章中，通常都会有一个醒目的标题，告诉浏览者这个网站的名字或该文章的主题。HTML 的标题标记主要用来快速设置文本标题的格式，典型的形式是<h1></h1>，它用来设置第一级标题，<h2></h2>设置第二级标题，以此类推。

基本语法：

```
<h# >…</h#>
```

语法解释：

该标记用来定义六级标题，从一级到六级，每级标题的字体大小依次递减。标题标记本身具有换行的作用，标题总是从新的一行开始。#用来指定标题文字的大小，#取 1～6 的整数值，取 1 时文字最大，取 6 时文字最小。

● 段落标记

在文本编辑器中按 Enter 键可以创建一个新的段落，但是这会被 HTML 忽略。因此，要在网页中开始一个新的段落需要通过<p>标记来实现。

基本语法：

```
<p>…</p>
```

语法解释：

在<p>与</p>标记之间的文字是属于一个段落，段落与段落之间有一定的间距。

● 换行标记

HTML 的段落与段落之间有一定的空格。如果不希望出现空格而只是想换行的话，就要用到另一个标记，即
标记。
标记可以使所在的位置出现换行，这种换行和浏览器的自动换行的效果类似。

基本语法：

```
<br>
```

语法解释：

标记不是成对出现的，是一个单标记。一次换行使用一个
标记，多次换行可以使用多个
标记。

如果想强制浏览器不换行显示，可以使用<nobr>标记。如果希望<nobr>标记中的文字强制换行，则可以使用<wbr>标记。

基本语法：

```
<nobr>…</nobr>
<wbr>…</wbr>
```

语法解释：

<nobr></nobr>标记之间的内容不换行，但是<nobr></nobr>标记中被<wbr></wbr>包含的内容将被强制换行。

例 2-1：标题、段落和换行的设置。

```
1    <!DOCTYPE html PUBLIC "-//W3C//DTD XHTML 1.0 Transitional//EN" "http:// www.w3.org/TR/xhtml1/
     DTD/xhtml1-transitional.dtd">
```

```
2    <html xmlns="http://www.w3.org/1999/xhtml">
3    <head>
4    <meta http-equiv="Content-Type" content="text/html; charset=utf-8" />
5    <title>段落</title>
6    </head>
7    <body>
8    <h1>段落标记的应用</h1>
9    <p>在网页设计时，文字段落制作得层次分明，才能让浏览者更好地阅读，也使得网页看起来整洁、美观。</p>
10   <p>在文本编辑器中按 Enter 键可以创建一个新的段落，但是这会被 HTML 忽略。因此，要在网页中开始一个新的段落需要通过使用段落标记来实现。</p>
11   <h2>换行的使用</h2>
12   <p>HTML 中一个段落里默认从头到尾是一行，如果想在段落中换行，需要使用 br，<br>只有遇到<br>才会换行显示</p>
13   </body>
14   </html>
```

例 2-1 分别使用标题标记<h1>和<h2>设置了两个标题，使用<p>标记设置了三个段落，第 12 行代码还使用了换行标记
设置了三行效果，具体效果如图 2-2 所示。

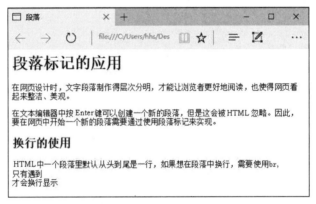

图 2-2   例 2-1 效果图

● 段落对齐

如果要设置网页中段落的对齐方式，可以使用<p>标记的 align 属性。

基本语法：

```
<p align=value>…</p>
```

语法解释：

在<p>标记中使用 align 属性可以设置段落的对齐方式，其中 value 有 4 个值：left（左对齐）、right（右对齐）、center（居中对齐）和 justify（两端对齐）。

● 居中标记

除了使用<p>标记的 align 属性设置段落居中对齐以外，还可以使用<center>标记，该标记也可以使图片等网页元素居中显示。

基本语法：

```
<center>…</center>
```

语法解释：

使用该标记，可以使标记中间的内容在网页中居中显示。

在 HTML 4.0 中，<center>是不建议使用的标记。另外，<p>标记的 align 属性也是一个不建议再使用的属性。

● 水平分割线

在段落与段落之间添加水平分割线可以使网页文档结构清晰，层次分明。

基本语法：

```
<hr width=" " size=" " color=" " align=" " noshade>
```

语法解释：

水平分割线的宽度可以用百分比或像素作为单位，在默认情况下，水平分割线的宽度（width）为 100%，也就是横割浏览器窗口。水平分割线的高度（size）必须以像素为单位。水平分割线的对齐方式（align）为居左（left）、居右（right）、居中（center）。noshade 属性设置水平分割线不出现阴影。具体应用如例 2-2 所示。

例 2-2：水平分割线的应用。

```
1   <!DOCTYPE html PUBLIC "-//W3C//DTD XHTML 1.0 Transitional//EN" "http:// www.w3.org/TR/xhtml1/
    DTD/xhtml1-transitional.dtd">
2   <html xmlns="http://www.w3.org/1999/xhtml">
3   <head>
4   <meta http-equiv="Content-Type" content="text/html; charset=utf-8" />
5   <title>水平分割线</title>
6   </head>
7   <body>
8   <p>水平分割线的应用</p>
9   <hr>
10  <p>在网页设计时，文字段落制作得层次分明，才能让浏览者更好地阅读，也使得网页看起来整洁、美观。</p>
11  <hr size="5">
12  <p>在文本编辑器中按 Enter 键可以创建一个新的段落，但是这会被 HTML 忽略。</p>
13  <hr width="50%" color="red">
14  <p>因此，要在网页中开始一个新的段落需要通过使用段落标记来实现。</p>
15  <hr width="70%" color="blue" size="6" align="right" noshade>
16  <p align=right>&copy;版权所有×××</p>
17  </body>
18  </html>
```

例 2-2 设置了多条水平线效果，第 9 行代码设置了水平线默认效果，第 11 行代码设置了宽为 5 的水平线效果，第 13 行代码设置了宽为 50%、颜色为红色的水平线，第 15 行代码设置了宽为 70%、颜色为蓝色、宽度为 6、右对齐、无阴影效果的水平线。具体效果如图 2-3 所示。

● 特殊文字符号

通常情况下，HTML 会自动删除文字内容中的多余空格，不管文字中有多少空格（通过按键盘上的空格键添加的），都视作一个空格。例如，两个文字之间添加了 8 个空格，HTML 会自动截取 7 个空格，只保留一个。为了在网页中增加空格，可以明确地使用 表示空格。

添加一个空格使用一个 表示，添加多个空格就使用多个 表示。常用特殊符号代码见表 2-1。

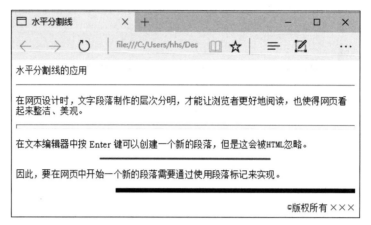

图 2-3　例 2-2 效果图

表 2-1　常见特殊符号代码

符号代码	说明	符号代码	说明
&amp;	连接符	&divide;	除法符号
&copy;	版权所有	&middot;	中间点
&reg;	注册	&lt;	小于符号
&trade;	商标	&gt;	大于符号
&sect;	小节	&yen;	人民币符号
&euro;	欧元	&deg;	度
&plusmn;	加减符号	&pound;	磅

例 2-3：用特殊符号部分的内容进行练习。

```
1   <!DOCTYPE html PUBLIC "-//W3C//DTD XHTML 1.0 Transitional//EN" "http://www.w3.org/TR/xhtml1/
    DTD/xhtml1-transitional.dtd">
2   <html xmlns="http://www.w3.org/1999/xhtml">
3   <head>
4   <meta http-equiv="Content-Type" content="text/html; charset=utf-8" /><title>添加特殊符号</title>
5   </head>
6   <body>
7   &copy;版权所有 计算机   网页制作
8   </body>
9   </html>
```

例 2-3 通过特殊符号代码设置了一个版权所有图标，运用特殊符号代码制作了三个空格位置。具体效果如图 2-4 所示。

图 2-4　例 2-3 效果图

2.1.3　实现过程

1．案例分析

如图 2-1 所示的"黄姚古镇简介"由不同的标题、文本段落构成，依次形成了一定的逻辑关系。

2．案例结构

按照上面的分析，看到案例内容由三部分构成，分别为标题、水平线、段落文本，其中标题用<h1>和<h2>标记设置，<hr>标记设置水平线，<p>标记设置段落。案例的结构编排如图 2-5 所示。

图 2-5　"黄姚古镇简介"结构图

3．案例代码

```
1   <!DOCTYPE html>
2   <html>
3     <head>
4       <meta charset="utf-8">
5       <title></title>
6     </head>
7   <body leftmargin="50" marginwidth="50">
8     <h1 align="center">黄姚古镇简介</h1>
9       <hr size="3px" color="#999999" />
```

10	`<h2>历史追溯</h2>`
11	`<p>` "南黄姚，北平遥，东周庄，西凤凰"，黄姚，古时随县居南越地。`</p>`
12	`<p>` 汉元鼎六年（前 111 年），汉武帝平定南越，置苍梧郡，辖临贺、猛陵等县，黄姚地属临贺地。`</p>`
13	`<p>` 南朝梁普通元年（520 年），梁武帝萧衍在今昭平县地马江一带至平乐县南面置静州，辖梁寿、静慰二郡，并在二郡中设立平、安乐、宁新、博劳、荡山五县，黄姚地属荡山县管辖。`</p>`
14	`<p>` 隋炀帝大业三年（607 年），改州为郡，撤销静州，将安乐、博劳、宁新三县撤并入龙平县，荡山县部分归龙平县管辖，部分归贺川县管辖，黄姚地受龙平县管辖。`</p>`
15	`<p>` 唐武德四年（621 年）复置静州，并将临贺、平乐等地设置为昭州、贺州，黄姚地受昭州龙平县管辖。`</p>`
16	`<p>` 五代十国时期，虽经战乱，但州治还沿用唐代制，黄姚地届定在龙平县不变。宋仁宗时期平定侬智高之乱后，静、昭、贺三州趋于安定，宣和六年（1124 年），将龙平县改名为招平县，意谓招抚平定，后将"招"字改为具有光明、明亮之意的"昭"字，定名为昭平县，黄姚地属昭平县管辖。`</p>`
17	`<p>` 明洪武十八年（1385 年），将昭平县划分为宁化里管理，黄姚属宁化里管辖。` `
18	清咸丰十年（1860 年），地方多故，将昭平县划分为十区，以预、备、财、恒、足、关、防、乐、太、平十个字为区名，黄姚属"关"字区管辖。`</p>`
19	`<p>` 民国十五年（1926 年），广西实行区乡保甲制度，将全县划分为明源、黄姚、马江三大行政区和二十三个小乡镇，在黄姚区设立黄姚镇，属黄姚区管辖。`</p>`
20	`<p>` 解放后，1950 年 4 月，昭平县全境划分为一、二、三、四区 4 个区，其余二十三个乡镇仍按解放前的区域划分不变，黄姚镇属二区管辖。`</p>`
21	`<p>`
22	1959 年 9 月改称为黄姚人民公社。` `
23	1984 年 7 月，将原黄姚公社拆分为黄姚镇和巩桥乡。` `
24	2003 年黄姚古镇景区正式成立。`</p>`
25	`<hr/>`
26	`<p align="right">`民间记载`</p>`
27	`</body>`
28	`</html>`

2.2 案例 3：黄姚古镇简介引文注释

案例 3：黄姚古镇
简介引文注释

2.2.1 案例描述

文字作为网页中非常重要的一个元素，是不可或缺的，文字在外观上有颜色、形态、大小等各种表现效果。本案例主要使用`<font>`标记及其属性来制作"黄姚古镇简介引文注释"网页，案例表现了各种文字的外观效果。具体效果如图 2-6 所示。

参考资料

1. 黄姚古镇．贺州旅游网．*[2015-06-02[引用日期2016-01-20]*
2. 游在黄姚．黄姚古镇官网*[引用日期2016-02-3]*
3. 中国历史文化名镇村名单（第三批）．国家文物局*[引用日期2016-01-20]*
4. 旅游局批准什刹海风景区等147家景区为4A级景区．中国政府网．2009年02月02日*[引用日期2016-01-20]*

图 2-6 "黄姚古镇简介引文注释"网页效果图

2.2.2　相关知识

1. <font>修饰标记

● <font>标记

设置文字样式的基本标记是<font></font>，被其包含的文本为样式作用区。

基本语法：

<font face="font_name" size="value" color="value" >…</font>

语法解释：

（1）<font>标记的 face 属性用于设置文字字体（字型）。因为 HTML 网页中显示的字型从浏览器的系统中调用，所以为了保持字型一致，建议采用宋体，HTML 页面也是默认采用宋体。可以给 face 属性一次定义多个字体，字体之间用逗号分隔开，浏览器在读取字体时，如果第一种字体在系统中不存在，就显示第二种字体；如果第二种在字体系统中也不存在，就显示第三种字体，依次类推。如果这些字体都不存在，就显示为计算机系统的默认字体。

（2）size 属性用于设置文字大小。size 的值为 1～7，默认为 3。可以在 size 属性值之前加上+、-字符来指定相对于字号初始值的增量或减量。

（3）color 属性用于设置文字颜色，其值为该颜色的英文单词或十六进制数值。

例 2-4：<font>标记设置字体外观。

```
1  <!DOCTYPE html PUBLIC "-//W3C//DTD XHTML 1.0 Transitional//EN" "http://www.w3.org/TR/xhtml1/
   DTD/xhtml1-transitional.dtd">
2  <html xmlns="http://www.w3.org/1999/xhtml">
3  <head>
4  <meta http-equiv="Content-Type" content="text/html; charset=utf-8" />
5  <title>字体样式</title>
6  </head>
7  <body>
8  <h2><font face="微软雅黑" size="+4" color="#993300">黄姚古镇</font></h2>
9  </body>
10 </html>
```

第 8 行代码使用 font 标记设置了一个文本效果，具体效果如图 2-7 所示。

图 2-7　例 2-4 效果图

● <basefont>标记

<basefont>是基底文字标记。在制作网页前，可以使用<basefont>标记对整个网页文字进行一个基本的定义，主要包括字体、字号和颜色。当网页中没有另外定义文字样式时，就自动套用<basefont>标记定义的样式。通常<basefont>标记可以放置在头部标记内。

基本语法：

```
<basefont face="font_name" size="value" color="value">…</font>
```

语法解释：\<basefont\>标记的三个属性和\<font\>标记一样。

2. 其他文字修饰

● 粗体

为了使文字更醒目，可以使用\<b\>标记将文字加粗显示。

基本语法：

```
<b>…</b>
```

语法解释：使被作用的文字加粗显示。

● 斜体

如果想使文字倾斜显示，可以使用\<i\>标记或\<em\>标记。

基本语法：

```
<i>…</i>
```

```
<em>…</em>
```

语法解释：使被作用的文字倾斜显示。

● 下划线

如果想给文字加上下划线，可以使用\<u\>标记。

基本语法：

```
<u>…</u>
```

语法解释：给被作用的文字加上下划线。

● 删除线

如果想给文字加上删除线，可以使用\<strike\>标记。

基本语法：

```
<strike>…</strike>
```

语法解释：给被作用的文字加上删除线。

● 上标和下标

如果在网页中添加数学公式，有可能遇到输入上标和下标的问题，比如 a^2、b_2 等，这时可以使用\<sup\>和\<sub\>标记。

基本语法：

```
<sup>…</sup>
```

```
<sub>…</sub>
```

语法解释：

将文字放在\<sup\>与\</sup\>之间就可以实现上标。

将文字放在\<sub\>与\</sub\>之间就可以实现下标。

我们通过例 2-5 来实现文本修饰属性的应用。

例 2-5：文字加粗、斜体和下划线示范。

```
1  <!DOCTYPE html PUBLIC "-//W3C//DTD XHTML 1.0 Transitional//EN" "http://www.w3.org/TR/xhtml1/
   DTD/xhtml1-transitional.dtd">
2  <html xmlns="http://www.w3.org/1999/xhtml">
3  <head>
4  <meta http-equiv="Content-Type" content="text/html; charset=utf-8" />
```

5	`<title>文字加粗、斜体和下划线</title>`
6	`</head>`
7	`<body>`
8	`<b>这是一个黄姚古镇的网站！</b>  `
9	`<i>这是一个黄姚古镇的网站！</i>  `
10	`<u>这是一个黄姚古镇的网站！</u> `
11	`<strike>这是一个黄姚古镇的网站！</strike> `
12	`在黄姚古镇中有很多有趣的事物，比如客栈名称我们可以看这样的  x<sup>2</sup>+y<sup>2</sup>=?`
13	`</body>`
14	`</html>`

例 2-5 使用了`<b><i><u><strike><sup>`修饰标记来对文本进行修饰，具体效果如图 2-8 所示。

图 2-8　例 2-5 效果图

2.2.3　实现过程

1．案例分析

我们从图 2-6 中可以看出，可以案例中使用`<h>`标记和`<p>`标记设置题目和文本，然后分别对`<h>`和`<p>`标记进行格式设置。

2．案例结构

（1）添加标题。

`<h2>参考资料</h2>`

（2）添加段落。

1	`<p>`
2	`1.  黄姚古镇. 贺州旅游网. 2015-06-02[引用日期 2016-01-20]  `
3	`2.  游在黄姚. 黄姚古镇官网 [引用日期 2016-02-03]  `
4	`3.  中国历史文化名镇村名单（第三批）. 国家文物局 [引用日期 2016-01-20]  `
5	`4.  旅游局批准什刹海风景区等 147 家景区为 4A 级景区. 中国政府网. 2009 年 02 月 02 日 [引用日期 2016-01-20]  `
6	`</p>`

（3）控制文本。

标题使用：

`<font color="red"></font>`

段落第一行、第三行和第四行使用：

`<font color="#CCCCCC"><i></i></font>`

第二行使用：

`<font color="#CCCCCC"><i><b></b></i></font>`

3. 案例代码

```
1   <!DOCTYPE html PUBLIC "-//W3C//DTD XHTML 1.0 Transitional//EN" "http://www.w3.org/TR/xhtml1/
    DTD/xhtml1-transitional.dtd">
2   <html xmlns="http://www.w3.org/1999/xhtml">
3   <head>
4   <meta http-equiv="Content-Type" content="text/html; charset=utf-8" />
5   <title>黄姚古镇简介引文注释</title>
6   </head>
7   <body>
8   <h2><font color="red">参考资料</font></h2>
9   <hr />
10  <p>
11  1.   黄姚古镇   . 贺州旅游网. <font color="#CCCCCC"><i>2015-06-02[引用日期 2016-01-20]</i>
    </font><br />
12  2.   游在黄姚   . 黄姚古镇官网<font color="#CCCCCC"><i><b>[引用日期 2016-02-03]</b></i></font><br />
13  3.   中国历史文化名镇村名单（第三批）. 国家文物局<font color="#CCCCCC"><i>[引用日期 2016-01-20]
    </i></font><br />
14  4.   旅游局批准什刹海风景区等 147 家景区为 4A 级景区   . 中国政府网. 2009 年 02 月 02 日<font
    color="#CCCCCC"><i>[引用日期 2016-01-20]</i></font><br />
15  </p>
16  </body>
17  </html>
```

2.3 案例4：醉黄姚——图文黄姚简介

案例4：醉黄姚——
图文黄姚简介

2.3.1 案例描述

网页的基本组成元素之一是图片，它对网页的效果有着极其重要的作用。本节我们就通过"醉黄姚——图文黄姚简介"网页的制作来学习在网页中如何使用图片，如何设置图片使之与网页更好地融合在一起，"醉黄姚——图文黄姚简介"的效果图如图2-9所示。

2.3.2 相关知识

1. 图像标记<img>

图片是网页中不可缺少的元素，在网页中有画龙晴的作用，图文并茂的网页更能吸引浏览者。因为图片的下载需要一定的网络带宽，网页中图片越多，网页就越漂亮，但是网速会越慢，因此需要合理规划网页中图片的选择使用。在网页中常用的图片格式有 GIF、JPEG、PNG 等。

在 HTML 网页中添加图片使用的是<img>标记。<img>标记的基本语法：

<img src="url">

语法解释：src 是<img>标记的基本属性，其属性值是该图片的 url 地址，url 地址可以是绝对地址也可以是相对地址。除了 src 属性外，<img>还有其他的属性，详细说明见表2-2。

醉黄姚

信息来自: 广西贺州黄姚古镇投资有限公司 发布日期: 2015-12-21

邂逅黄姚

我遇见你，在你最美的时刻。在三月。

记得初见你，是在去年三月，那是一个烟雨朦胧的日子，刚下车一阵带雨的凉风迎面扑来，我仿佛嗅到了黄姚古朴的气息。烟雨三月的黄姚，我最爱行走那青石小巷，在这巷中行走着，偶见几个撑着油纸伞的妇人，这不禁使我想起戴望舒笔下的《雨巷》：“撑着油纸伞，独自彷徨在悠长、悠长又寂寥的雨巷，我希望逢着一个丁香一样地结着愁怨的姑娘，她是有丁香一样的颜色，丁香一样的芬芳，丁香一样的忧愁……” 但我想与《雨巷》中的丁香女子相比，那几个妇人没有忧愁，有的是幸福。

夜幕降临，夜色夹着细雨，整个古镇被一层黑色的轻纱笼罩着，古镇的夜晚是宁静的，是安详的，夜晚的青石大街没有白天的喧嚣，只有每家每户门前的灯盏为那青石街道和寂寥的行人照明。

再遇黄姚

再次见你，在今年五月。

五月已是暮春时节，也略带几分夏的燥热，但暮春的黄姚古镇也别有一番韵味。走进古镇，在石板路旁守卫着古镇的两株参天大榕树已经长得郁郁葱葱了。树下许多人在写生，那些写生的人专注认真的样子，似乎是想要把古镇的美嵌入画中一样。

走进了太平门，才感觉是进入了古镇，古镇的街道全部是由黑色石板镶嵌而成，年深日久，已被先人的双足琢磨得漆亮如玉。街道两旁耸立着古香古色的老房子，大多房子都还保存着古代的楹联匾额。一直以来都比较喜欢古风建筑，而现今这建筑越来越少了，每每走在这古街道都似乎走在梦境里，又似乎穿越了一般。

邮走黄姚

两次的不期而遇，让我更加迷恋你，只想把你邮给喜欢的人。

黄姚是恬静的，是美丽的。黄姚，千年一梦的黄姚，多少异乡人远道而来，只为一睹你的风采。但淳朴的黄姚人，为其他不能亲自到黄姚古镇的人也精心准备了黄姚的专属的明信片。

在这个被电子云统治的时代里，我最亲爱的，请原谅我这个笨拙的人啊，我只想用笔、用墨、用纸，为你亲手写一枚黄姚古镇的明信片。

青石雨巷、古色老屋、小桥流水……

教我如何不醉黄姚。

图 2-9　“醉黄姚——图文黄姚简介”网页效果图

表 2-2　<img>标记的属性及功能说明

属性	功能说明
src	指定图片的 url 地址
width	指定图片的宽度
height	指定图片的高度
hspace	指定图片的水平间距
vspace	指定图片的垂直间距
align	指定图片的对齐方式
border	指定图片的边框大小
alt	指定图片无法显示时的说明文字
title	鼠标悬挂在图片上时显示的文字

- 设置图像大小

我们要知道，在网页中显示的图像大小默认是原始大小，我们要改变其大小，就要使用<img>的 width 和 height 属性。语法格式如下：

```
<img   src="url"    width=" "   height=" ">
```

width 与 height 的单位可以是绝对尺寸像素，也可以是相对尺寸百分比，但要注意的是百分比是指图像大小为浏览器窗口大小的百分比，而且两个属性可以只设置其中一个，另一个会按原始图像等比自动调整。如果这两个属性都进行了设置，那么图像将不再按原图等比缩放，较原图会是失真的比例。

例 2-6： 图片的设置。

```
1   <!DOCTYPE html PUBLIC "-//W3C//DTD XHTML 1.0 Transitional//EN" "http://www.w3.org/TR/xhtml1/
    DTD/xhtml1-transitional.dtd">
2   <html xmlns="http://www.w3.org/1999/xhtml">
3   <head>
4   <meta http-equiv="Content-Type" content="text/html; charset=utf-8" />
5   <title>图片尺寸的设置</title>
6   </head>
7   <body>
8   <! - 使用绝对尺寸 - >
9   <img src="images/4-1.jpg" width="100">
10  <! - 使用相对尺寸 - >
11  <img src="images/4-1.jpg" width="50%">
12  </body>
13  </html>
```

第 9 行代码使用绝对值设置，第 11 行代码使用百分比设置，其中第 11 行设置的图片会随着改变窗口大小而产生大小变化，而第 9 行代码设置的图片固定不变。具体效果如图 2-10 所示。

图 2-10 例 2-6 效果图

- 设置图像的间距

网页中的图像与周边元素都要有一定的距离才会更美观，这个距离就由 img 标记的 hspace 和 vspace 属性来完成。语法格式如下：

```
<img src="url"  hspace=" ">
<img src="url"  vspace=" ">
```

其中 hspace 用来设置图像与周边相邻元素的水平间距，而 vspace 则用来设置垂直间距。属性值为数字，单位为像素。我们通过例 2-7 来观察这两个属性。

例 2-7： 图像间距的设置。

```
1   <!DOCTYPE html PUBLIC "-//W3C//DTD XHTML 1.0 Transitional//EN" "http://www.w3.org/TR/xhtml1/
    DTD/xhtml1-transitional.dtd">
2   <html xmlns="http://www.w3.org/1999/xhtml">
```

```
3   <head>
4   <meta http-equiv="Content-Type" content="text/html; charset=utf-8" />
5   <title>图像间距的设置</title>
6   </head>
7   <body>
8   <h3>不带有 hspace 和 vspace 的图像：</h3>
9   <p>
10  <img src="images/4-1.jpg" width="90" align="middle">
11  这是黄姚古镇的夜景，多美啊！在古香古色的青苔小路上行走，仿佛穿梭到了从前……
12  </p>
13  <h3>带有 hspace 和 vspace 的图像：</h3>
14  <p>
15  <img src="images/4-1.jpg" width="90" align="middle" hspace="30" vspace="30">
16  这是黄姚古镇的夜景，多美啊！在古香古色的青苔小路上行走，仿佛穿梭到了从前……
17  </p>
18  </body>
19  </html>
```

例 2-7 使用两种不同的图片效果，比较了带有 hspace 和 vspace 的图像与不带 hspace 和 vspace 的图像的设置效果。具体效果如图 2-11 所示。

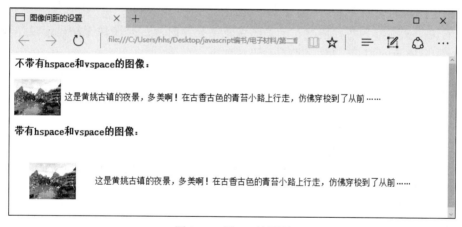

图 2-11 例 2-7 效果图

● 设置图像的对齐方式

对于图像与周边相邻元素的对齐方式，我们是使用<img>标记的 align 属性来完成的。下面我们来看下它的语法：

```
<img src="url" align=" ">
```

align 的取值有 5 种，分别为 left、right、middle、top、bottom，但对于不同的浏览器或不同版本的浏览器来说，align 的值会有所不同，并且网页设计中<img>标记的 align 属性是不被推荐使用的，推荐的是后面学习的 CSS 技术。

● 设置图像的边框大小

通常图像的边框在默认情况下是不存在的，但我们可以增加边框来凸显图像。基本语法如下：

```
<img src="url" border=" ">
```

我们只能更改图像边框的宽度，边框的颜色不可以调整，其默认为黑色。如果图像作为超链接使用，其边框颜色与链接文字的一样为蓝色，具体可见例2-8。

例2-8：图像边框的范例。

```
1  <!DOCTYPE html PUBLIC "-//W3C//DTD XHTML 1.0 Transitional//EN" "http://www.w3.org/TR/xhtml1/
   DTD/xhtml1-transitional.dtd">
2  <html xmlns="http://www.w3.org/1999/xhtml">
3  <head>
4  <meta http-equiv="Content-Type" content="text/html; charset=utf-8" />
5  <title>图像的边框</title>
6  </head>
7  <body>
8  <! - 默认情况下，border=0，图像不带边框  - >
9  <img src="images/huahai3.png">
10 <! - 边框为 5 像素的图像  - >
11 <img src="images/huahai3.png" border="5">
12 <! - 边框为 5 像素，并且作为超链接的图像  - >
13 <a href="2-5.html"><img src="images/huahai3.png"  border="10"></a>
14 </body>
15 </html>
```

- 指定图像的说明文本

图像的说明文本分为两种情况，一是图像正常显示时，二是图像无法显示时。我们可以通过<img>标记的 title 和 alt 属性来设置，语法如下：

```
<img  src=" url"   title=" ">
<img  src="url"   alt=" ">
```

当图像正常显示时，鼠标指针经过图像可以显示的说明文本用 title，图像无法显示时给出的说明文本用 alt，如例 2-9 所示。

例2-9：图片的替换文本示例。

```
1  <!DOCTYPE html PUBLIC "-//W3C//DTD XHTML 1.0 Transitional//EN" "http://www.w3.org/TR/xhtml1/
   DTD/xhtml1-transitional.dtd">
2  <html xmlns="http://www.w3.org/1999/xhtml">
3  <head>
4  <meta http-equiv="Content-Type" content="text/html; charset=utf-8" />
5  <title>图片的替换文本</title>
6  </head>
7  <body>
8  <img src="images/shigongqiao.jpg" title="黄姚古镇的石拱桥">
9  </br>
10 <img src="qiche001.jpg" alt="黄姚花海">
11 </body>
12 </html>
```

例 2-9 设置了两个图片，第一个图片使用了 title 属性，鼠标指针经过图片上方时会有提示title 属性的文本；第二个图片使用了 alt 属性，当图片不能正确显示时显示 alt 属性的文本。具体效果如图 2-12 所示。

图 2-12　例 2-9 效果图

2．图文混排网页

通过前面的学习，我们可以自己制作一个简单的图文混排的网页。

例 2-10：简单进行图文混排的网页。

1	<!DOCTYPE html PUBLIC "-//W3C//DTD XHTML 1.0 Transitional//EN" "http://www.w3.org/TR/xhtml1/DTD/xhtml1-transitional.dtd">
2	<html xmlns="http://www.w3.org/1999/xhtml">
3	<head>
4	<meta http-equiv="Content-Type" content="text/html; charset=utf-8" />
5	<title>图文混排新闻</title>
6	</head>
7	<body>
8	<h2>2016 中国（贺州）新媒体群英会开幕 黄姚古镇成永久会址</h2>
9	<p> 由人民网、中共贺州市委宣传部、新浪网、腾讯网联合主办，人民网舆情监测室协办的 2016·中国（贺州）新媒体群英会，30 日在广西贺州举办。<p>本次群英会以"新媒体、新生态、新生活——媒体融合发展与长寿之市的城市营销"的主题强势回归，来自全国各地的新媒体精英、专家学者、大 V 红人等齐聚一堂，探讨新媒体发展，共商新常态下新媒体的发展理念，解读 2016 新媒体环境的趋势与思考。<img src="tuwenhuanpai.jpg" align="right" width="300" height="200"/></p><p> 本次群英会邀请人民网副总编辑董盟君、北京大学新闻与传播学院院长陆绍阳、清华大学新闻与传播学院常务副院长陈昌凤、中国传媒大学新媒体研究院副院长曹三省、中国青年报编委曹林、新浪政旅事业部旅游主编徐静、腾讯效果广告中心高级总监丁力等大咖，共同就当下媒体格局、区域新媒体发展新形态、新媒体时代下的城市营销等方面进行全方位多角度的解读与分析。</p><p>峰会特设圆桌论坛，主题为"技术驱动下的营销价值创新""新媒体传播+长寿健康美食"，各行业大咖观点碰撞，探讨城市营销与新媒体传播的交结，圆桌论坛让讨论辐射面更广，观点更独到有力量。</p>
10	<p>贺州市长李宏庆表示，贺州的发展离不开社会各界朋友的鼎力支持，这两年举办的中国（贺州）新媒体群英会已经成为新媒体人共商发展的重要平台及推介贺州的重要窗口，希望大家在交流讨论中碰撞出更多的智慧火花，在亲身体验中更加深刻地感受贺州之美。</p><p>人民网副总编辑董盟君表示，善用新媒体，不仅是传统媒体转型发展的选择，更是各级政府必须具备的素养和能力。贺州丰厚的自然资源、历史资源和生态健康资源，可借助新媒体发展的东风及新媒体精英的智慧，走出广西，走向全国。</p>
11	北京大学新闻传播学院院长陆绍阳表示，互联网突破了时间和空间的限制，改变了我们认识、体验世界的方式。贺州是一个有历史记忆、地域特色、民族特色的地方，建议贺州举办中国绿水青山文化节，以

12	活动现场还举行了中国（贺州）新媒体群英会永久会址揭牌仪式、"中国长寿美食之都"授牌仪式。
13	据悉，除 9 月 30 日的群英会外，10 月 1 日还有一场不可错过的盛宴——2016·中国（贺州）新媒体群英会暨广西贺州第一届长寿文化节，将在黄姚古镇摆特色长寿簸箕宴。</p>
14	</body>
15	</html>

2.3.3 实现过程

1. 案例分析

我们知道在页面中插入图像就要用到<img>标记，同时使用<h>标记和<p>标记设置题目和文本，并且可对<img>标记的对齐属性 align 和图像间距属性 hspace 等进行设置。

2. 案例结构

（1）HTML 结构。我们使用标题<h></h>和段落<p></p>标记完成文字输入，图片使用图像标记<img>。

（2）控制文本。文本效果控制代码如下：

```
<font color="#CCCCCC">广西贺州黄姚古镇投资有限公司 </font>
```

（3）添加图像。案例中的图像部分由如下代码完成：

```
<img src="images/4-1.jpg" align="right" width="200"/>
<img src="images/4-2jpg" width="200" align="left" hspace="30" />
<img src="images/4-3.jpg" height="200" align="right" />
```

3. 案例代码

1	<!DOCTYPE html PUBLIC "-//W3C//DTD XHTML 1.0 Transitional//EN" "http://www.w3.org/TR/xhtml1/DTD/xhtml1-transitional.dtd">
2	<html xmlns="http://www.w3.org/1999/xhtml">
3	<head>
4	<meta http-equiv="Content-Type" content="text/html; charset=utf-8" />
5	<title>醉黄姚——图文黄姚简介</title>
6	</head>
7	<body>
8	<h1 align="center">醉黄姚</h1>
9	<p align="right"> 信息来自：<font color="#CCCCCC">广西贺州黄姚古镇投资有限公司 </font> 发布日期：<font color="#CCCCCC">2015-12-21 </font>
10	</p>
11	<hr />
12	<h2>邂逅黄姚</h2>
13	<img src="images/4-1.jpg" align="right" width="200"/>
14	<p>我遇见你，在你最美的时刻。在三月。</p>
15	<p>记得初见你，是在去年三月，那是一个烟雨朦胧的日子，刚下车一阵带雨的凉风迎面扑来，我仿佛嗅到了黄姚古朴的气息。烟雨三月的黄姚，我最爱行走那青石小巷，在这巷中行走着，偶见几个撑着油纸伞的妇人，这不禁使我想起戴望舒笔下的《雨巷》："撑着油纸伞，独自彷徨在悠长、悠长又寂寥的雨巷，我希望逢着一个丁香一样地结着愁怨的姑娘，她是有丁香一样的颜色，丁香一样的芬芳，丁香一样的忧愁……"但我想与《雨巷》中的丁香女子相比，那几个妇人没有忧愁，有的是幸福。</p>
16	<p>夜幕降临，夜色夹着细雨，整个古镇被一层黑色的轻纱笼罩着，古镇的夜晚是宁静的，是安详的，夜晚的青石大街没有白天的喧嚣，只有每家每户门前的灯盏为那青石街道和寂寥的行人照明。</p>

```
17  <h2>再遇黄姚 </h2>
18  <img src="images/4-2jpg" width="200" align="left" hspace="30" />
19  <p> 再次见你，在今年五月。</p>
20  <p>五月已是暮春时节，也略带几分夏的燥热，但暮春的黄姚古镇也别有一番韵味。走进古镇，在石板
    路旁守卫着古镇的两株参天大榕树已经长得郁郁葱葱了。树下许多人在写生，那些写生的人专注认真的
    样子，似乎是想要把古镇的美嵌入画中一样。</p>
21  <p>走进了太平门，才感觉是进入了古镇，古镇的街道全部是由黑色石板镶嵌而成，年深日久，已被先
    人的双足琢磨得漆亮如玉。街道两旁耸立着古香古色的老房子，大多房子都还保存着古代的楹联匾额。
    一直以来都比较喜欢古风建筑，而现今这建筑越来越少了，每每走在这古街道都似乎走在梦境里，又似
    乎穿越了一般。</p>
22  <h2>邮走黄姚 </h2>
23  <img src="images/4-3.jpg" height="200" align="right" />
24  <p> 两次的不期而遇，让我更加迷恋你，只想把你邮给喜欢的人。<br />
25  黄姚是恬静的，是美丽的。黄姚，千年一梦的黄姚，多少异乡人远道而来，只为一睹你的风采。但淳朴
    的黄姚人，为其他不能亲自到黄姚古镇的人也精心准备了黄姚的专属的明信片。</p>
26  <p>在这个被电子云统治的时代里，我最亲爱的，请原谅我这个笨拙的人啊，我只想用笔、用墨、用纸，
    为你亲手写一枚黄姚古镇的明信片。</p>
27    <p>青石雨巷、古色老屋、小桥流水……</p>
28  <p>教我如何不醉黄姚。</p>
29  </body>
30  </html>
```

2.4　案例综合练习

自己动手完成下面的综合练习。代码如下：

```
1   <!DOCTYPE html PUBLIC "-//W3C//DTD XHTML 1.0 Transitional//EN" "http://www.w3.org/TR/xhtml1/
    DTD/xhtml1-transitional.dtd">
2   <html xmlns="http://www.w3.org/1999/xhtml">
3   <head>
4   <meta http-equiv="Content-Type" content="text/html; charset=utf-8" />
5   <title>综合案例</title>
6   </head>
7   <body>
8   <img src="hy10.jpg" alt="黄姚古镇古老的大榕树" hspace="30" width="350" height="250"   align="left"/>
9   <h2 ><font size="5" color="#836958">黄姚大榕树</font></h2>
10  <p><font size="3" color="#00659a" face="微软雅黑">大榕树简介: </font></p>
11  <p><font size="3">    几乎都是自然形成的 睡仙榕就有传说 传说中八仙下凡斗
    酒 何仙姑不胜酒力 便晕了倒在树上 这棵榕树又顺着她自然地垂了下来 让何仙姑睡着 因此得名睡仙
    榕</font></p>
12  <p><font size="3" color="#00659a" face="微软雅黑">更新时间:2016 年 11 月 20 日 20 点（已有<font
    size="5" color="red"><strong> 455 </strong></font>人点赞）</font></p>
13  <hr size="1" color="#ddd">
14  <p><font size="3" color="#836958" face="微软雅黑">相关文章<strong><font size="5" color="red"> 
    6 </font></strong>篇</font></p>
15  </body>
16  </html>
```

运行后看到的页面效果如图 2-13 所示。

黄姚大榕树

大榕树简介：

　　几乎都是自然形成的 睡仙榕就有传说 传说中八仙下凡斗酒 何仙姑不胜酒力 便晕了倒在树上 这棵榕树又顺着她自然地垂了下来 让何仙姑睡着 因此得名睡仙榕

更新时间:2016年11月20日20点（已有 **455** 人点赞）

相关文章 **6** 篇

图 2-13　"综合练习"效果图

第 3 章　使用 CSS 技术美化网页

- 掌握 CSS 基础知识。
- 了解 CSS 基本语法。
- 掌握 CSS 基本模式。

CSS 与 HTML 类似，也是一种标记语言，由简单的代码构成，通过浏览器解释执行，可以使用任意的文本编辑器编写。CSS 的出现，最大程度地弥补了 HTML 在标记控制中存在的不足，可以将网页结构与表现样式相分离。

3.1　案例 5：黄姚古镇多彩标题

案例 5：黄姚古镇
多彩标题

3.1.1　案例描述

Logo 是"商标"的英文缩写，是企业文化的象征。商标的普及可以让消费者更好地认识企业主体及品牌文化。文字作为 Logo 含义直接明确，更容易被认知和理解。本节我们将引入 CSS，通过它控制文字来模拟一款文字 Logo。其效果图如图 3-1 所示。

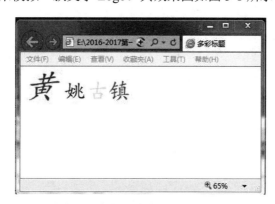

图 3-1　黄姚古镇多彩标题效果图

3.1.2　相关知识

1. CSS 基本概念
- 什么是 CSS

CSS 语言称为层叠样式表（Cascading Style Sheet），是一种标记语言，它本身不需要编译，可以直接由浏览器解释执行，属于浏览器解释型语言。在标准网页设计中 CSS 负责网页内容的表现，并且允许将样式与网页内容分离。CSS 是 1996 年由 W3C 审核通过，并且推荐使用的。CSS 的引入，就是为了使 HTML 更好地适应页面的美工设计。它以 HTML 为基础，提供了丰富的格式化功能，如字体、颜色、背景等，并且网页设计者可以针对各种可视化浏览器设置不同的风格。CSS 的引入随即引发了网页设计的一个新高潮，使用 CSS 设计的新页面层出不穷。CSS 也是一种叫作样式表（Style Sheet）的技术。

想一想，在没有使用 CSS 之前我们是如何控制字体的颜色和大小以及所使用的字体的呢？我们一般使用 HTML 标签来实现，而且代码非常烦琐。

如果在一个页面里需要频繁地更替字体的颜色和大小，最终生成的 HTML 代码一定臃肿不堪。CSS 就是为了简化这样的工作而诞生的，当然其功能决非这么简单。CSS 是通过对页面结构的风格进行控制的思想，是控制整个页面的风格的。样式单放在页面中，通过浏览器的解释执行，是完全的文本，任何懂得 HTML 的人都可以掌握，非常容易，一些版本非常旧的浏览器执行时也不会产生页面混乱的现象。我们通过例 3-1 和例 3-2 来更加清晰地了解 HTML 代码与引入 CSS 技术的区别。

例 3-1：简单表格布局示例。

```
1   <!DOCTYPE html PUBLIC "-//W3C//DTD XHTML 1.0 Transitional//EN" "http://www.w3.org/TR/xhtml1/
    DTD/xhtml1-transitional.dtd">
2   <html xmlns="http://www.w3.org/1999/xhtml">
3   <head>
4   <meta http-equiv="Content-Type" content="text/html; charset=utf-8" />
5   <title>简单表格布局</title>
6   </head>
7   <body topmargin="0">
8   <table width="400" border="0" align="center" cellpadding="0" cellspacing="0">
9   <tr>
10  <td height="20" valign="top" bgcolor="#cccccc">
11  <font color="#0000ff"><strong>顶部</strong></font>
12  </td>
13  </tr>
14  <tr>
15  <td>
16  <table width="100%" border="0" cellpadding="0" cellspacing="0">
17  <tr>
18  <td width="25%" height="120" valign="top" bgcolor="#eeeeee">
19  <font color="#ff0000">列表</font>
20  </td>
21  <td width="75%" height="120" valign="top" bgcolor="#f7f7f7">
22  <font color="#ff0000">内容</font>
23  </td>
24  </tr>
25  </table>
26  </td>
27  </tr>
28  <tr>
29  <td height="20" valign="top" bgcolor="#cccccc">
```

```
30    <font color="#0000ff"><strong>底部</strong></font>
31    </td>
32    </tr>
33    </table>
34    </body>
35    </html>
```

例 3-2：使用 HTML+CSS 简单布局示例。

```
1    <!DOCTYPE html PUBLIC "-//W3C//DTD XHTML 1.0 Transitional//EN" <html>
2        <head>
3        <meta http-equiv="Content-Type" content="text/html; charset=gb2312" />
4        <title>XHTML+CSS 简单布局</title>
5        <style type="text/css">
6        *{margin:0px; padding:0px;}
7        #all{width:400px; margin:0px auto; color:#f00; }
8        #top,#bt{height:20px; background-color:#ccc; color:#00f; font-weight:bold;}
9        #list{width:25%; height:120px; float:left; background-color:#eee;}
10       #content{width:75%; height:120px; background-color:#f7f7f7; float:right}
11       </style>
12       </head>
13       <body>
14           <div id="all">
15               <div id="top">顶部</div>
16               <div id="mid">
17                   <div id="list">列表</div>
18                   <div id="content"> 内容</div>
19               </div>
20               <div id="bt">底部</div>
21           </div>
22       </body>
23   </html>
24   </html>
```

这两个例子的最终效果是一样的，如图 3-2 所示。但编辑的方式不同，很明显例 3-2 代码简洁易修改。这就是 CSS 的最大优势，表现和结构相对分离，层次清晰，而 HTML 代码则杂糅在一起，很难修改。

图 3-2 两种布局效果图

- 构造 CSS 规则

CSS 语法的核心包括三个部分：选择符、样式属性和属性值。基本语法格式如下：

```
选择符{
    属性1:属性值1;
    属性2:属性值2;
    …
    属性n:属性值n;
}
```

选择符包括多种形式，所有的 HTML 标记都可以作为选择符，如 body、p、table 等。但在利用 CSS 语法给它们定义属性和属性值时，属性和属性值中间要用冒号隔开。如果要对一个属性指定多个属性值，则需要使用分号将所有的属性和属性值分开。例如：

```
h2{
    font-size:20px;
    height:28px;
    padding-top:5px;
}
```

在这段代码中，h2 是选择符，font-size 是属性，20px 即为该属性的值。

有时候我们需要对多个选择符同时设置相同的属性，为了简化代码，可以一次性为它们设置样式，只需在各个选择符之间加上 "," 来分隔，格式如下：

```
选择符1,选择符2,选择符3{
    属性1: 属性值1;
    属性2: 属性值2;
    …
    属性n: 属性值n;
}
```

另外还有一种特殊的格式：

```
选择符1 选择符2{
    属性1: 属性值1;
    属性2: 属性值2;
    …
    属性n: 属性值n;
}
```

我们看到这种格式与第二种格式很相似，只是在选择符 1 和选择符 2 之间少了逗号，这种格式表示只有当选择符 2 包含的内容同时也包含在选择符 1 中的时候，所设置的样式规则才起作用。例如：

```
table b{font-size:15px;
    color:red;
    font-weight:bolder;
    font-family:arial;
}
```

这段代码说明以上这些属性只对表格内的 b 元素有效，对表格外的 b 元素没有任何影响。

2. CSS 样式的引用

由于 CSS 在布局、样式控制方面有着巨大的优势，所以 CSS 成了美化页面的最佳利器。在这里我们来介绍下在网页中如何引用 CSS 样式。

● 链入外部样式

链入外部样式表要先把样式表保存为一个独立的文件，然后在代码编辑页面中用<link>标记链接到这个文件。值得注意的是，这个<link>标记必须放到页面的<head>…</head>区域内，语法格式如下：

```
1  <head>
2  …
3  <link href="mystyle.css"    rel="stylesheet"    type="text/css"    media="all">
4  …
5  </head>
```

语法解释：

（1）href：用于指定样式表文件所在的地址，可以是绝对地址，也可以是相对地址。上面代码中的"mystyle.css"表示浏览器从 mystyle.css 文件中以文档格式读出定义的样式表。样式表文件可以用任何文本编辑器打开并编辑，扩展名为 css。内容是定义的样式表，注意不能包含任何 HTML 标记。

（2）rel="stylesheet"：指在 HTML 页面文件中使用的是外部样式表。

（3）type="text/css"：指明该文件的类型是样式表文件。

（4）media：表示选择的媒体类型，包括屏幕、纸张、语音合成设备等，详见表 3-1。

表 3-1　media 的取值

取值	说明
All	应用于所有的设备
screen	应用于计算机屏幕
print	应用于页面的打印及打印预览的状态
handheld	应用于手持设备（小屏幕、单色及带宽有限制的设备）
projection	应用于投影演示
braille	应用于盲文触摸式的反馈设备
aural	应用于语音合成设备

如果把 CSS 文件和 HTML 页面文件一起发布到服务器上，在浏览器中打开网页时，浏览器就会按照该 HTML 网页所链接的外部样式表来显示其风格。

一个外部样式表文件可以被多个网页页面所使用，当改变该样式表文件时，所有的页面也会随之发生改变。那么在制作大量相同样式页面的网站时，这种方法就非常实用，不仅减少了重复的工作量，而且有利于以后的修改和编辑以及站点维护，同时也减少了代码所占用的存储空间。

● 内部样式

内部样式表是通过<style>标记把样式表的内容直接放到 HTML 页面的<head>区域里，这些定义的样式就应用到页面中了。样式表是用<style>标记插入的，语法格式如下：

```
1  <head>
2  <style type=" text/css " >
3  <!--选择符{样式属性:取值;样式属性:取值;...}选择符{样式属性:取值;样式属性:取值;...}......-->
```

```
4    </style>
5    </head>
```

语法解释：

（1）<style>标记：用来说明要定义的样式。

（2）type="text/css"：说明这是一段 CSS 样式表代码。

（3）<!--　-->标记：有些低版本浏览器不能识别<style>标记，即<style>内的内容会被忽略，该标记就是为了防止一些浏览器不支持 CSS。

（4）选择符：样式的名称，可以是 HTML 的所有标记名称。

● 导入外部样式

导入外部样式表是指在内部样式表的<style>区域内导入一个外部样式表，导入时需要用@import 做声明，该声明可放在<head>标记外，也可以放在<head>标记内，但一般都是放在<head>标记内，语法格式如下：

```
1    <head>
2    <style type="text/css">
3    @import url(外部样式表文件地址);
4    …
5    </style>
6    …
7    </head>
```

语法解释：

（1）import 语句后面的“;”是不能省略的。样式表的地址可以是绝对地址也可以是相对地址。

（2）外部样式表文件的扩展名必须为 css。

● 内嵌样式

内嵌样式是混合在 HTML 标记里使用的，即在<body>标记里加入 style 参数，而 style 参数的内容就是 CSS 的属性和值。用这种方法可以很简单地对某个元素单独定义样式。语法格式如下：

```
1    <head>
2    …
3    </head>
4    <body>
5    …
6    <HTML 标记  style= " 样式属性:取值;样式属性:取值;… " >
7    …
8    </body>
```

语法解释：

（1）HTML 标记就是页面中标记 HTML 元素的标记，如<p>、<img>等。

（2）<style>标记后面引号中的内容相当于样式表中大括号里的内容，<style>标记可以应用于 HTML 文件中的任意<body>标记。

3．CSS 的基本选择符（器）

每一条 CSS 样式声明（定义）由两部分组成，形式如下：

选择符{样式;}

在{}之前的部分就是选择符，选择符指明了{}中的样式的作用对象，也就是样式作用于网页中的哪些元素。

CSS 中的选择符可以分为 5 种，分别是：HTML 标签选择符、类（class）选择符、id 选择符、伪类及伪元素选择符、通配符选择符。

● HTML 标签选择符

标签选择符即使用 XHTML 中已有的标签作为选择符。定义时语法格式如下：

标签{属性:属性值;…}

代码例子如下：

p{font:12px;}

其中 p 是 HTML 标签选择符，调用时只要使用了<p>标记，那么这个设置就生效，无须单独调用。

● 类（class）选择符

类选择符在 CSS 样式编码中是最常用到的，格式如下：

.类选择符名称{CSS 样式代码}

即：

.类选择符名称{属性:属性值;…}

要以英文圆点开头，类选择符可以任意起名（但是不能用中文），具体例子见例 3-3。

例 3-3：CSS 的类选择符示例。

```
1  <!DOCTYPE html PUBLIC "-//W3C//DTD XHTML 1.0 Transitional//EN" "http://www.w3.org/TR/xhtml1/
   DTD/xhtml1-transitional.dtd">
2  <html xmlns="http://www.w3.org/1999/xhtml">
3  <head>
4  <meta http-equiv="Content-Type" content="text/html; charset=utf-8" />
5  <title>类选择符</title>
6  <style type="text/css">
7  .red{color:red;}
8  .Green{color:green;}
9  </style>
10 </head>
11 <body>
12 <h1>勇气</h1>
13 <p>三年级时，我还是一个<span class="red">胆小如鼠</span>的小女孩，上课从来不敢回答老师提出的
   问题，生怕回答错了老师会批评我。就一直没有这个<span class="stress">勇气</span>来回答老师提出的
   问题。学校举办的活动我也没勇气参加。</p>
14 <p>到了三年级下学期时，我们班上了一节<span class="Green">公开课</span>，老师提出了一个很简单
   的问题，班里很多同学都举手了，甚至成绩比我差很多的也举手了，还说着："我来，我来。"我环顾
   四周，就我没有举手。</p>
15 <img src="images/cup.jpg" >
16 </body>
17 </html>
```

运行后的效果如图 3-3 所示。

图 3-3　例 3-3 效果图

- id 选择符

id 选择符在 CSS 样式编码中是最常用到的，格式如下：

#id 选择符名称{CSS 样式代码}

即：

#id 选择符名称{属性:属性值;...}

要以#开头，选择符可以任意起名（但是不能用中文）。

具体例子见例 3-4。

例 3-4：CSS 的 id 选择符示例。

```
1  <!DOCTYPE html PUBLIC "-//W3C//DTD XHTML 1.0 Transitional//EN" "http://www.w3.org/TR/xhtml1/
   DTD/xhtml1-transitional.dtd">
2  <html xmlns="http://www.w3.org/1999/xhtml">
3  <head>
4  <meta http-equiv="Content-Type" content="text/html; charset=utf-8" />
5  <title>id 选择符</title>
6  <style type="text/css">
7  #red{color:red;}
8  #Green{color:green;
9  font-size:26px;}
10 </style>
11 </head>
12 <body>
13 <h1>勇气</h1>
14 <p>三年级时，我还是一个<span id="red">胆小如鼠</span>的小女孩，上课从来不敢回答老师提出的问
   题，生怕回答错了老师会批评我。就一直没有这个勇气来回答老师提出的问题。学校举办的活动我也没
   勇气参加。</p>
15 <p>到了三年级下学期时，我们班上了一节<span id="Green">公开课</span>，老师提出了一个很简单的
   问题，班里很多同学都举手了，甚至成绩比我差很多的也举手了，还说着："我来，我来。"我环顾了四
   周，就我没有举手。</p>
16 </body>
17 </html>
```

运行代码后的效果如图 3-4 所示。

到这里可能很多人会问，类选择符与 id 选择符似乎看不到差别，但其实这两者是有区别的，两者的相同点是可以应用于任何元素，不同点是 id 选择符只能在文档中使用一次，而类选择符可以多次被使用。

● 伪类和伪元素选择符

伪类和伪元素选择符是一组 CSS 预定义好的类和对象，不需要进行 id 和 class 属性的声明就能自动被支持 CSS 的浏览符所识别。CSS 伪类用于向某些选择器添加特殊的效果。

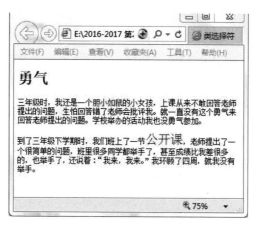

图 3-4　例 3-4 效果图

（1）伪类。伪类的基本格式为：

选择符:伪类 { 属性: 值 }

常用伪类见表 3-2。

表 3-2　常用伪类

伪类	用法
:link	超链接未被访问时
:hover	对象在鼠标滑过时
:active	对象被用户单击时
:visited	超链接被访问后
:focus	对象成为输入焦点时
:first-child	对象的第一个子对象
:first	页面的第一页

在实际应用中，使用最多的是超链接的 4 种状态，即:link、:hover、:active 和:visited。具体应用见例 3-5。

例 3-5：CSS 的伪类示例。

```
1  <!DOCTYPE html PUBLIC "-//W3C//DTD XHTML 1.0 Transitional//EN" "http://www.w3.org/TR/xhtml1/
   DTD/xhtml1-transitional.dtd">
2  <html xmlns="http://www.w3.org/1999/xhtml">
3  <head>
4  <meta http-equiv="Content-Type" content="text/html; charset=utf-8" />
```

```
5    <title>伪类</title>
6    <style type="text/css">
7    a:link {color: #FF0000}
8    a:visited {color: #00FF00}
9    a:hover {color: #FF00FF}
10   a:active {color: #0000FF}
11   </style>
12   </head>
13   <body>
14   <p><b><a href="/index.html" target="_blank">这是一个链接。</a></b></p>
15   <p><b>注释：</b>在 CSS 定义中，a:hover 必须位于 a:link 和 a:visited 之后，这样才能生效！</p>
16   <p><b>注释：</b>在 CSS 定义中，a:active 必须位于 a:hover 之后，这样才能生效！</p>
17   </body>
18   </html>
```

运行后的效果图如图 3-5 所示。

图 3-5　例 3-5 效果图

（2）伪元素。伪元素指元素的一部分，如段落的第一个字母。伪元素的基本格式为：

选择符.类: 伪元素 { 属性: 值 }

使用伪元素可以区分不同种类的元素，CSS 预定义的伪元素见表 3-3。

表 3-3　伪元素

伪元素	用法
:before	设置某个对象之前的内容
:first-letter	对象内容的第一个字母
:first-line	对象内第一行
:after	设置某一个对象之后的内容

如果要使文章的文本首行全部以粗体且大写显示，可将其作为一个伪元素处理，即首行伪元素，它可以用于任何块级元素，代码如下：

p:first-line{　font-variant:small-caps;　font-weight:bold;}

具体使用方法见例 3-6。

例 3-6：CSS 的伪元素示例。

```
1    <!DOCTYPE html PUBLIC "-//W3C//DTD XHTML 1.0 Transitional//EN" "http://www.w3.org/TR/xhtml1/
     DTD/xhtml1-transitional.dtd">
2    <html xmlns="http://www.w3.org/1999/xhtml">
```

```
3   <head>
4   <meta http-equiv="Content-Type" content="text/html; charset=utf-8" />
5   <title>伪元素</title>
6   <style type="text/css">
7   p:first-letter
8   {
9   color:blue;
10  font-size:xx-large;
11  }
12  p:first-line
13  {    color:red;
14  font-variant:small-caps;
15  }
16  :before{
17  content:url(cup.jpg)
18  }
19  h2:after{
20  content:url(sp3.jpg)
21  }
22  </style>
23  </head>
24  <body>
25  <p>This is a text.</p>
26  <h1>This is a heading</h1>
27  <p>this is the first line, 前面的 CSS 伪元素 p:first-line 只对第一行起作用。如果有 2 行以上的话，从第二
    行起就无 S 伪元素 p:first-line 的特殊效果。</p>
28  <h2>This is a ending</h2>
29  </body>
30  </html>
```

运行后的效果如图 3-6 所示。

图 3-6　例 3-6 效果图

● 通配符选择符

通配符使用星号*表示，意思是"所有的"。平时使用计算机，比如要搜索 C:盘里所有的网页，可以使用 *.html 来搜索，.html 是网页的后缀名，*代表了所有网页的名称，也就是使用 * 加后缀名就可以在计算机中搜索任意网页文件。在 CSS 中，同样使用 * 代表所有的标记或元素，它叫作通配符选择符。比如，* { color : red; }把所有元素的字体设置为红色。

*会匹配所有的元素，因此针对所有元素的设置可以使用*来完成，用得最多的例子如下：

```
*{margin:0px; padding:0px;}
```

这里设置所有元素的外边距 margin 和内边距 padding 都为 0。

不过，由于*会匹配所有的元素，这样会影响网页渲染的时间，因此很多人开始停止使用*通配符选择器，取而代之的是把所有需要统一设置的元素放在一起进行设置，比如：

```
html, body, ul, li, ol, dl, dd, dt, p, h1, h2, h3, h4, h5, h6, form, fieldset, legend, img { margin:0; padding:0; }
```

3.1.3 实现过程

1. 案例分析

如图 3-1 所示的标题"黄姚古镇"，大小不同，颜色不同。为了方便控制汉字的显示，我们用 4 对<span></span>标记来设置。对于文本的大小和颜色以及字体，我们用 font-size、color、font-family 属性完成设置。

2. 案例结构

（1）HTML 结构。根据上面的效果图分析，我们使用相应的 HTML 标记来搭建网页结构，代码如下：

```
<body>
<span class="style1">黄</span>
<span class="style2">姚</span>
<span class="style3">古</span>
<span class="style4">镇</span>
</body>
```

（2）CSS 结构。下面使用 CSS 对图 3-1 所示的文字进行修饰，步骤如下：

1）添加类名。

2）控制文本大小。

3）控制文本颜色。

4）控制文本字体。

```
1  <style type="text/css">
2  body{ font-family:"楷体";}
3  .style1{font-size:86px; color:red; letter-spacing:20px; font-style:italic; }
4  .style2{ font-size:56px; color:blue;letter-spacing:5px;}
5  .style3{ font-size:56px; color:yellow;}
6  .style4{font-size:56px; color:green;}
7  </style>
```

3. 案例代码

```
1  <!DOCTYPE html PUBLIC "-//W3C//DTD XHTML 1.0 Transitional//EN" "http://www.w3.org/TR/xhtml1/
   DTD/xhtml1-transitional.dtd">
2  <html xmlns="http://www.w3.org/1999/xhtml">
```

```
3   <head>
4   <meta http-equiv="Content-Type" content="text/html; charset=utf-8" />
5   <title>黄姚古镇多彩标题</title>
6   <style type="text/css">
7   body{ font-family:"楷体";}
8   .style1{font-size:86px; color:red; letter-spacing:20px; font-style:italic; }
9   .style2{ font-size:56px; color:blue;letter-spacing:5px;}
10  .style3{ font-size:56px; color:yellow;}
11  .style4{font-size:56px; color:green;}
12  </style>
13  </head>
14  <body>
15  <span  class="style1"> 黄 </span><span  class="style2"> 姚 </span><span  class="style3"> 古 </span><span
    class="style4">镇</span>
16  </body>
17  </html>
```

3.2　案例 6：黄姚古文化遗迹简介

案例 6：黄姚古文化
遗迹简介

3.2.1　案例描述

　　"黄姚古文化遗迹简介"是图文混排的网页，图文混排也是网页主要的表现形式。但在本节中，我们主要使用 CSS 技术对网页中的文字进行修饰。本案例"黄姚古文化遗迹简介"效果如图 3-7 所示。

兴宁庙

黄姚古镇景点之一

别 有 洞 天 藏 世 界 ， 更 无 胜 地 赛 神 仙 。

山 停 水 峙 鱼 鼓 浪 ， 春 华 秋 实 鸟 争 鸣 。

帝 阖 万 年 垂 保 障 ， 仙 山 千 古 仰 英 灵 。

注解

　　兴宁庙在黄姚古镇东侧，是黄姚古镇景点之一，始建于明万历年间，清乾隆二十年（公元 1756年）重修，并添建真武亭、护龙桥。庙背靠隔江山，面向真武山，左有鼓乐亭，壁上画有八仙醉酒图；右是牌坊，青砖墙，琉璃瓦盖。

　　真武亭柱上有对联 "别有洞天藏世界，更无胜地赛仙山"，是清代举人林作揖撰写。前面石柱上对联为 "襟带河山，形腾甲出"，旁书"巨川林作揖题"。中间石柱上的对联为 "山峙水停鱼鼓浪，春华秋实鸟争鸣"，旁书"云纪莫官生题"。里面的石柱上也有一副对联 "帝阖万年垂保障，仙山千古仰英灵"，旁书"玉田何其瑝"。

　　护龙桥下是石溪与姚江汇合处，溪水从庙前蜿蜒流过，越过护龙桥20多步，左有天然石门，进入石门是一大石板平铺的露天石台；右有怪石无数，石旁有翠竹一丛，一石顶上长有榕树一株，甚为奇趣。其风景之幽雅足以令人陶醉，故历代诗家题咏颇多。

图 3-7　"黄姚古文化遗迹简介"网页效果图

3.2.2 相关知识

1. CSS 字体样式属性

在 HTML 中设置字体是使用\<font\>标记的 face 属性，而 CSS 字体属性包括字体族科、字体大小、字体样式、字体加粗和字体变体。

- 设置字体族科：font-family

字体族科就是在 CSS 中利用 font-family 属性设置的文字字体，基本格式如下：

```
font-family:字体 1,字体 2,字体 3,…;
p{ font-family:"隶书";}
```

应用 font-family 属性可以一次定义多个字体，各个字体之间用英文逗号分隔，而浏览器读取字体时会按照定义的先后顺序来决定选用哪种字体，中文字体要加英文双引号。

- 设置字号：font-size

font-size 属性用来设置字的大小，该属性要有长度单位，常用的单位及属性值见表 3-4。

表 3-4 font-size 属性取值说明

属性取值	说明
em	相对长度单位
px	绝对长度单位像素
in	绝对长度单位英寸
cm	绝对长度单位厘米
mm	绝对长度单位毫米
pt	绝对长度单位点
xx-small	极小字
x-small	较小字
small	小号字
medium	中等大小
large	大号字
x-large	较大字
xx-large	极大字

百分比取值主要以父类字大小为参考依据。推荐使用像素单位 px，如要设置网页中的文字大小为 14 像素，那么它的 CSS 代码如下：

```
p{ font-size:14px;}
```

具体例子见例 3-7。

- 设置字体样式：font-style

font-style 属性用来设置字体样式，取值为 3 种，见表 3-5。

表 3-5　font-style 属性取值说明

属性取值	说明
normal	默认样式，正常显示
italic	斜体
oblique	歪斜体，其实与 italic 斜体样式一样

● 设置字体加粗：font-weight

font-weight 用来设置字体加粗，取值见表 3-6。

表 3-6　font-weight 属性取值说明

属性取值	说明
normal	默认样式，正常显示
bold	粗体
bolder	加粗
lighter	细体
100～900（100 的整数倍）	100、200、300～900，其中 700 与 bold 粗体一样

例 3-7：CSS 字体样式属性示例。

```
1  <!DOCTYPE html PUBLIC "-//W3C//DTD XHTML 1.0 Transitional//EN" "http://www.w3.org/TR/xhtml1/
   DTD/xhtml1-transitional.dtd">
2  <html xmlns="http://www.w3.org/1999/xhtml">
3  <head>
4  <meta http-equiv="Content-Type" content="text/html; charset=utf-8" />
5  <title>在 CSS 中设置字体加粗</title>
6  <style type="text/css">
7  #b1{font-weight:normal}
8  #b2{font-weight:bold}
9  #b3{font-weight:bolder}
10 #b4{font-weight:lighter}
11 #b5{font-weight:100}
12 #b6{font-weight:400}
13 #b7{font-weight:700}
14 #b8{font-weight:900}
15 -->
16 </style>
17 </head>
18 <body>
19 <center>
20 <h3 id=b8>使用 font-weight 设置字体加粗</h3>
21 </center>
22 <hr>
23 <p id=b1>font-weight 属性取值为正常粗细效果</p>
24 <p id=b2>font-weight 属性取值为粗体效果</p>
```

```
25   <p id=b3>font-weight 属性取值为加粗体效果</p>
26   <p id=b4>font-weight 属性取值为细体效果</p>
27   <p id=b5>font-weight 属性取值为 100 的效果</p>
28   <p id=b6>font-weight 属性取值为 400 的效果</p>
29   <p id=b7>font-weight 属性取值为 700 的效果</p>
30   </body>
31   </html>
```

运行后的效果如图 3-8 所示。

图 3-8   例 3-7 效果图

● 设置字体变体：font-variant

font-variant 属性用来设置字体的变体，设置是否为小型的大写字母，主要用于设置英文字母，其取值如下：

➢ normal：默认值，正常显示。

➢ small-caps：小型的大写字母。

例 3-8：设置字体变体示例。

```
1    <!DOCTYPE html PUBLIC "-//W3C//DTD XHTML 1.0 Transitional//EN" "http://www.w3.org/TR/xhtml1/
     DTD/xhtml1-transitional.dtd">
2    <html xmlns="http://www.w3.org/1999/xhtml">
3    <head>
4    <meta http-equiv="Content-Type" content="text/html; charset=gb2312" />
5    <title>在 CSS 中设置小型的大写字母</title>
6    <style type="text/css">
7    p{font-variant:small-caps}
8    </style>
9    </head>
10   <body>
11   <center>
12   <h3>使用 font-variant 属性设置字体变体</h3>
13   </center>
14   <hr>
15   hello!you like css?…小写的英文<br>
```

16　`<p>hello!you like css?…小写的英文字母变为了小型的大写字母</p>`
17　`</body>`
18　`</html>`

运行后的效果如图 3-9 所示。

图 3-9　例 3-8 效果图

2．文本外观属性

● 调整字符间距：letter-spacing

letter-spacing 属性是用来控制字符间距的，取值如下：

➢ normal：默认值。

➢ 长度：包括长度值和长度单位，其设置方法与前面设置字的大小一样。

● 调整单词间距：word-spacing

word-spacing 设置单词之间的间距，使用方法与 letter-spacing 类似。

● 添加文字修饰：text-decoration

text-decoration 主要对文字添加一些常用修饰，如下划线、删除线等，取值见表 3-7。

表 3-7　text-decoration 属性取值说明

属性取值	说明
underline	下划线
overline	上划线
line-through	删除线
blink	闪烁
none	无修饰

● 设置文本排列方式：text-align

text-align 属性用来控制文本的排列和对齐方式，取值见表 3-8。

表 3-8　text-align 属性取值说明

属性取值	说明
left	左对齐
right	右对齐
center	居中对齐
justify	两端对齐

● 设置段落缩进：text-indent

text-indent 属性用来控制段落缩进，取值如下：

➢ 长度：长度值和长度单位，与前面的介绍一致。

➢ 百分比：相对上一级而言。

● 调整行高：line-height

line-height 属性用来控制文本内容之间行与行之间的距离，取值见表 3-9。

表 3-9　line-height 属性取值说明

属性取值	说明
normal	默认值，正常行高
数字	表示行高为该元素字体大小与该数字相乘的结果
长度	长度值和长度单位
百分比	表示行高是该元素与字体大小的百分比

● 转换英文大小写：text-transform

text-transform 属性用来控制大小写英文字母之间的转换，取值见表 3-10。

表 3-10　text-transform 属性取值说明

属性取值	说明
uppercase	所有单词都大写
lowercase	所有单词都小写
capitalize	所有单词首字母都大写
none	默认显示

例 3-9：对文本外观属性进行综合应用。

```
1   <!DOCTYPE html PUBLIC "-//W3C//DTD XHTML 1.0 Transitional//EN" "http://www.w3.org/TR/xhtml1/
    DTD/xhtml1-transitional.dtd">
2   <html xmlns="http://www.w3.org/1999/xhtml">
3   <head>
4   <meta http-equiv="Content-Type" content="text/html; charset=gb2312" />
5   <title>应用 text-decoration 属性</title>
6   <style type=text/css>
7   h2{font-family:黑体;font-size:14pt;font-weight:bold}
8   .p1{font-size:18px;text-decoration:underline}
9   .p2{font-size:18px;text-decoration:line-through}
10  .p3{font-family:"Time New Roman";font-size:18px;word-spacing:15px}
11  .d1{font-size:18px;text-align:right；letter-spacing:10px }
12  .f1{font-size:12pt;text-indent:25%}
13  .f2{font-size:12pt;text-indent:30px}
14  .b1{font-size:15px;line-height:18px}
15  .b2{font-size:15px;line-height:150%}
16  .b3{font-size:15px;line-height:2}
```

```
17  </style>
18  </head>
19  <body>
20  <h2>文字修饰</h2>
21  <hr>
22  <p class="p1">下划线的效果</p>
23  <p class="p2">删除线的效果</p>
24  <h2>文本排列</h2>
25  <hr>
26  <p class="d1">这段文字为右对齐排列方式这段文字为右对齐排列方式这段文字为右对齐排列方式</p>
27  <h2>段落缩进</h2>
28  <hr>
29  <p class="f1">首行缩进为 25%，这段文字的首行缩进为 25%</p>
30  <p class="f2">首行缩进为 30 像素，这段文字的首行缩进为 30 像素</p>
31  <p class="p3">首行缩进为 30 点，这段文字的首行缩进为 30 点</p>
32  <h2>调整行高</h2>
33  <hr>
34  <p class="b1">行高为 18 像素</p>
35  <p class="b2">行高为字号大小 15 像素的 150%，即行高为 22.5 像素</p>
36  <p class="p3">this is a good book,many people like.……单词间距为 15 像素</p>
37  </body>
38  </html>
```

例 3-9 使用了多种文本外观属性修饰文本，具体效果如图 3-10 所示。

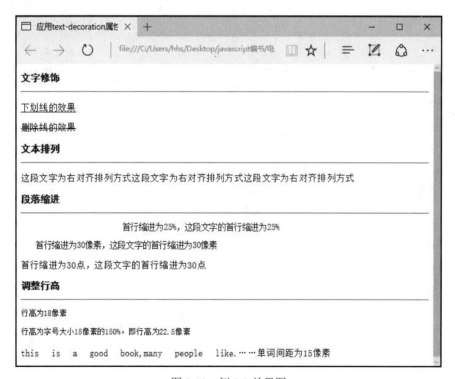

图 3-10　例 3-9 效果图

3.2.3 实现过程

1. 案例分析

从图 3-3 中可以看到网页主要由两部分构成：图片和文本。

2. 案例结构

（1）HTML 结构。它的结构很清晰了，图片由<img>标记完成，文本由<p>标记完成，特殊显示的文本由<span>来完成。

（2）CSS 样式。从结构分析来看，主要由以下 3 个部分构成：

- 段落文本的字体、大小、行高及首行缩进。
- 特殊文本"原生态"的颜色和大小的设置由 color 和 font-size 设置。
- 特殊文本"详情请单击"由 color 和 text-style 来设置。

3. 案例实现

（1）制作页面结构。根据上面的分析，可以搭建这个网页的结构。

```
1   <body>
2   <h1>兴宁庙</h1>
3       <h2>黄姚古镇景点之一</h2>
4       <p class="poetry">别有洞天藏世界，更无胜地赛神仙。<br>
5           山停水峙鱼鼓浪，春华秋实鸟争鸣。<br>
6           帝阖万年垂保障，仙山千古仰英灵。
7       </p>
8       <hr >
9       <h3>注解</h3>
10      <img src="images/xnm.jpg" width="200" align="right" hspace="20px" ><p>兴宁庙在黄姚古镇东侧，是黄姚古镇景点之一，始建于明万历年间，清乾隆二十年（公元 1756 年）重修，并添建真武亭、护龙桥。庙背靠隔江山，面向真武山，左有鼓乐亭，壁上画有八仙醉酒图；右是牌坊，青砖墙，琉璃瓦盖。</p>
11      <p>真武亭柱上有对联<span class="couplet">"别有洞天藏世界，更无胜地赛仙山"</span>，是清代举人林作揖撰写。前面石柱上对联为"襟带河山，形腾甲出"，旁书"巨川林作揖题"。
12      中间石柱上的对联为<span class="couplet">"山峙水停鱼鼓浪，春华秋实鸟争鸣"</span>，旁书"云纪莫官生题"。里面的石柱上也有一副对联<span class="couplet">"帝阖万年垂保障，仙山千古仰英灵"</span>，旁书"玉田何其璋"。</p>
13  <p>护龙桥下是石溪与姚江汇合处，溪水从庙门前蜿蜒流过，越过护龙桥 20 多步，左有天然石门，进入石门是一大石板平铺的露天石台；右有怪石无数，石旁有翠竹一丛，一石顶上长有榕树一株，甚为奇趣。其风景之幽雅足以令人陶醉，故历代诗家题咏颇多。</p> </body>
```

（2）定义 CSS。

```
1   <style type="text/css">
2   h1{ text-align: center;}
3   h2{ text-align: center; font-size: 18px;
4   font-style: inherit; font-family: "华文行楷";}
5   .poetry{ text-align: center;font-size: 22px; letter-spacing: 18px;line-height: 48px; color: #999; text-indent: 0px;}
6   h3{ text-indent: 2em; text-decoration: underline;}
7   p{ text-indent: 2em; line-height: 32px;}
8   .couplet { color: red; font-weight: bold;}
9   </style>
```

3.3　案例 7：黄姚古镇美食推荐

案例 7：黄姚古镇
美食推荐

3.3.1　案例描述

到一个地方旅游时，除了观赏漂亮的风景，品尝当地的美食也是旅游者最喜欢的活动。美食推荐是在网页中推荐最具有地方特色的美食，方便旅游者在旅途中获取美食信息，也是旅游网站必备的信息资讯内容。"黄姚古镇美食推荐"是把黄姚古镇的几种独特美食在网页中用图文介绍，采用了 CSS 的复合选择器来实现。效果图如图 3-11 所示。

图 3-11　"黄姚古镇美食推荐"网页效果图

3.3.2　相关知识

1. 复合选择符

● 标签指定式选择符

标签指定式选择符又称交集选择符，由两个选择符构成，其中第一个为标签选择符，第二个为类选择符或 id 选择符，两个选择符之间不能有空格。例如：h3.special 或 p#one。

例 3-10：标签指定式选择符示例。

```
1   <!DOCTYPE html PUBLIC "-//W3C//DTD XHTML 1.0 Transitional//EN"
2   "http://www.w3.org/TR/xhtml1/DTD/xhtml1-transitional.dtd">
3   <html xmlns="http://www.w3.org/1999/xhtml">
4   <head>
5   <meta http-equiv="Content-Type" content="text/html; charset=utf-8" />
6   <title>标签指定式选择符的应用</title>
7   <style type="text/css">
8   p{ color:blue;}
9   .special{ color:green;}
10  p.special{ color:red;}        /*标签指定式选择符*/
```

```
11   </style>
12   </head>
13   <body>
14   <p>普通段落文本（蓝色）</p>
15   <p class="special">指定了.special 类的段落文本（红色）</p>
16   <h3 class="special">指定了.special 类的标题文本（绿色）</h3>
17   </body>
18   </html>
```

在例 3-10 中，第 8 行代码定义了<p>标记的文本为蓝色，第 9 行代码定义了.special 类的文本颜色是绿色，第 10 行代码定义了 p.special 的文本颜色是红色。运行程序后，可以看到设置 p.special 的效果文本变为红色，<h3>标记也设置.special 类，但是并没有变为红色。因此可以看出标签指定式选择符 p.special 仅仅在"<p class="special">"的语句中有效，不会影响到其他设置了.special 类的标记效果。效果如图 3-12 所示。

图 3-12　例 3-10 效果图

● 后代选择符

后代选择符用来选择元素或元素组的后代，其写法就是把外层标记写在前面，内层标记写在后面，中间用空格分隔。当标记发生嵌套时，内层标记就成为外层标记的后代。

例 3-11：后代选择符示例。

```
1    <!DOCTYPE html PUBLIC "-//W3C//DTD XHTML 1.0 Transitional//EN"
2    "http://www.w3.org/TR/xhtml1/DTD/xhtml1-transitional.dtd">
3    <html xmlns="http://www.w3.org/1999/xhtml">
4    <head>
5    <meta http-equiv="Content-Type" content="text/html; charset=utf-8" />
6    <title>后代选择符</title>
7    <style type="text/css">
8    p strong{ color:red;}        /*后代选择符*/
9    strong{ color:blue;}
10   </style>
11   </head>
12   <body>
13   <p>段落文本<strong>嵌套在段落中，使用<strong>标记定义的文本（红色）。</strong></p>
14   <strong>嵌套之外由<strong>标记定义的文本（蓝色）。</strong>
15   </body>
16   </html>
```

例 3-11 中定义了两个<strong>标记，第一个<strong>标记是嵌套在<p>标签内部的，第二个<strong>标记是独立的。之后分别定义了<strong>标记和后代选择符 p strong 的样式，效果如图 3-13 所示。从图中可以看出后代选择符 p strong 的样式仅仅对嵌套在<p>标记内部的<strong>标记有影响，而对其他的<strong>标记没有影响。

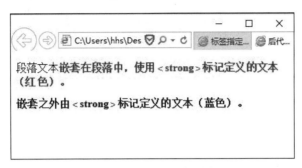

图 3-13   例 3-11 效果图

● 并集选择符

并集选择符是各个选择符通过逗号连接而成的，任何形式的选择符（包括标记选择符、class 类选择符、id 选择符等）都可以作为并集选择符的一部分。如果某些选择符定义的样式完全相同或部分相同，就可以利用并集选择符为它们定义相同的 CSS 样式。

例 3-12：并集选择符示例。

```
1   <!DOCTYPE html PUBLIC "-//W3C//DTD XHTML 1.0 Transitional//EN"
2   "http://www.w3.org/TR/xhtml1/DTD/xhtml1-transitional.dtd">
3   <html xmlns="http://www.w3.org/1999/xhtml">
4   <head>
5   <meta http-equiv="Content-Type" content="text/html; charset=utf-8" />
6   <title>并集选择符</title>
7   <style type="text/css">
8   h1,.red{ color:red; font-style: italic;}        /*并集选择符*/
9   </style>
10  </head>
11  <body>
12  <h1>这里是 h1 大标题</h1>
13  <p>这里是段落文本内容</p>
14  <p class="red">这里是设置了类名的段落文本内容</p>
15  </body>
16  </html>
```

例 3-12 设置了一个<h1>标记和两个<p>标记，其中第二个<p>标记添加了一个.red 的类。在 CSS 样式设置端，对 h1 和.red 类同时设置了交集选择符属性，效果如图 3-14 所示。从效果图中可以看出<h1>标记和设置了.red 类的<p>标记文本发生了改变，改变的效果是同时都变为红色和斜体文字，这个和 CSS 的并集选择符的设置是一致的。

图 3-14　例 3-12 效果图

可以总结出，使用并集选择符定义样式与对各个基础选择符单独定义样式效果是一样的，而使用并集选择符能使 CSS 的代码变得更加简洁和直观。

2. CSS 的层叠性和继承性

（1）层叠性。所谓层叠性是指多种 CSS 样式的叠加。例如，当使用内嵌式 CSS 样式表定义<p>标记字号大小为 12 像素，链入式定义<p>标记颜色为红色时，那么段落文本将显示为 12 像素红色，即这两种样式产生了叠加。

（2）继承性。所谓继承性是指书写 CSS 样式表时，子标记会继承父标记的某些样式，如文本颜色和字号。例如，定义主体元素 body 的文本颜色为黑色，那么页面中所有的文本都将显示为黑色，这是因为其他的标记都嵌套在<body>标记中，是<body>标记的子标记。

但是，并不是所有的 CSS 属性都可以继承，例如边框属性、外边距属性、内边距属性、背景属性、定位属性、布局属性、元素宽高属性等就不具有继承性。

3. CSS 的优先级

CSS 控制页面的方法各有不同，但如果把这几种方法同时运用到一个 HTML 文件的同一个标记上，就会出现优先级的问题。如果在各种方法中设置的属性不一样，如内嵌样式设置字体为宋体，内部样式设置字体颜色为红色，那么结果是让二者同时生效，为宋体红色字。但当各种方法同时设置同一个属性的时候，如都设置字体颜色，情况就会比较复杂。例如，首先创建两个 CSS 文件，其中第 1 个命名为 red.css，内容为：

```
p{
    color:red;
}
```

将第 2 个命名为 green.css，内容为：

```
p{
    color:green;
}
```

然后创建 HTML 代码，这两个 CSS 的作用是分别把文本段落的文字设置成红色和绿色。具体情况见例 3-13。

例 3-13：CSS 的优先级示例。

```
1  <!DOCTYPE html PUBLIC "-//W3C//DTD XHTML 1.0 Transitional//EN" "http://www.w3.org/TR/xhtml1/
   DTD/xhtml1-transitional.dtd">
2  <html xmlns="http://www.w3.org/1999/xhtml">
3  <head>
```

```
4    <meta http-equiv="Content-Type" content="text/html; charset=utf-8" />
5    <title>优先级</title>
6    <style type="text/css">
7    p{color:blue;}
8    @import url(css/red.css);
9    </style>
10   </head>
11   <body>
12   <p style="color:gray;">观察字体颜色</p>
13   </body>
14   </html>
```

从代码中可以看到，在内部样式的样式规则中，将 p 段落设置成蓝色，而内嵌样式中又将 p 段落设置成灰色，通过导入样式引入了 red.css，将文字设置成红色。在浏览器中我们看到运行后字体颜色为灰色，那么就是以内嵌样式为准；如果我们删除内嵌样式代码，再看颜色变化，可以看到结果是蓝色，那么说明以内部样式为准；接着把内嵌式代码删除，仅仅保留导入样式，这时可以看到字体颜色为红色。从而说明，在内嵌样式、内部样式和导入样式这 3 种方式之间存在着优先关系：内嵌样式>内部样式>导入样式。

导入样式和链接外部样式统称外部样式，所以存在着这样的优先关系：内嵌样式>内部样式>外部样式。

3.3.3　实现过程

1. 案例分析

黄姚古镇美食推荐的案例效果使用图文混排设计，然后对价格、推荐等级进行了文字外观的修饰。图文混排需要对图片的对齐方式及图片外空间属性进行设置，特殊文字的外观修饰可以使用 CSS 样式单独设置选中的文本对象，这就涉及使用混合选择符选择对象的操作。

2. 案例结构

（1）HTML 结构。本案例的 HTML 结构主要由<h1>标记、<h2>标记、<p>标记、<img>标记和<span>标记组成。页面分成了多组美食结构，每一个美食推荐的 HTML 标记位置及逻辑关系如图 3-15 所示。

图 3-15　黄姚古镇美食推荐结构图

（2）CSS 分析。

1）使用并集选择符，将所有涉及的标记的文本颜色改为暗灰色（#333），统一文字大小为 16px。

2）设置段落首行缩进。

3）使用后代选择符的方式找到价格的<span>标记，设置其文字大小和颜色。

4）使用后代选择符的方式找到推荐等级的<span>标记，设置其文字大小。

5）使用交集选择符的方式分别找到推荐等级为 A 等和 B 等的<span>标记，设置其文字颜色。

3. 案例实现

```
1   <!DOCTYPE html PUBLIC "-//W3C//DTD XHTML 1.0 Transitional//EN"
2   "http://www.w3.org/TR/xhtml1/DTD/xhtml1-transitional.dtd">
3   <html xmlns="http://www.w3.org/1999/xhtml">
4   <head>
5   <meta http-equiv="Content-Type" content="text/html; charset=utf-8" />
6   <title>黄姚古镇美食推荐</title>
7   <style type="text/css">
8   h1,h2,p{ font-size: 16px; color: #333; }        /*并集选择符*/
9   p{ text-indent: 2em; }
10  p span{ font-size: 22px; color: orange; text-decoration: underline; }   /*后代选择符*/
11  h2 span{ font-size: 28px; }                      /*后代选择符*/
12  span.one{    color: red; }                  /* 交集选择符*/
13  span.two{     color: blue; }                /* 交集选择符*/
14  </style>
15  </head>
16  <body>
17       <h1>油茶</h1>
18  <img src="image/youcha.jpg" align="left" hspace="10">
19  <p>油茶是生活在广西、湖南、贵州等地山区的瑶族、侗族、苗族等少数民族最喜爱的一种传统食品。
    制作方法是以老叶红茶为主料，用油炒至微焦而香，放入食盐加水煮沸，多数加生姜同煮，味浓而涩，
    涩中带辣，在古镇内的小巷里就能喝到。景区保留了传统的茶叶作坊以及唐宋时期的蒸青制茶工艺，游
    客还可以吃到按...价格 <span> 10 元/碗</span></p>
20  <h2>推荐等级: <span class="one">A 级</span></h2>
21  <hr />
22       <h1>豆腐酿</h1>
23  <img src="image/doufunia.jpg" align="left" hspace="10">
24  <p>黄姚豆豉远近闻名，畅销各地，但豆腐却只在当地有售，不亲临黄姚就没有这个口福。黄姚豆腐的
    做法与别处没有大不同，但是味道却是别处难比的。这道菜在黄姚是家家都会做的：把豆腐块揉碎，在
    里面拌上半肥瘦的猪肉，捏成一个个不露馅的小包子，放到烧滚的油里煎，半熟的时候捞起沥干多余的
    油，淋上豆豉水...价格<span> 4 元/碗</span></p>
25  <h2>推荐等级: <span class="two">B 级</span></h2>
26  <hr />
27  <h1>黄姚米粉</h1>
28  <img src="image/mifen.jpg" align="left" hspace="10">
29       <p>广西人爱吃粉，广西境内几乎处处都有米粉，黄姚的米粉又别有风味。黄姚米粉要当场做当场
    吃，米粉因为新鲜出炉，有着鲜米香，嚼起来也很有弹性。米粉中一定会放黄姚豆豉，相当入味。街头
    小铺一般 5 元就能买到。价格<span> 5 元/碗</span></p>
```

```
30  <h2>推荐等级：<span class="one">A 级</span></h2>
31  </body>
32  </html>
```

3.4　案例综合练习

自己动手完成下面的综合练习。代码如下：

```
1   <!DOCTYPE html PUBLIC "-//W3C//DTD XHTML 1.0 Transitional//EN" "http://www.w3.org/TR/xhtml1/
    DTD/xhtml1-transitional.dtd">
2   <html xmlns="http://www.w3.org/1999/xhtml">
3   <head>
4   <meta http-equiv="Content-Type" content="text/html; charset=utf-8" />
5   <title>诗歌欣赏</title>
6   <link href="body.css" type="text/css" rel="stylesheet" />
7   <style type="text/css">
8   h1{font-size:30px;color:red; text-align:center; font-weight:900; padding-top:20px;}
9   h2{font-size:30px;color:red; text-align:center; margin-bottom:15px;}
10  p{font-size:16px;color:blue; text-align:center; line-height:45px;}
11  </style>
12  </head>
13  <body>
14  <div id="all">
15  <h1>下终南山过斛斯山人宿置酒</h1>
16  <h2>李白</h2>
17  <p>暮从碧山下，山月随人归。</p>
18  <p>却顾所来径，苍苍横翠微。</p>
19  <p>相携及田家，童稚开荆扉。</p>
20  <p>绿竹入幽径，青萝拂行衣。</p>
21  <p>欢言得所憩，美酒聊共挥。</p>
22  <p>长歌吟松风，曲尽河星稀。</p>
23  <p>我醉君复乐，陶然共忘机。</p></div>
24  </body>
25  </html>
```

其中链入外部样式表的 body.css 代码如下：

```
1   @charset "utf-8";
2   /* CSS Document */
3   *{margin:0px;
4   padding:0px;}
5   #all{width:400px;
6   height:800px;
7   background-color:#CCCCCC;
8   margin:0 auto;}
```

运行后的页面效果如图 3-16 所示。

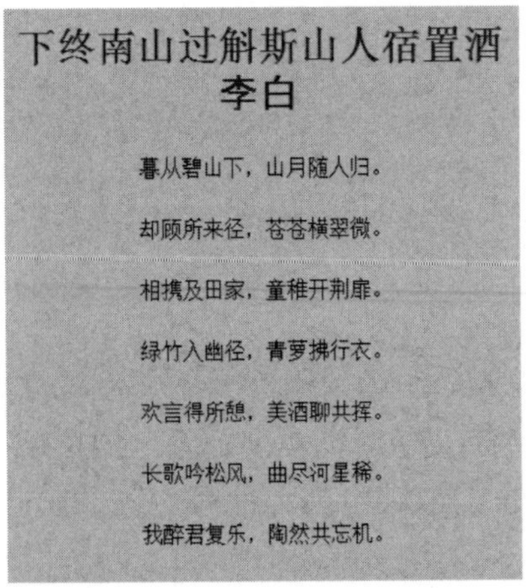

图 3-16　"综合练习"效果图

第 4 章　CSS 盒子模型

学习目标

- CSS 盒子模型的概念。
- 盒子模型的边框（border）属性。
- 盒子模型的内边距（padding）属性。
- 盒子模型的外边距（margin）属性。
- 盒子模型的背景属性设置。

CSS 盒子模型就是在网页设计中用到的 CSS 技术的一种思维模型，也是 CSS 布局网页最核心的基础，其基本思路是把网页中的元素对象都看作一个个矩形的盒子，网页的编辑就是处理每个盒子与盒子之间的位置、逻辑、大小等关系。本章内容主要研究盒子模型的构成及其相关属性等。

4.1　案例 8：黄姚风景图文欣赏

案例 8：黄姚风景
图文欣赏

4.1.1　案例描述

"黄姚风景图文欣赏"运用网页中常见的图文并存的形式：漂亮的图片、画龙点睛的标题和抒情的文章描述，三者结合起来在网页页面中呈现，全方位地对要传达的景点风光展开描述，对旅游景点的推广有很大的作用。本节就使用 CSS 技术与盒子边框属性来完成此网页的设计与制作，效果图如图 4-1 所示。

图 4-1　"黄姚风景图文欣赏"网页效果图

4.1.2　相关知识

完成本案例效果，涉及的新知识点包括 CSS 盒子模型的概念及其边框使用。

1．CSS 盒子模型

CSS 盒子模型就是在网页设计中经常用到的 CSS 技术所使用的一种逻辑思维。其核心思路是把网页中的元素对象都看作一个个矩形的盒子，每个盒子由 content（内容）、adding（填充）、border（边框）、margin（边界）四个部分组成，网页的编辑就是处理每个盒子与盒子之间的位置、逻辑、大小等关系。那为什么是盒子呢？什么又是模型呢？为了了解 CSS 盒子模型的概念，我们从常见的照片墙设计谈起。

挂在墙上的整齐排列着的 4 幅画如图 4-2 所示。对于每幅画来说，都有"边框"，英文称为 border；每个画框中，画的内容与边框有一个距离，这个距离叫"内边距"，在英文中称为 padding；各幅画之间有个距离叫"外边距"，英文称为 margin。由照片墙而延伸到现实生活中，很多物体均是如此排列处置布局的，网页编辑也采取这样的思路描述对象元素。所以采用 padding-border-margin 模型是一个极其通用的描述矩形对象布局形式的方法，这些矩形对象被称为"盒子"。

　　　　border　　　margin　　　padding

图 4-2　照片墙示意图

了解了盒子之后，我们还需要了解"模型"这个概念。模型就是对某种事物本质特征的抽象。在 CSS 中，一个独立的盒子模型由四方面组成，即 content（内容）、border（边框）、padding（内边距）、margin（外边距），如图 4-3 所示。

如果需要精确地排版，有时候一个像素都不能差，这就需要我们非常准确地理解其中的计算方法。

一个盒子实际所占有的宽度是由"内容+内边距+边框+外边距"组成的。在 CSS 中可以通过设定 width 和 height 属性的值来控制内容所占的空间大小，并且对于任意一个盒子，都可以分别设定各自的 border、padding、margin 属性。每一个属性都有四个方位值，因此标准的盒子模型如图 4-4 所示。

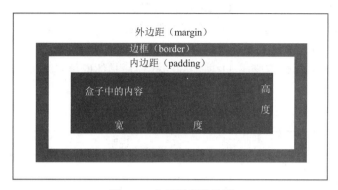

图 4-3　盒子模型结构图

border：边框，四个方向为 border-top、border-right、border-bottom、border-left。

padding：填充，四个方向为 padding-top、padding-right、padding-bottom、padding-left。

margin：边距，四个方向为 margin-top、margin-right、margin-bottom、margin-left。

我们如果能利用好这些属性，那么就能实现各种各样的排版效果。盒子模型是 CSS 定位布局的核心内容，在了解了盒子模型的知识后，读者将拥有比较完善的布局观，基本可以做到在代码编写前就胸有成竹。

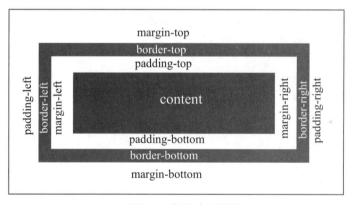

图 4-4　标准盒子模型

2．标准文档流

网页中不是只有孤立的一个盒子，而是可能存在大量的盒子，拥有复杂的关系，并且它们之间也相互影响着彼此，那我们就要清楚地理解一个盒子与其他盒子之间的关系。

从 CSS 规范的角度出发，要先确定一种标准的排版模式，这样可以保证设置简单化，各种网页元素构成的盒子按照这种标准的方式排列布局，这种方式就是"标准文档流"方式，也叫作"标准流"，是指在不使用其他与排列和定位相关的特殊 CSS 规则时各种元素的排列规则。本章的案例都是在标准文档流的规范下制作的，脱离标准文档流的方式将在第 5 章介绍。

3．边框属性

盒子的边框就是围绕元素内容和内边框的一条或多条线，通过 CSS 对边框属性进行控制可以创建出丰富的边框效果。作为盒子模型的组成部分之一，边框的 CSS 样式不但会影响到盒子的尺寸，还会影响到盒子的外观。边框的属性有 3 种：边框样式（border-style）、边框宽度（border-width）和边框颜色（border-color）。

（1）边框样式（border-style）。边框样式是边框很重要的一个属性，样式控制着边框的显示外观效果，如果没有设置样式是无法显示边框的。

CSS 的 border-style 属性定义了 11 种不同的样式，具体取值见表 4-1。border-style 属性的取值情况可以参考例 4-1。

表 4-1　border-style 属性取值

属性取值	说明
none	定义无边框
hidden	与 none 相同，但应用于表时除外；对于表，hidden 用于解决边框冲突
dotted	定义点状边框，在大多数浏览器中呈现为实线
dashed	定义虚线，在大多数浏览器中呈现为实线
solid	定义实线
double	定义双线
groove	定义 3D 凹槽，其效果取决于 border-color 的值
ridge	定义 3D 凸脊，其效果取决于 border-color 的值
inset	定义 3D 内陷，其效果取决于 border-color 的值
outset	定义 3D 外凸，其效果取决于 border-color 的值
inherit	规定应该继承上一级父类元素边框样式

例 4-1：border-style 属性的取值情况。

```
1    <!DOCTYPE html>
2    <html>
3    <head>
4    <meta charset="utf-8">
5    <title>边框样式效果</title>
6        <style type="text/css">
7        div{
8        border-width:6px;
9        border-color:#000000;
10       margin:2px; padding:5px;
11       background-color:#FFFFCC;
12       }
13   </style>
14   </head>
15   <body>
16       <div style="border-style:dashed">虚线边框</div>
17       <div style="border-style:dotted">点状边框</div>
18       <div style="border-style:double">双线边框</div>
19       <div style="border-style:solid">实线边框</div>
20       <div style="border-style:groove">3D 凹槽边框</div>
21       <div style="border-style:inset">3D 内陷边框</div>
```

```
22        <div style="border-style:outset">3D 外凸边框</div>
23        <div style="border-style:ridge">3D 凸脊边框</div>
24  </body>
25  </html>
```

　　例 4-1 使用常用的边框样式设置了多个 div 框，展示了不同边框样式的效果对比，具体效果如图 4-5 所示。

图 4-5　边框效果对比图

　　border-style 是一个复合属性，既可以为对象设置单边属性，也可以综合设置四条边属性，具体见表 4-2。

表 4-2　四条边框样式属性及取值说明

属性	取值说明
border-top-style	上边框样式
border-right-style	右边框样式
border-bottom-style	下边框样式
border-left-style	左边框样式
border-style	取值为 1 个时，上下左右边框样式
	取值为 2 个时，上下边框样式和左右边框样式
	取值为 3 个时，上边框样式、左右边框样式和下边框样式
	取值为 4 个时，上右下左边框样式

　　使用 border-style 复合属性的基本原则就是上右下左顺时针的方式，省略时采用值复制的原则，也就是取一个值时是对四条边的样式统一设置，取两个值时分别设置边框的位置为上下和左右的样式，取三个值时是设置边框位置为上、左右、下的样式，取四个值时分别设置边框的位置为上、右、下、左的样式。

　　当使用 border-style 设置 div 的边框，要求下边框是 solid，其余边框是 dotted 时，可以用综合的方式设置，具体如下：

```
div{ border-style:dotted   dotted   solid   dotted;}
```

或者先设置四条边框，再单独设置下边框，如：

```
div{ border-style:dotted;}          //综合设置四条边框都是点线效果
div{ border-bottom-style:solid;}    //设置下边框为实线效果，覆盖上面的下边框效果
```

（2）边框宽度（border-width）。在 CSS 中，可利用边框属性 border-width 来控制边框的粗细。为边框制定宽度有以下两种方法：

● 直接指定长度值，如 1px 或 0.5em。

● 使用 thin（细边框）、medium（中等边框，默认值）和 thick（粗边框）三个关键字之一。

border-width 也是一个复合属性，类似于 border-style，既可以为对象设置单边属性，也可以综合设置四条边属性，具体见表 4-3。

表 4-3　边框的宽度属性及取值说明

属性	取值说明
border-top-width	上边框宽度
border-right-width	右边框宽度
border-bottom-width	下边框宽度
border-left-width	左边框宽度
border-width	取值为 1 个时，上下左右边框宽度
	取值为 2 个时，上下边框宽度和左右边框宽度
	取值为 3 个时，上边框宽度、左右边框宽度和下边框宽度
	取值为 4 个时，上右下左边框宽度

使用 border-width 复合属性的基本原则也是上右下左顺时针的方式，省略时采用值复制的原则，与 border-style 复合属性类似。

（3）边框颜色（border-color）。边框颜色 border-color 与文字颜色定义方法相同，但在这里我们进一步扩展一下。

在 HTML 中，颜色统一采用 RGB 模式显示，也就是人们通常所说的"红绿蓝"三原色模式。每种颜色都是由这 3 种颜色的不同比重组成，每种颜色的比重分为 0～255 档，如RGB(255,255,255)和 RGB(100%,100%,100%)及#FFFFFF 都表示白色，那么对于 border-color 的取值如下：

● 颜色的英文名称：blue、green 等。

● 颜色的 6 位二进制数表示法：#FFFFFF。

● 颜色的 RGB 模式，可以是三色的百分比：RGB(255,255,255)和 RGB(100%,100%,100%)。

border-color 也是一个复合属性，类似于 border-width，既可以为对象设置单边属性，也可以综合设置四条边属性，具体见表 4-4。

使用 border-color 复合属性的基本原则也是上右下左顺时针的方式，省略时采用值复制的原则，与 border-style 复合属性类似。

表 4-4　边框颜色属性及取值说明

属性	取值说明
border-top-color	上边框颜色
border-right-color	右边框颜色
border-bottom-color	下边框颜色
border-left-color	左边框颜色
border-width	取值为 1 个时，上下左右边框颜色
	取值为 2 个时，上下边框颜色和左右边框颜色
	取值为 3 个时，上边框颜色、左右边框颜色和下边框颜色
	取值为 4 个时，上右下左边框颜色

（4）属性值的简写。

● 对不同的边框设置不同的属性值

border-width、border-style 和 border-color 这 3 个属性在取值时都有 4 种情况的取值，具体情况已在前面描述。

例如：

border-color: red green;（red 为上下边框，green 为左右边框属性。）

border-width: 1px 2px 3px;（1px 为上边框，2px 为左右边框属性，3px 为下边框属性。）

border-style: dotted、dashed、solid、double;（依次为上右下左边框属性。）

● 在一行中同时设置边框的宽度、颜色和样式

要把 border-color、border-width、border-style 这 3 个属性合在一起，还可以使用 border 属性来简写，例如：

border: 2px green dashed;

● 对一条边框设置与其他边框不同的属性

在 CSS 中，还可以单独对某一条边框在一条 CSS 规则中设置属性，例如：

border: 2px green dashed;

border-left: 1px red solid;

例 4-2：不同边框设置不同样式属性的综合示例。

```
1   <!DOCTYPE html>
2   <html>
3   <head>
4   <meta charset="utf-8">
5   <meta http-equiv="X-UA-Compatible" content="IE=edge,chrome=1">
6   <title>border 复合属性示例</title>
7   <style type="text/css">
8       h1{ border-bottom: 3px double #ddd;    text-align: center;}
9       p{ border-top: 2px dotted red; border-right: 4px double blue; border-bottom: 6px solid green; border-left:
    8px dashed yellow; }
10      img{ border:10px solid #333; height: 200px; }
11  </style>
```

```
12 </head>
13 <body>
14         <h1>综合设置边框属性</h1>
15         <p>该段落使用单侧边框设置属性，分别给上、右、下、左设置不同的样式效果</p>
16         <img src="images/sp1.jpg">
17 </body>
18 </html>
```

例 4-2 采用多种方式设定对象的边框，第 8 行代码设置了 h1 标题对象的下边框效果，第 9 行代码分别设定了<p>标签的四个边的边框效果，使用综合设置方式设定了图片对象的四个边的边框效果。具体效果如图 4-6 所示。

图 4-6　例 4-2 效果图

4.1.3　实现过程

1. 案例分析

“黄姚风景图文欣赏”外观效果主要运用了多条线框分割区域，实现内容的区间整理效果。要实现这样的线条区间分割，可以采用的技术手段就是设置对象的边框属性，因此该案例主要的技术问题就是边框属性的设置。

2. 案例结构

（1）HTML 结构。根据图 4-7 所示的“黄姚风景图文欣赏”效果结构图，我们可以看到先定义一个大盒子 div，内部使用标题<h1>标记、段落<p>标记和图片<img>标记来完成。

（2）样式分析。

1）通过最外层大盒子对整个界面进行控制，需要设置宽度、高度边框、边距、对齐等。

2）通过对<h1>的设置控制标题，需要设置标题文本样式，字号、对齐、下边框等。

3）图片属性，要设置其宽、高大小。

4）段落文本，需要设置其行高、文本颜色、对齐、首行缩进等属性。

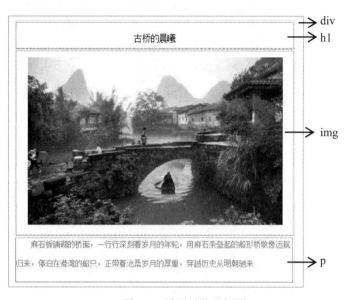

图 4-7 效果结构分析图

3. 案例实现

（1）制作 HTML 结构。

```
1  <!DOCTYPE html>
2  <html>
3  <head>
4  <meta charset="utf-8">
5  <meta http-equiv="X-UA-Compatible" content="IE=edge,chrome=1">
6  <title>border 案例</title>
7  </head>
8  <body>
9  <div>
10     <h1>古桥的晨曦</h1>
11     <img src="images/qiao.jpg" alt="">
12     <p>麻石板铺砌的桥面，一行行深刻着岁月的年轮，用麻石条垒起的船形桥墩像远航归来，停泊
在港湾的船只，正带着沧桑岁月的厚重，穿越历史从明朝驰来</p>
13  </div>
14  </body>
15  </html>
```

（2）定义 CSS。

```
1  <style type="text/css">
2      div{ width: 600px; height: 550px; border: 1px solid #ddd; margin: 50px auto; text-align: center; }
3      h1{ font-size: 18px; height: 40px; line-height: 40px; border-bottom: 1px dashed #ccc; text-align: center; }
4      p{ text-align: left; border-top: 1px dashed #ccc; line-height: 40px; text-indent: 2em; color: #999; }
5      img{ width: 550px;    }
6  </style>
```

（3）完整代码。

```
1  <!DOCTYPE html PUBLIC "-//W3C//DTD XHTML 1.0 Transitional//EN" "http://www.w3.org/TR/xhtml1/
```

```
      DTD/xhtml1-transitional.dtd">
2     <html xmlns="http://www.w3.org/1999/xhtml">
3     <head>
4     <meta http-equiv="Content-Type" content="text/html; charset=utf-8" />
5     <title>黄姚风景图文欣赏</title>
6     <style type="text/css">
7     div{ width: 600px; height: 550px; border: 1px solid #ddd; margin: 50px auto; text-align: center; }
8     h1{ font-size: 18px; height: 40px; line-height: 40px; border-bottom: 1px dashed #ccc; text-align: center; }
9     p{ text-align: left; border-top: 1px dashed #ccc; line-height: 40px; text-indent: 2em; color: #999; }
10    img{ width: 550px;   }
11    </style>
12    </head>
13    <body>
14    <div>
15    <h1>古桥的晨曦</h1>
16    <img src="images/qiao.jpg" alt="">
17    <p>麻石板铺砌的桥面，一行行深刻着岁月的年轮，用麻石条垒起的船形桥墩像远航归来，停泊在港湾
      的船只，正带着沧桑岁月的厚重，穿越历史从明朝驰来</p>
18    </div>
19    </body>
20    </html>
```

运行后的具体效果如图 4-1 所示。

4.2 案例 9：黄姚最受欢迎的土特产推介

4.2.1 案例描述

案例"黄姚最受欢迎的土特产推介"描述的是几种土特产受欢迎的程度，在画面处理上使用条状长度示意受欢迎的程度，土特产整齐排列在右边。在实现技术方面，本案例通过 CSS 技术控制盒子模型中的内边距和外边距来实现，效果图如图 4-8 所示。

图 4-8   "黄姚最受欢迎的土特产推介"网页效果图

4.2.2　相关知识

本案例涉及的新知识点包括 CSS 盒子模型的内边框属性（padding）和 CSS 盒子模型的外边框属性（margin）。内边框属性和外边框属性都是盒子不可见的空间组成部分，但我们要知道内外边距中间夹着的是边框。

1．CSS 盒子的内边框属性

盒子的内边距是指用来控制边框和内容之间的空白距离，这个区域大小控制用到的属性是 padding，也常称为内填充。

在 CSS 中 padding 属性和 border 属性一样，也是复合属性，其设置见表 4-5。

表 4-5　padding 属性取值说明

属性	取值说明
padding-top	上内边距
padding-right	右内边距
padding-bottom	下内边距
padding-left	左内边距
padding	取值为 1 个时，上下左右内边距
	取值为 2 个时，上下内边距和左右内边距
	取值为 3 个时，上内边距、左右内边距和下内边距
	取值为 4 个时，上右下左内边距

padding 属性的值可以是长度单位和百分比，但不可以设置为负数，并且可以设置为 1、2、3、4 个值。

了解相关的内边距属性设置方法后，下面通过一个例子示范其设置应用效果。

例 4-3：内边距属性设置应用效果。

```
1   <!DOCTYPE html>
2   <html>
3   <head>
4   <meta charset="utf-8">
5   <meta http-equiv="X-UA-Compatible" content="IE=edge,chrome=1">
6   <title>内边距的设置</title>
7   <style type="text/css">
8   p{ border:1px solid red; padding: 3%; }
9   img{ border:1px solid blue; padding: 30px 0px 10px 20px; }
10  </style>
11  </head>
12  <body>
13  <p>段落文本的内边距设置</p>
14  <img src="images/sp3.jpg" alt="图片的内边距设置">
15  </body>
16  </html>
```

例4-3设置了一个段落与一个图片属性，先设置边框，然后设置内边距，这样就呈现出内容和边框的距离了。第8行代码设置边距用的是百分比方式，设置段落的内边距为父元素宽度的3%。第9行代码设置边距用的是复合属性方式，分别设置图片内部的四个方向的内边距属性大小，具体效果如图4-9所示。由于段落的内边距设置为百分比数值，当拖动浏览器窗口改变其宽度时，段落的内边距会随之发生变化。

图4-9   例4-3效果图

2. CSS盒子的外边框属性

观察前面的例子，我们可以发现在默认情况下，边框会定位于浏览器窗口的左上角，但并未贴着浏览器窗口的边框。这是因为<body>本身也是一个盒子，在默认情况下，<body>会有一个若干像素的margin，具体数值随各个浏览器不同而不尽相同，因此在<body>中的其他盒子就不会紧贴着浏览器窗口的边框。为了证实这一点，可以给<body>这个盒子也加一个边框，代码如下：

```
body{
    border:1px black solid;
    Background:#cc0;
}
```

设置好之后，我们可以看到在细黑线外面的部分就是<body>的margin。

margin属性值的设置与padding是类似的。直观而言，margin用于控制块与块之间的距离。前面我们把盒子比作墙壁上挂着的画，那么content就是画本身，padding是画与画框之间的留白，border是画框，而margin是画与画之间的距离。因此盒子的外边距就是用来控制元素与元素之间的距离。

在CSS中margin属性与padding属性类似，它的设置方法也是复合属性操作，如果我们想要分别设置每一条外边距，其取值说明见表4-6。

表4-6   margin属性取值说明

属性	取值说明
margin-top	上外边距
margin-right	右外边距

续表

属性	取值说明
margin-bottom	下外边距
margin-left	左外边距
margin	取值为 1 个时，上下左右外边距
	取值为 2 个时，上下外边距和左右外边距
	取值为 3 个时，上外边距、左右外边距和下外边距
	取值为 4 个时，上右下左外边距

margin 属性的值与 padding 一样也是复合属性，可以取 1 到 4 个值。另外外边距还能取负值，可以让两元素叠加在一起。

margin 属性的值可以是长度单位和百分比，此外 margin 属性还有一个 auto 值，意为自动提取边距值，实际项目中常用于布局对象左右居中时。以下代码能实现 div 在页面内居中：

```
div{ width:1000px; height:500px; margin:0 auto;}
```

3．盒子之间的关系

网页是由多个盒子组合构成的，盒子之间的位置关系有很多种形式，也有很多处理技术，其中最基本的位置关系就是标准流模式下的盒子关系。padding 是对盒子内部的设置，所以 padding 不涉及盒子之间的位置关系，margin 是控制对象外部距离的属性，这样就会有对象之间的 margin 关系问题，下面来讨论标准流模式下 margin 的两种基本关系问题。

（1）行内元素之间的水平距离。行内元素是在一条水平线上的两个对象，它们之间存在水平距离的关系，不存在垂直距离的关系。它们之间的水平距离为第一个元素的 margin-right 加上第二个元素的 margin-left，如图 4-10 所示。下面用例 4-4 来示范两行内元素之间的水平距离效果。

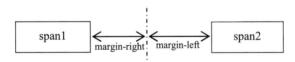

图 4-10　行内元素之间的 margin

例 4-4：行内元素之间的水平距离。

```
1   <!DOCTYPE html>
2   <html>
3   <head>
4   <meta charset="utf-8">
5   <meta http-equiv="X-UA-Compatible" content="IE=edge,chrome=1">
6   <title>行内元素之间的水平距离</title>
7   <style type="text/css">
8       span{ border: 1px solid #000; padding: 10px; text-align: center; }
9       .sp1{ margin-right: 30px; }
10      .sp2{ margin-left: 20px; }
```

```
11   </style>
12   </head>
13   <body>
14       <span class="sp1">行内元素 1</span><span class="sp2">行内元素 2</span>
15   </body>
16   </html>
```

效果如图 4-11 所示，从图中可以看出两个行内元素之间的水平距离为 30+20=50px。

图 4-11　例 4-4 效果图

（2）块元素之间的垂直距离。块元素是独自占据一行或多行的元素，两个块元素之间是不存在水平距离的关系的，只存在垂直距离的关系。两个块元素之间的垂直距离不是第一个元素的 margin-bottom 加上第二个元素的 margin-top，而是取两者之间较大者的值，如图 4-12 所示。这个现象称为 margin 的"塌陷"现象，意思是较小的 margin 塌陷到较大的 margin 中。

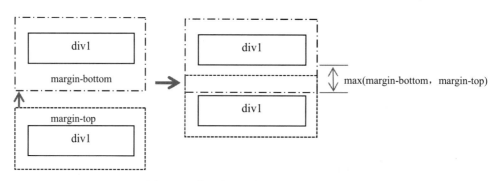

图 4-12　块元素之间的垂直距离示意图

例 4-5：块元素之间的垂直距离。

```
1    <!DOCTYPE html>
2    <html>
3    <head>
4    <meta charset="utf-8">
5    <meta http-equiv="X-UA-Compatible" content="IE=edge,chrome=1">
6    <title>块元素之间的垂直距离</title>
7    <style type="text/css">
8        div{ border: 1px solid #000; padding: 10px; text-align: center; width: 240px; height: 30px; }
9        .d1{ margin-bottom: 50px; }
10       .d2{ margin-top: 20px; }
11   </style>
12   </head>
13   <body>
```

14	<div class="d1">块元素 1（margin-bottom: 50px）</div>
15	<div class="d2">块元素 2（margin-top: 20px）</div>
16	</body>
17	</html>

例 4-5 中设置了两个<div>标记，初始化第一个的 margin-bottom 为 50，第二个的 margin-top 为 20px，这时两个 div 的垂直距离就是相邻的两个 margin 的较大值（50px）。修改程序，将块元素 2 的 margin-top 改为 40px，效果没有变化，这时候两者的垂直距离依然是 50px。继续修改程序，将块元素 2 的 margin-top 改为 60px，这时候发现两个 div 的距离变大了，具体距离大小是 max(50,60)=60px。效果如图 4-13 所示。

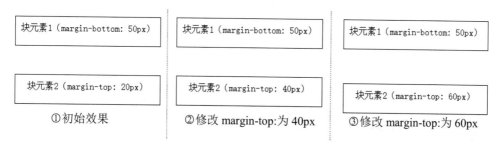

图 4-13　块元素之间的垂直距离效果图

4.2.3　实现过程

1．案例分析

案例效果通过 CSS 技术控制盒子模型中的内边距和外边距来实现，其中整体居中效果通过 margin 属性设置，土特产名称的位置通过 padding 属性设置，土特产的比例大小通过 border 属性控制。

2．案例结构

（1）结构分析。"黄姚最受欢迎的土特产推介"界面可以看作是一个大盒子，用<div>标记来设置，里面的内容介绍可以使用标题标记<h>和段落标记<p>来完成设置，如图 4-14 所示。

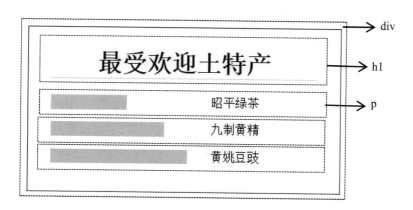

图 4-14　案例结构图

（2）样式分析。要通过对外侧大盒子的设置来控制整个界面的大小和外观，需要设置它的宽度、高度、边框、内边距和外边距。

- 对内部的标题定义 h 的宽度、高度、下边框。
- 对三个段落分别设置左边框的宽度、颜色、样式，设置每个段落的左边距的长度。

3. 案例实现

（1）制作页面结构。

```
<div>
    <h1>最受欢迎土特产</h1>
    <p id="p1">昭平绿茶</p>
    <p id="p2">九制黄精</p>
    <p id="p3">黄姚豆豉</p>
</div>
```

（2）定义 CSS 样式。

- 定义大盒子

```
div{ width: 350px; height: 200px; margin: 50px auto; border: 1px solid #333; padding:5px 30px; }
```

- 定义标题

```
h1{ text-align: center; border-bottom: 1px dashed #ccc; }
```

- 定义段落

```
p#p1{ border-left:100px solid #eee; padding-left: 110px; }
p#p2{ border-left:150px solid #eee; padding-left: 60px; }
p#p3{ border-left:180px solid #eee; padding-left: 30px; }
```

（3）完整代码。

```
1   <!DOCTYPE html>
2   <html>
3   <head>
4   <meta charset="utf-8">
5   <meta http-equiv="X-UA-Compatible" content="IE=edge,chrome=1">
6   <title>黄姚最受欢迎的土特产推介</title>
7   <style type="text/css">
8       div{ width: 350px; height: 200px; margin: 50px auto; border: 1px solid #333; padding:5px 30px; }
9       h1{ text-align: center; border-bottom: 1px dashed #ccc; }
10      p#p1{ border-left:100px solid #ccc; padding-left: 110px; }
11      p#p2{ border-left:150px solid #ccc; padding-left: 60px; }
12      p#p3{ border-left:180px solid #ccc; padding-left: 30px; }
13  </style>
14  </head>
15  <body>
16      <div>
17      <h1>最受欢迎土特产</h1>
18      <p id="p1">昭平绿茶</p>
19      <p id="p2">九制黄精</p>
20      <p id="p3">黄姚豆豉</p>
21      </div>
22  </body>
23  </html>
```

4.3　案例 10：黄姚风景明信片

4.3.1　案例描述

明信片这种社会大众广泛接受和使用的通信方式常被当作载体来展示企业的形象、理念、品牌和产品，或者展现地方特色和人文情感等。"黄姚风景明信片"借助图文的方式制作宣传明信片，能较好地推广旅游产品。该案例运用了 CSS 控制盒子模型中盒子背景的技术来完成效果，其效果图如图 4-15 所示。

图 4-15　黄姚风景明信片效果图

4.3.2　相关知识

本案例涉及的新知识点包括背景颜色的添加和背景图片的设置。

1. CSS 盒子的背景属性设置

在 CSS 中使用 background-color 属性设置背景色，不仅可以设置网页的背景颜色，还可以设置文字的背景颜色。其取值可以是关键字、RGB 值、transparent，解释如下：

（1）关键字：指用颜色的英文名称来设置颜色，如 red 表示红色，black 表示黑色。

（2）RGB：是指使用十六进制数来表示颜色的方法，如#00FF00、#0F0、RGB(255,0,0)（取值范围是 0~255）、RGB(0%,100%,0%)。

（3）transparent：表示透明值，也是背景颜色的初始值。

例 4-6：使用不同方式设置背景颜色的效果。

```
1    <!DOCTYPE html>
2    <html>
```

```
3    <head>
4    <meta charset="utf-8">
5    <meta http-equiv="X-UA-Compatible" content="IE=edge,chrome=1">
6    <title>背景色设置</title>
7         <style type="text/css">
8             *{margin:0px; padding:0px;}
9             #all{width:400px; height:200px; margin:10px auto; font-size:16px; color:#fff;background-
              color:#999999;}
10            #a,#b,#c,#d,#e{width:80%; margin:15px auto;}
11            #a{background-color:#9900CC;}
12            #b{background-color:red;}
13            #c{background-color:rgb(80,0,0);}
14            #d{background-color:rgb(200,0,0);}
15            #e{background-color:transparent;}
16        </style>
17   </head>
18   <body>
19       <div id="all">
20           <div id="a">常规十六进制颜色值表示方法</div>
21           <div id="b">颜色名称值表示方法</div>
22           <div id="c">RGB 值表示方法（百分比）</div>
23           <div id="d">RGB 值表示方法（十进制）</div>
24           <div id="e">透明色表示方法</div>
25       </div>
26   </body>
27   </html>
```

代码中第 11～15 行分别用了 5 种背景颜色的录入方法，具体效果如图 4-16 所示。

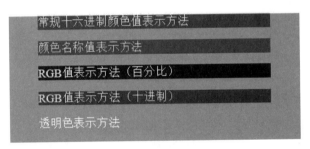

图 4-16　例 4-6 效果图

2. 设置背景图片

除了颜色外，还可以设置对象背景图片，其属性是 background-image，基本格式如下：

background-image:url("图片路径")

background-image 属性设置背景图片时效果，默认为平铺的背景图片，为配合控制背景平铺，可使用背景平铺属性 background-repeat，背景平铺可以使背景图片得到更精准的控制。background-repeat 有以下 4 个属性值：

（1）repeat：默认值，背景图片在水平和垂直方向上平铺。

（2）repeat-x：背景图片在水平方向上平铺。

（3）repeat-y：背景图片在垂直方向上平铺。

（4）no-repeat：背景图片不平铺，只显示一张。

例 4-7： 背景图片设置。

```
1   <!DOCTYPE html>
2   <html>
3   <head>
4   <meta charset="utf-8">
5   <meta http-equiv="X-UA-Compatible" content="IE=edge,chrome=1">
6   <title>背景图片设置</title>
7   <style type="text/css">
8       *{margin:0px; padding:0px;}
9       #all{width:400px; height:320px; margin:0px auto; font-weight:bold; background-color:#eee; color: blue;}
10      #a,#b,#c,#d{width:80%;height:50px; border:1px dotted #f00; margin:15px auto;}
11      #a{background-image:url(images/cup1.jpg);}
12      #b{background-image:url(images/cup1.jpg); background-repeat:no-repeat;}
13      #c{background-repeat:repeat-x;background-image:url(images/cup1.jpg);}
14      #d{height:100px; background-repeat:repeat-y;background-image:url(images/cup1.jpg);}
15  </style>
16  </head>
17  <body>
18      <div id="all">
19          <div id="a">默认的背景图片平铺</div>
20          <div id="b">不平铺背景图片</div>
21          <div id="c">水平平铺背景图片</div>
22          <div id="d">垂直平铺背景图片</div>
23      </div>
24  </body>
25  </html>
```

例 4-7 示范了 4 种背景图片平铺效果的设置，具体效果如图 4-17 所示。

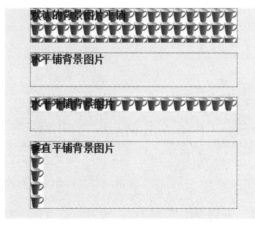

图 4-17　例 4-7 效果图

3. 背景图片的位置

在网页中插入背景图时，如果背景图片不平铺，该图片会默认显示在网页的左上角，如图 4-17 中的第二个效果。CSS 提供了用于定位背景图片的 background-position 属性，其定位功能很强大，能精确到像素级别。

定位背景的方法有两种：一种是指定位置名称，另一种是通过像素或百分比指定背景具体的位置，基本格式如下：

background-position:关键字|百分比|长度

（1）关键字：在水平方向取值为 left、center、right，在垂直方向取值为 top、center、bottom，水平垂直方向可以相互搭配使用。

（2）利用百分比和长度设置图片位置时都要指定两个值，并且这两个值要用空格隔开，一个代表水平位置，一个代表垂直位置。水平位置的参考点是对象左边框线，垂直位置的参考点是对象上边框线。例如：

background-position:30% 50%;

表示背景图片的水平位置为左边起始的 30%，垂直位置为上边起始的 50%。

background-position:150px 200px;

表示背景图片的水平位置为左边起始的 150 像素，垂直位置为上边起始的 200 像素。

例 4-8：定位背景图片位置。

```
1   <!DOCTYPE html>
2   <html>
3   <head>
4   <meta charset="utf-8">
5   <meta http-equiv="X-UA-Compatible" content="IE=edge,chrome=1">
6   <title>背景定位</title>
7   <style type="text/css">
8   *{margin:0px; padding:0px;}
9   #all{width:400px; height:300px; margin:0px auto; font-weight:bold;background-color:#eee;}
10  #a,#b,#c{width:80%; height:80px; border:1px dotted #333; margin:15px auto; background-image:url
    ("images/cup1.jpg"); background-repeat:no-repeat;}
11  #a{background-position:right bottom;}
12  #b{background-position:50px 40px;}
13  #c{background-position:10% 90%;}
14  </style>
15  </head>
16  <body>
17      <div id="all">
18      <div id="a">江南忆，最忆是杭州。山寺月中寻桂子，郡亭枕上看潮头。何日更重游？</div>
19      <div id="b">江南忆，其次忆吴宫。吴酒一杯春竹叶，吴娃双舞醉芙蓉。早晚复相逢？</div>
20      <div id="c">江南好，风景旧曾谙。日出江花红胜火，春来江水绿如蓝。能不忆江南？</div>
21      </div>
22  </body>
23  </html>
```

例 4-8 有 3 个 div 对象，分别使用了关键字、绝对数、百分比的方式定位背景图片，效果如图 4-18 所示。

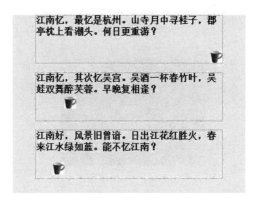

图 4-18　例 4-8 效果图

4. 设置背景附件

背景附件属性（background-attachment）用来设置背景图片是否会随着滚动条的移动而一起移动，基本格式如下：

background-attachment:scroll|fixed

- scroll：表示背景图片随着滚动条的移动而移动，是浏览器默认值。
- fixed：表示背景图片固定在网页上不动，不随着滚动条的移动而移动。

例 4-9：背景图片固定不跟随滚动条移动。

```
1   <!DOCTYPE html>
2   <html>
3   <head>
4   <meta charset="utf-8">
5   <meta http-equiv="X-UA-Compatible" content="IE=edge,chrome=1">
6   <title>应用背景附件属性</title>
7   <style type=text/css>
8   body{background-image: url(images/hys.png); background-attachment:fixed;
9   background-repeat:no-repeat;background-position: center center;}
10  h2{font-family:黑体;font-size:20pt;color:red; text-align: center;}
11  .p1{font-size:18px;color:#000000;text-align:center; height: 60px; line-height:60px;}
12  </style>
13  </head>
14  <body>
15  <h2>忆江南</h2>
16  <hr>
17  <p class=p1>江南好，风景旧曾谙。日出江花红胜火，春来江水绿如蓝。能不忆江南？</p>
18  <p class=p1>江南忆，最忆是杭州。山寺月中寻桂子，郡亭枕上看潮头。何日更重游？</p>
19  <p class=p1>江南忆，其次忆吴宫。吴酒一杯春竹叶，吴娃双舞醉芙蓉。早晚复相逢？</p>
20  </p>
21  </body>
22  </html>
```

代码在第 8 行设置了 body 元素的背景图片，图片位于窗口中间，设定了 background-attachment 等于 fixed。滚动窗口的滚动条时，可以发现页面内的文本在滚动，而背景图片不动，保持在窗口的中间位置，如图 4-19 所示。

图 4-19　例 4-9 效果图

5. 背景属性整体设置

编写控制背景的 CSS 代码往往使用多个属性的组合，为此，CSS 提供了背景属性的整体编写方法，即使用 background 属性，其值由多个控制背景的属性值组合而成，基本格式如下：

background:背景色 背景图片路径 背景平铺方式 背景是否固定 背景定位;

如例 4-9 中第 8 行的代码：

```
body{
background-image: url(images/hys.png);
background-attachment:fixed;
background-repeat:no-repeat;
background-position: center center;
}
```

可以等价简化写为：

```
body{ url(images/hys.png)   no-repeat    center center fixed }
```

两者的效果是无差异的，在实际项目中程序员更喜欢简写方式。

4.3.3　实现过程

1. 案例分析

案例"黄姚风景明信片"借用图片叠加、图文叠加的方式实现了类似于图片处理软件中的图层功能效果，能实现如此功能的方法就是运用背景图像的设置方法。本案例首先设置了一个大的风景图作背景，然后在其上布置文字、图片等元素，实现了有层次的图片混排效果。

2. 案例结构

（1）结构分析。案例"黄姚风景明信片"的 HTML 结构是在外面用一个 div 作整体框架，div 内部分别定义一个标题（h1）标签、一个图片标签（img）和一个段落标签（p），段落内再分别用 span 标签限定两个词。具体结构如图 4-20 所示。

（2）样式分析。案例的 CSS 样式设置分别有以下几个部分：

● 外部 div：设置宽度、高度、边框、背景属性（包括颜色、背景、不平铺、图片居中）等。

● 标题 h1：设置文本属性（颜色、大小、字形、对齐方式）、标题位置（利用 padding 或 margin）。

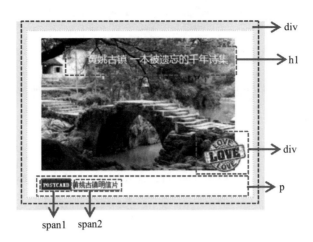

图 4-20　HTML 结构图

- 装图片的 div：设置一个 div，在背景中放一个图片，控制 div 位置（利用 padding 或 margin）。
- 段落 p：设置段落文章的位置（利用 padding 或 margin）。
- span1 属性：设置文本背景颜色（红色）、文字颜色（白色）、内边距。
- span2 属性：设置文本背景颜色（白色）、文字颜色（红色）、内边距、下边框。
- body 属性：设置窗口页面 body 背景颜色（灰色），使得 div 内部的背景色（白色）构成反差。

3．案例实现

（1）制作页面结构。

```
1   <!DOCTYPE html>
2   <html>
3   <head>
4   <meta charset="utf-8">
5   <meta http-equiv="X-UA-Compatible" content="IE=edge,chrome=1">
6   <title>background</title>
7   </head>
8   <body>
9       <div id="all">
10      <h1 id="title">黄姚古镇 一本被遗忘的千年诗集</h1>
11      <div id="post"></div>
12      <p ><span id="sp1">postcard</span><span id="sp2">黄姚古镇明信片</span></p>
13      </div>
14  </body>
15  </html>
```

（2）定义 CSS 样式。完成页面的结构后，接下来使用 CSS 对页面的样式进行修饰。

- 基础样式定义

```
body{ background: #eee; }
#all{  width: 600px; height: 420px; border:4px dotted #ddd; background:#fff url(images/shigongqiao.jpg)
```

no-repeat 40px 20px; padding: 20px; margin: 50px auto; }

- 标题定义

#title{ color: #fff; font-size: 28px; font-family: "微软雅黑"; padding: 10px 50px;text-align: right; }

- 内部邮戳 div 定义

#post{ width: 150px; height: 100px; background: url(images/love.png) no-repeat; margin: 190px 0px 0px 480px; }

- 两个 span 文本定义

span#sp1{ font-size:22px;font-weight: bold; margin-left: 20px; font-variant:small-caps;background: red;color: #fff; padding: 5px; }

span#sp2{ font-size: 12px; border-bottom: 1px solid red;color: red; padding: 5px; border-bottom: 1px solid red; }

（3）完整代码。

```
1   <!DOCTYPE html PUBLIC "-//W3C//DTD XHTML 1.0 Transitional//EN" "http://www.w3.org/TR/xhtml1/
    DTD/xhtml1-transitional.dtd">
2   <html xmlns="http://www.w3.org/1999/xhtml">
3   <head>
4   <meta http-equiv="Content-Type" content="text/html; charset=utf-8" />
5   <title>黄姚明信片</title>
6   <style type="text/css">
7   body{ background: #eee; }
8   #all{ width:600px; height:420px; border:4px dotted #ddd;background:#fff }
9   url(images/shigongqiao.jpg) no-repeat 40px 20px; padding: 20px;   margin: 50px auto; }
10  #title{color:#fff; font-size: 28px; font-family: "微软雅黑"; padding: 10px 50px;text-align: right; }
11  #post{ width:150px; height: 100px; background: url(images/love.png) no-repeat; margin: 190px 0px 0px 480px; }
12  span#sp1{ font-size:22px;font-weight: bold; margin-left: 20px; font-variant:small-caps;background: red;color:#fff; padding: 5px; }
13  span#sp2{ font-size: 12px; border-bottom: 1px solid red;color: red; padding: 5px; border-bottom: 1px solid red; }
14  </style>
15  </head>
16  <body>
17  <div id="all">
18  <h1 id="title">黄姚古镇 一本被遗忘的千年诗集</h1>
19  <div id="post" ></div>
20  <p ><span id="sp1">postcard</span><span id="sp2">黄姚古镇明信片</span></p>
21  </div>
22  </body>
23  </html>
```

运行后的效果如图 4-15 所示。

4.4　案例综合练习

读如下代码，依据代码及浏览器的页面效果计算出图 4-21 中列出的 a～p 位置的数值大小。

```
1   <!DOCTYPE html PUBLIC "-//W3C//DTD XHTML 1.0 Transitional//EN" "http://www.w3.org/TR/xhtml1/
    DTD/xhtml1-transitional.dtd">
2   <html xmlns="http://www.w3.org/1999/xhtml">
3   <head>
4   <meta http-equiv="Content-Type" content="text/html; charset=utf-8" />
5   <title>无标题文档</title>
6   <style type="text/css">
7   Body{margin:0 0 0 0;}
8   ul{background: #ddd;
9        margin: 15px;
10       padding: 10px;
11        font-size:12px;
12        line-height:14px;}
13  h1 {
14       background: #ddd;
15       margin: 15px;
16       padding: 10px;
17       height:30px;
18       font-size:25px;
19  }
20   li {
21           color: black;
22           background: #aaa;
23           margin: 20px 20px 20px 20px;
24           padding: 10px 0px 10px 10px;
25           list-style: none;
26  }
27   li.withborder {
28           border-style: dashed;
29           border-width: 5px;
30           border-color: black;
31           margin-top:20px；
32       }
33  </style>
34  </head>
35  <body>
36  <h1>标准流中的盒子模型</h1>
37      <ul>
38      <li>第 1 个项目内容</li>
39      <li class="withborder">第 2 个项目内容，第 2 个项目内容，第 2 个项目内容，第 2 个项目内容，
        第 2 个项目内容，第 2 个项目内容。</li>
40      </ul>
41  </body>
42  </html>
```

图 4-21　效果图

第 5 章　CSS 的定位布局

学习目标

- 了解元素的类型和标准文档流的定位原则，掌握块元素和行内元素的转换。
- 理解元素的浮动和清除属性，能制作丰富的页面效果。
- 掌握元素的定位属性，确定元素的特定位置。
- 掌握网页的布局流程及布局方式，能制作合理、丰富、美观的页面。

通常，在默认的情况下，网页中的元素都是按从上到下或从左至右的顺序进行排列，按照这种排列方式进行网页布局会显得杂乱、单调，效果也不美观。为了使页面结构布局合理、丰富，需要进行元素的转换，设置元素的浮动和定位属性，对网页进行布局。本章主要介绍定位布局的相关知识。

5.1　案例 11：友情链接

案例 11：友情链接

5.1.1　案例描述

在制作网站时通常会设计一个友情链接部分，这样可以快速导航到其他的网站。对于一个旅游网站，用户通常还需要浏览其他景点信息、查看机票、预订酒店等，友情链接能给用户带来便捷，提升用户的体验，使网站更加生动。本节运用块元素与行内元素来制作一个网站的友情链接，图 5-1 为一个友情链接效果图。

图 5-1　"友情链接"效果图

5.1.2　相关知识

1. 块元素与行内元素

HTML 提供了各种各样的标记，使用这些标记可以定义标题、段落、图片、字体、文本、列表等。通常 HTML 中的元素分为两类，即块元素和行内元素。了解块元素和行内元素的特性可以更好地进行 CSS 样式设置和页面布局，从而灵活地实现各种排版要求。

（1）块元素。块元素在页面中以矩形区域的形式出现，并且和相邻的块元素依次竖直排列，不会排在同一行，即每个块元素通常都会独自占据一整行或多行。块元素可以设置宽度、高度、对齐等属性，常用于网页布局和网页结构的搭建。常见的块元素有<body>、<h1>～<h6>、<p>、<div>、<ul>、<ol>、<li>等，其中<div>标记是最典型的块元素。

（2）行内元素。行内元素也叫作内联元素，这类元素通常是横向排列，到达最右边时自动换行。即一个行内元素通常会和它前后的其他行内元素显示在同一行中，这个标记本身不占有独立的区域，而是依据自身的字体大小和图像尺寸来支撑结构，一般不可以设置宽度、高度、对齐等属性，常用于控制页面中文本的样式。常见的行内元素有<strong>、<em>、<del>、<u>、<img>、<span>、<input>、<a>等，其中<span>标记是最典型的行内元素。

为了更好地理解块元素与行内元素，下面用一个例子来演示其不同。

例 5-1：块元素与行内元素效果示例。

```
1   <!DOCTYPE html PUBLIC "-//W3C//DTD XHTML 1.0 Transitional//EN" "http://www.w3.org/TR/xhtml1/
    DTD/xhtml1-transitional.dtd">
2   <html xmlns="http://www.w3.org/1999/xhtml">
3   <head>
4   <meta http-equiv="Content-Type" content="text/html; charset=utf-8" />
5   <title>块元素与行内元素的区别</title>
6   <style type="text/css">
7   h2,p { width:300px; height:40px; background:#00F; text-align:center;}
8   div { width:300px; height:100px; background:#00F; text-align:center;}
9   strong { width:300px; height:100px; background:#F00; text-align:center;}
10  </style>
11  </head>
12  <body>
13      <h2>块元素</h2>
14      <p>段落内容</p>
15      <div>第一个 div 标记</div><br />
16      行内元素：
17      <strong>文字加粗显示</strong>
18      <em>文字斜体显示</em>
19      <img src="images/5.png" />
20  </body>
21  </html>
```

执行例 5-1 的程序，效果如图 5-2 所示。

从图 5-2 中可以看出，块元素和行内元素在页面中所占的区域不同。块元素<h2>、<p>和<div>独自占据一个矩形区域，依次竖直排列，设置了宽高和对齐属性的<h2>、<p>和<div>按设置的样式显示。而行内元素<strong>、<em>和<img>排列在同一行，到达边界时自动换行，其中<strong>设置了和<div>相同的宽高和对齐属性，但在执行效果中并不显示样式。

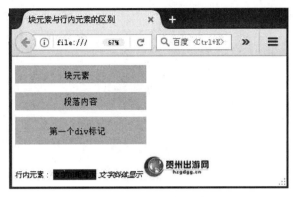

图 5-2　例 5-1 效果图

需要注意的是，行内元素通常嵌套在块元素中使用，而块元素却不能嵌套在行内元素中。例如，将例 5-1 中的<strong>、<em>标记嵌套在<p>标记中，修改第 16～18 行的代码如下：

```
1    行内元素嵌套在块元素中：
2        <p>
3        <strong>文字加粗显示</strong>
4        <em>文字斜体显示</em>
5        </p>
6        <img src="images/5.png" />
```

保存 HTML 文件，并查看显示的效果有什么不同。

2．<span>标记

从前面章节的内容我们可以知道，<div>是一个通用的块元素，也是一个块容器标记，即<div>与</div>之间相当于一个容器，可以容纳段落、标题、图片等各种 HTML 元素，它所包围的元素会自动换行。

<span>标记与<div>一样，也作为容器标记被广泛应用在 HTML 语言中。和<div>标记不同的是，<span>是行内元素，<span>与</span>之间只能包含文本和各种行内标记。<span>标记常用于定义网页中某些特殊显示的文本，配合 class 属性使用。它所包围的元素不会自动换行，也没有结构上的意义，只有应用样式时才会产生视觉上的变化。当其他行内元素都不合适时，就可以使用<span>标记。

下面演示<div>标记与<span>标记的不同。

例 5-2：<div>标记与<span>标记的示例。

```
1    <!DOCTYPE html PUBLIC "-//W3C//DTD XHTML 1.0 Transitional//EN" "http://www.w3.org/TR/xhtml1/
     DTD/xhtml1-transitional.dtd">
2    <html xmlns="http://www.w3.org/1999/xhtml">
3    <head>
4    <meta http-equiv="Content-Type" content="text/html; charset=utf-8" />
5    <title>行内元素 span</title>
6    </head>
7    <body>
8        <h2>div 标记</h2>
9        <div>第一个 div 标记</div>
10       <div>第二个 div 标记</div>
```

```
11        <h2>span 标记</h2>
12        <div>
13            <span>第一个 span 标记，</span>
14            <span>第二个 span 标记，</span>
15            <span>第三个 span 标记</span>
16        </div>
17        <div>第四个 div 标记</div>
18    </body>
19  </html>
```

在例 5-2 中，定义了 4 对<div>标记，在第三对<div>标记中嵌套了 3 对<span>标记，执行例 5-2 程序，结果如图 5-3 所示。

图 5-3　例 5-2 效果图

从图 5-3 中可以看出，4 对<div>标记都独自占据一个区域，而 3 对<span>标记都显示在同一行。并且<span>标记可以嵌套于<div>标记中，成为它的子元素，而反过来则不成立，即<span>标记中不能嵌套<div>标记。从<div>和<span>之间的不同效果，可以更深刻地理解块元素和行内元素。

3．display 属性

块元素是一个元素，占用了全部宽度，在前后都是换行符。而行内元素只需要必要的宽度，并不强制换行。但是有的时候希望行内元素具有块元素的某些特性，例如可以设置宽高；或者需要块元素具有行内元素的某些特性，例如不独占一行排列。这时可以使用 display 属性对元素的类型进行转换，使元素以不同的方式显示。

display 属性的常用值及含义见表 5-1。

表 5-1　display 属性的常用值

属性值	含义
none	此元素将被隐藏，不显示，也不占用页面空间，相当于该元素不存在
inline	此元素将显示为行内元素（行内元素默认的 display 属性值）
block	此元素将显示为块元素（块元素默认的 display 属性值）
inline-block	此元素将显示为行内块元素，可以对其设置宽高和对齐等属性，但是该元素不会独占一行

例 5-3：display 属性常用的属性值示例。

```
1   <!DOCTYPE html PUBLIC "-//W3C//DTD XHTML 1.0 Transitional//EN" "http://www.w3.org/TR/xhtml1/
    DTD/xhtml1-transitional.dtd">
2   <html xmlns="http://www.w3.org/1999/xhtml">
3   <head>
4   <meta http-equiv="Content-Type" content="text/html; charset=utf-8" />
5   <title>display 常用属性</title>
6       <style type="text/css">
7       div,span {
8           width:200px;
9           height:40px;
10          margin:10px;
11          background:#0FF;
12      }
13      .d1,.d2 { display:inline;}
14      .d4 { display:none;}
15      .s1 { display:inline-block;}
16      .s3 { display:block;}
17      </style>
18  </head>
19  <body>
20      <div class="d1">第一个 div 标记</div>
21      <div class="d2">第二个 div 标记</div>
22  <div class="d3">第三个 div 标记</div>
23  <div class="d4">第四个 div 标记</div>
24  <span class="s1">第一个 span 标记</span>
25  <span class="s2">第二个 span 标记</span>
26  <span class="s3">第三个 span 标记</span>
27  </body>
28  </html>
```

在例 5-3 中，定义了 4 对<div>标记和 3 对<span>标记，对它们设置相同的宽、高、外边距、背景颜色。对第一个和第二个<div>标记设置 display:inline;样式，将块元素转换为行内元素；对第四个<div>标记设置 display:none;样式，将该块元素隐藏起来；对第一个和第二个<span>标记分别设置 display: inline-block;和 display: block;样式，将行内元素转换为行内块元素和块元素。

执行例 5-3 的程序，效果如图 5-4 所示。

图 5-4   例 5-3 效果图

从图 5-4 中可以看出，第一、二个<div>标记按顺序排列在同一行，转换成了行内元素，靠自身的文本内容支撑其宽高，第四个<div>标记则没有显示。第一个和第三个<span>则按设置的宽高进行显示。相应地，第一个<span>被转换成行内块元素，和第二个<span>显示在同一行，而第三个<span>转换为块元素，独占一行。

4. 标准文档流的定位原则

在 CSS 中有 3 种定位机制：标准文档流、浮动和定位。文档流是文档中可显示对象在排列时所占用的位置，标准文档流是指将窗体从上到下分成一行行，并在每行中按从左至右的顺序排列元素并输出文档内容，即在网页布局中不使用与特定的布局和定位手段相关的 CSS 规则时网页按照默认的自然形成的布局方式，这就是标准文档流形成的效果。

为了更好地理解标准文档流的布局形式，下面演示标准文档流的布局。

例 5-4：标准文档流的布局。

```
1  <!DOCTYPE html PUBLIC "-//W3C//DTD XHTML 1.0 Transitional//EN" "http://www.w3.org/TR/xhtml1/
   DTD/xhtml1-transitional.dtd">
2  <html xmlns="http://www.w3.org/1999/xhtml">
3  <head>
4  <meta http-equiv="Content-Type" content="text/html; charset=utf-8" />
5  <title>标准文档流</title>
6  </head>
7  <body>
8      <h2>标题 2</h2>
9      <p>第一个段落</p>
10     <p>第二个段落</p>
11     <ul>
12         <li>列表项目 1 的内容</li>
13         <li>列表项目 2 的内容</li>
14     </ul>
15 </body>
16 </html>
```

在例 5-4 中，从<body>部分开始，其内容包含顶层的<body>，<body>中有一个标题标记<h2>、两个段落标记<p>和一个列表标记<ul>，列表中又有两个列表项标记<li>。因此，按 CSS 规定的默认的排列方式，从<body>标记开始依次将其中的子元素放到合适的位置。

执行例 5-4 的程序，效果如图 5-5 所示。

图 5-5   例 5-4 效果图

但是仅仅通过标准文档流方式无法实现丰富多样的排版模式，这就需要用到另外的布局方式，即浮动属性和定位属性等。浮动属性和定位属性将在后续章节进行具体介绍。

5.1.3　实现过程

1．案例分析

在图 5-1 所示的"友情链接"效果图中，包含友情链接文字和图标两部分，需要实现文字和图标分区域显示，可以用<div>标记来实现，文字部分用段落标记<p>实现，同时图标部分嵌套在一个盒子中，并且显示在一行，因此该案例主要可用块元素、行内元素及其属性实现。

2．案例结构

（1）HTML 结构。使用 HTML 标记来设置页面结构，分为友情链接文字部分和 5 个图标，可以用两个大盒子（div）来实现。文字"友情链接"可通过在第一个大盒子（div）中嵌套<p>标记来实现，图标可通过在第二个大盒子中嵌套 5 个小盒子（span）来实现。其结构如图 5-6 所示。

图 5-6　"友情链接"结构图

（2）CSS 样式。CSS 的设置主要包括以下几个方面：

1）控制两个大盒子（div）的宽度、外边距、边框等。

2）单独设置第一个盒子中"友"的样式，添加<span>进行设置；设置第二个盒子中的图标时，需要将<span>转换为行内块元素，然后对其应用宽度、高度及边距样式。

3）对 5 个小盒子分别设置背景图片。

3．案例代码

（1）使用 HTML 标记来设置页面结构，具体代码如下：

```
1   <!DOCTYPE html>
2   <html>
3   <head>
4   <meta charset="utf-8">
5   <meta http-equiv="X-UA-Compatible" content="IE=edge,chrome=1">
6   <title>友情链接</title>
7   </head>
8   <body>
9   <div id="div1">
10      <p><span id="sp1">友</span>情链接</p>
11  </div>
12  <div id="div2">
```

```
13    <span class="one"></span>
14    <span class="two"></span>
15    <span class="three"></span>
16    <span class="four"></span>
17    <span class="five"></span>
18  </div>
19  </body>
20  </html>
```

（2）搭建完页面的结构后，使用 CSS 样式对页面进行修饰，具体代码如下：

```
1  div{width: 700px; margin: 10px auto;border-bottom: 1px solid #ddd;}
2  span#sp1{ font-size: 28px; color: red; padding: 2px; font-weight: bold; }
3  #div2 span{ display: inline-block; width: 150px; height: 50px; margin:
4  5px; }
5  .one{ background: url(images/1.png) no-repeat; }
6  .two{ background: url(images/2.png) no-repeat; }
7  .three{ background: url(images/3.png) no-repeat; }
8  .four{ background: url(images/4.png) no-repeat; }
9  .five{ background: url(images/5.png) no-repeat; }
```

在浏览器中执行程序，效果如图 5-7 所示。

图 5-7　"友情链接"效果图

5.2　案例 12：黄姚门票网络票面

案例 12：黄姚门票
网络票面

5.2.1　案例描述

去一个景区旅行时，往往需要购买门票，门票上都会印有景区相应的特色旅游点，可以让游客留作纪念，同时又能很好地起到对景区的宣传效果，吸引游客前往。黄姚古镇位于广西昭平县，是有着近千年历史的古镇，素有"梦境家园"之称。本节运用元素的浮动属性和清除属性制作"黄姚门票网络票面"，图 5-8 为"黄姚门票网络票面"效果图。

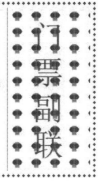

图 5-8　"黄姚门票网络票面"效果图

5.2.2　相关知识

1. 元素的浮动属性

在默认情况下，网页中的元素会按标准文档流的方式在水平方向自动伸展，直至到达包含它的元素边界，而在垂直方向则和相邻元素依次排列。如果仅按照这种方式进行布局，网页将会显得呆板，不利于制作丰富的页面效果。为此可以在 CSS 中对元素进行浮动设置，设置浮动后，元素的表现效果会不同。

在 CSS 中，可通过 float 属性来实现元素的浮动设置。浮动属性是 CSS 中的重要属性，被频繁地应用在网页制作中。所谓元素的浮动，是指设置了浮动属性的元素会脱离标准文档流的控制，移动到其父元素中相应位置的过程。

在 CSS 中，任何元素都可以浮动，float 属性定义元素在哪个方向浮动，语法格式如下：

选择符　{float:属性值;}

float 属性的常用值及含义见表 5-2。

表 5-2　float 属性的常用值

属性值	含义
none	默认值，元素不浮动，并会显示其在文本中出现的位置
left	元素向左浮动
right	元素向右浮动

了解了浮动的定义及 float 属性的常用值之后，首先制作一个基础页面，然后对 float 属性常用的属性值进行演示。

例 5-5：元素的浮动属性 float。

```
1  <!DOCTYPE html PUBLIC "-//W3C//DTD XHTML 1.0 Transitional//EN" "http://www.w3.org/TR/xhtml1/
   DTD/xhtml1-transitional.dtd">
2  <html xmlns="http://www.w3.org/1999/xhtml">
3  <head>
4  <meta http-equiv="Content-Type" content="text/html; charset=utf-8" />
5  <title>元素的浮动属性 float</title>
6  <style type="text/css">
```

```
7        body { font-family:"宋体"; font-size:14px; }
8        .all {
9            background-color:#FFF;
10           padding:2px;
11           border:2px solid #999;
12       }
13       .all div {
14           background-color:#0FF;
15           margin:15px;
16           padding:10px;
17           border:1px dashed #999;
18       }
19       p {
20           background-color:#F0F;
21           margin:15px;
22           padding:0px 10px;
23           border:2px solid #999;
24       }
25   </style>
26   </head>
27   <body>
28       <div class="all">
29           <div class="d1">第一个 div</div>
30           <div class="d2">第二个 div</div>
31           <div class="d3">第二个 div</div>
32           <p>
33   黄姚古镇发祥于宋朝年间，有着近 1000 年的历史。自然景观有八大景二十四小景；保存有寺观庙
     祠 20 多座，亭台楼阁 10 多处，多为明清建筑。著名的景点有广西省工委旧址、古戏台、安乐寺等。古
     镇由龙畔街、中兴街、商业街区三块自成防御体系的建筑群组成。这三处建筑群又通过桥梁、寨墙、门
     楼巧妙地连接在一起，形成一个整体。
34           </p>
35       </div>
36   </body>
37   </html>
```

在例 5-5 中，定义了 4 对<div>标记、一个<p>标记，其中 3 个<div>标记和<p>标记嵌套在外层的<div>标记中，并对它们设置边框、外边距、内边距及背景颜色等属性。

执行例 5-5 的程序，效果如图 5-9 所示。

在图 5-9 中，没有对 3 个<div>设置浮动属性，元素按照标准文档流的方式进行排列，4 个盒子及段落各自向右伸展，从上到下依次排列。

现在在图 5-8 的基础上设置浮动相应的属性。设置第一个<div>浮动，在例 5-5 中添加如下代码：

```
.d1 { float:left; }
```

保存程序并在浏览器中执行，效果如图 5-10 所示。

在图 5-10 中，第一个<div>设置了左浮动，第二个<div>的文字围绕第一个<div>排列。第二个<div>的左边框则与第一个<div>的左边框重合，第一个<div>不再受标准文档流控制。

图 5-9　未设置浮动的基础页面效果

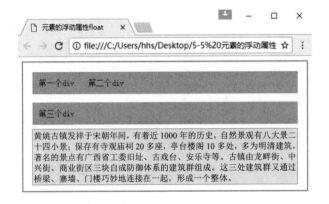

图 5-10　第一个<div>左浮动效果

将图 5-10 中的第二个<div>设置左浮动，在例 5-5 中添加如下代码：

```
.d1,.d2 { float:left; }
```

保存程序并在浏览器中执行，效果如图 5-11 所示。

图 5-11　第一、二个<div>左浮动效果

在图 5-11 中，第二个<div>也设置了左浮动，第三个<div>的文字围绕第二个<div>排列。第三个<div>的左边框仍然位于第一个<div>的左边框下面，第一、二个<div>脱离标准文档流的控制，并且第一、二个<div>之间的距离由二者的外边距 margin 构成。

继续将图 5-11 中的第三个<div>设置左浮动，在例 5-5 中添加如下代码：

```
.d1,.d2,.d3 { float:left; }
```

保存程序并在浏览器中执行，效果如图 5-12 所示。

图 5-12　第一、二、三个<div>左浮动效果

在图 5-12 中，我们看到 3 个<div>排列在同一行中，段落文字围绕浮动的盒子进行排列。

最后将图 5-11 中的第三个<div>设置右浮动，在例 5-5 中添加如下代码：

```
.d1,.d2 { float:left; }
.d3 { float:right; }
```

保存程序并在浏览器中执行，效果如图 5-13 所示。

图 5-13　第三个<div>右浮动效果

在图 5-13 中，我们看到第三个<div>浮动到了右边，文字仍然处在盒子中，但是文字处在第二、三个<div>之间。

以上是为元素设置了浮动后的效果，读者还可以改变浮动的顺序并调整浏览器窗口的大小，体会浮动效果的变化，做到举一反三。

2. 浮动属性的清除

元素的浮动可以向左或向右移动，由于浮动元素不在文档的普通流中，所以下一个元素就会受到这个浮动元素的影响。为了消除浮动的影响，就要适当地使用有意义的元素对这些浮动进行清理。在 CSS 中，可通过以下几种方法来清除元素的浮动：

● clear 属性

clear 属性指定元素的左侧或右侧不允许出现浮动的元素，语法格式如下：

```
选择符  {clear:属性值;}
```

clear 属性的常用值及含义见表 5-3。

表5-3　clear 属性的常用值

属性值	含义
none	默认值，允许浮动元素出现在两侧
left	在左侧不允许出现浮动元素
right	在右侧不允许出现浮动元素
both	在左右两侧均不允许出现浮动元素

在图 5-13 中，如果不希望文字围绕浮动的盒子，则可以使用清除浮动属性，在例 5-5 中的第 23 行代码下增加如下代码：

```
clear:left;
```

保存程序并在浏览器中执行，效果如图 5-14 所示。

图 5-14　clear 清除浮动对左侧影响的效果

在图 5-14 中可以看出，为了清除左浮动的影响，段落的上边界向下移动，直到文字不受左边两个<div>浮动的影响，但是仍然受第三个<div>的影响。

clear 属性可以设置为 left 和 right，又可以设置为 both。值得注意的是，浮动的清除不是在设置了 float 属性的元素中设置，而是要在受到影响的文字元素中设置，例如在段落的样式中增加 clear 属性。

● overflow 属性

由图 5-14 可知，使用 clear 属性只能清除元素左右两侧浮动的影响。但是在制作网页时，通常会在父元素中嵌套子元素，对子元素设置浮动时它们就会脱离标准文档流。而父元素的范围是由它所包含的标准流的内容决定的，如果不对其父元素定义高度，则子元素的浮动会对父元素产生影响。

例 5-6：使用 clear 属性只能清除元素左右两侧浮动的影响。

```
1  <!DOCTYPE html PUBLIC "-//W3C//DTD XHTML 1.0 Transitional//EN" "http://www.w3.org/TR/xhtml1/
   DTD/xhtml1-transitional.dtd">
2  <html xmlns="http://www.w3.org/1999/xhtml">
3  <head>
4  <meta http-equiv="Content-Type" content="text/html; charset=utf-8" />
5  <title>浮动属性的清除</title>
6  <style type="text/css">
7      body { font-family:"宋体"; font-size:14px; }
8      .all {
```

```
9              background-color:#CCC;
10             padding:2px;
11             border:2px solid #999;
12         }
13      .all div {
14             background-color:#0FF;
15             margin:15px;
16             padding:10px;
17             border:1px dashed #999;
18         }
19         .d1,.d2 { float:left; }
20         .d3 { float:right; }
21    </style>
22    </head>
23    <body>
24       <div class="all">
25           <div class="d1">第一个 div</div>
26           <div class="d2">第二个 div</div>
27           <div class="d3">第三个 div</div>
28       </div>
29    </body>
30    </html>
```

在例 5-6 中，定义了 4 对<div>标记，其中 3 对<div>标记嵌套在外层的<div>标记中，对它们设置边框、内外边距及背景颜色等属性，并对嵌套的第一、二个<div>设置左浮动，对第三个<div>设置右浮动。

执行例 5-6 的程序，效果如图 5-15 所示。

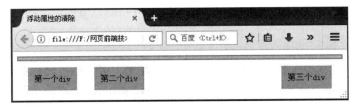

图 5-15　子元素设置浮动对父元素影响的效果

由于对 3 个子元素<div>设置了浮动，3 个<div>就都不在标准文档流中，而父元素<div>仅由内边距 padding 和边框 border 形成，变成了条状。为了消除子元素浮动对父元素的影响，则在父元素中使用 overflow 属性，在例 5-6 的第 11 行代码后添加如下代码：

```
overflow:hidden;
```

保存程序并在浏览器中执行，这时的效果如图 5-16 所示。

● 增加一个<div>并指定其父元素

在图 5-16 中使用 overflow 属性清除子元素浮动对父元素的影响，下面使用增加<div>的方式，在例 5-6 的第 27 行代码后增加一个<div>标记，代码如下：

```
<div class="d4"></div>
```

图 5-16 overflow 属性清除浮动的效果

然后对增加的<div>标记设置如下样式：

```
.all .d4 {    margin:0;
             padding:0;
             border:none;
             clear:both;
         }
```

保存程序并在浏览器中执行，同样可以得到图 5-16 所示的效果。

5.2.3 实现过程

1. 案例分析

图 5-7 所示的"黄姚门票网络票面"效果图包含左边的黄姚门票网络票面图片及两个段落、右边的门票副联及图标两大部分。页面整体效果可以用<div>标记来实现，然后实现左右两部分显示的效果，因此该案例主要可用元素的浮动属性及清除属性实现。

2. 案例结构

（1）HTML 结构。使用 HTML 标记来设置页面结构，整体上由一个大盒子组成，包含黄姚门票网络票面图片、左边的两个段落、右边的门票副联和图标。其中，黄姚门票网络票面图片使用<img>标记定义；两个段落使用<p>标记定义；门票副联用<p>标记定义，并嵌套在一个小盒子<div>中。其结构如图 5-17 所示。

图 5-17 "黄姚门票网络票面"结构图

（2）CSS 样式。CSS 的设置主要包括以下几个方面：

1）整体控制页面外层的大盒子，设置宽度、内边距、外边距、边框等。

2）分别设置左边部分图片及一个段落左浮动，门票副联部分添加背景图片，并设置右浮动。

3）分别设置左边部分两个段落的样式，并清除浮动属性对第二个段落的影响。

4）设置门票副联部分段落的样式。

3. 案例代码

（1）使用 HTML 标记来设置页面结构，具体代码如下：

```
1   <!DOCTYPE html>
2   <html>
3   <head>
4   <meta charset="utf-8">
5   <meta http-equiv="X-UA-Compatible" content="IE=edge,chrome=1">
6   <title>黄姚门票网络票面</title>
7   </head>
8   <body>
9       <div class="all">
10      <img src="images/hy10.jpg" alt="">
11      <p class="p1">黄姚古镇位于广西昭平县，地处桂林漓江下游，距桂林 160 公里，素有"梦境家园"
    之称。黄姚是有着近千年历史的古镇，发祥于宋朝年间，兴建于明朝万历年间，鼎盛于清朝乾隆年间。
    由于镇上以黄、姚两姓居多，故名"黄姚"。全镇方圆 3.6 平方公里，为典型的喀斯特地貌。有山就有水，
    有水就有桥，有桥就有亭，有亭就有联，有联就有匾，构成古镇独特的风景。</p>
12      <div class="copy"><p>门票副联</p></div>
13      <p class="title">黄姚古镇门票 有效期 2016 年</p>
14      </div>
15  </body>
16  </html>
```

（2）搭建完页面的结构后使用 CSS 样式对页面进行修饰，具体代码如下：

```
1   *{ padding: 0; margin: 0; }
2   .all{ width: 700px; height: 250px; margin: 50px auto; border:4px dotted red; padding: 5px; }
3   .all img{ width: 350px; height: 200px; float: left; }
4   p.p1{ width: 200px;    float: left; padding:10px 8px; font-size:12px; line-height:18px; }
5   div.copy{ height: 250px; background: url(images/dl.png)    repeat; float: right; width: 130px; border-left: 1px
    dotted red; color:red; }
6   div.copy p{ font-size: 48px; width: 50px; margin: 20px auto; }
7   p.title{ clear: left; text-align: center;    height: 50px; line-height: 50px; }
```

在浏览器中执行程序，效果如图 5-18 所示。

图 5-18　"黄姚门票网络票面"效果图

案例 13：首页的广告
宣传区

5.3　案例 13：首页的广告宣传区

5.3.1　案例描述

随着互联网时代的发展，商家都会通过网络来宣传自己的产品。通常在建立一个网站时，为了更好地吸引读者浏览，提高网站的点击率，达到宣传的目的，都会在首页部分制作广告宣传区。本节运用元素的定位属性来制作首页的广告宣传区，图 5-19 为首页的广告宣传区效果图。

图 5-19　首页的广告宣传区效果图

5.3.2　相关知识

1. 元素的定位属性

在使用 CSS 进行网页布局时，由于盒子模型的限制，导致元素无法在页面中被任意摆放到某个位置。但是制作网页内容时常常需要将一些元素准确地摆放到相对的位置，可以是相对浏览器窗口、父元素或其他元素。因此，CSS 提供了定位模式来对元素进行精确定位。

（1）position 属性。在 CSS 布局中，使用 position 属性来实现定位模式，语法格式如下：

选择符{position:属性值;}

position 属性的常用值及含义见表 5-4。

表 5-4　position 属性的常用值

属性值	含义
static	静态定位，默认值，无定位，按照标准流进行布局
relative	相对定位，以标准文档流的位置为基础进行定位，偏移一定的距离
absolute	绝对定位，以它的已经定位的父元素为基础进行偏移
fixed	固定定位，以浏览器窗口为基准进行定位

（2）偏移。介绍几种定位方式之前，首先需要认识偏移属性。position 属性实现定位模式给出了进行定位的方式，但是并没有指定定位的位置，这就需要用到偏移属性。由表 5-3 可知 relative、absolute、fixed 三种定位方式都要用到偏移属性。

在 CSS 中，偏移属性及其属性值有 4 种，语法格式如下：

选择符{left:属性值; right: 属性值; top: 属性值; bottom: 属性值; }

4 个属性 top、bottom、left、right 分别表示上偏移量、下偏移量、左偏移量、右偏移量，分别表示上、下、左、右偏移的距离，其属性值可以是数值或百分比，既可以为正值，也可以为负值。

2. 静态定位

静态定位是元素的默认定位方式，当 position 属性的取值为 static 时，可以将元素定位于静态位置。所谓静态位置就是各个元素在 HTML 文档流中默认的位置。

任何元素在默认状态下都会以静态定位来确定自己的位置，所以当没有定义 position 属性时，并不说明该元素没有自己的位置，它会遵循默认值显示为静态位置。在静态定位状态下，无法通过边偏移属性（top、bottom、left、right）来改变元素的位置。

例 5-7：静态定位状态下的定位效果示例。

```
1   <!DOCTYPE html PUBLIC "-//W3C//DTD XHTML 1.0 Transitional//EN" "http://www.w3.org/TR/xhtml1/
    DTD/xhtml1-transitional.dtd">
2   <html xmlns="http://www.w3.org/1999/xhtml">
3   <head>
4   <meta http-equiv="Content-Type" content="text/html; charset=utf-8" />
5   <title>静态定位</title>
6   <style type="text/css">
7       body { font-family:"宋体"; font-size:14px; }
8       .all {
9           background-color:#CCC;
10          margin:10px auto;
11          padding:2px;
12          width:280px;
13          height:130px;
```

```
14              border:2px solid #999;
15          }
16      .all div {
17              background-color:#0FF;
18              margin:10px;
19              padding:10px;
20              border:1px dashed #999;
21          }
22      .d2 { position:static;
23              left:30px;
24              top:20px;
25              }
26  </style>
27  </head>
28  <body>
29      <div class="all">
30          <div class="d1">静态定位，未使用 position</div>
31          <div class="d2">静态定位，使用 position</div>
32      </div>
33  </body>
34  </html>
```

例 5-7 中定义了两层<div>标记，外层<div>标记中嵌套两个<div>标记，并对其设置宽度、高度、边框、内外边距及背景颜色等属性。其中，嵌套的第一个<div>标记未使用静态定位；第 22～25 行代码对第二个嵌套的<div>标记使用了 position 属性的静态定位，并设置了左偏移量和上偏移量。

保存程序并在浏览器中执行，效果如图 5-20 所示。

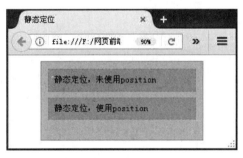

图 5-20　静态定位效果

由图 5-20 可以看出，不使用 position 值和设置 position 值的效果一样，即静态定位模式是一种默认定位模式，设置静态定位和偏移量并不起作用。

3．相对定位

相对定位是相对于元素本身在标准文档流中的位置进行定位。当盒子的 position 属性值为 relative 时，就可以对盒子进行相对定位。对一个元素进行相对定位，可以通过设置水平或垂直方向的位置来使这个元素"相对于"它的起点进行移动。在例 5-7 的基础上将部分代码进行改动，对 d1 设置相对定位。

例 5-8： 相对定位状态示例。

```
1   <!DOCTYPE html PUBLIC "-//W3C//DTD XHTML 1.0 Transitional//EN" "http://www.w3.org/TR/xhtml1/
    DTD/xhtml1-transitional.dtd">
2   <html xmlns="http://www.w3.org/1999/xhtml">
3   <head>
4   <meta http-equiv="Content-Type" content="text/html; charset=utf-8" />
5   <title>相对定位</title>
6   <style type="text/css">
7       body { font-family:"宋体"; font-size:14px; }
8       .all {
9           background-color:#CCC;
10          margin:10px auto;
11          padding:2px;
12          width:280px;
13          height:130px;
14          border:2px solid #999;
15      }
16      .all div {
17          background-color:#0FF;
18          margin:10px;
19          padding:10px;
20          border:1px dashed #999;
21      }
22      .d1 { position:relative;
23          left:30px;
24          top:30px;
25          }
26  </style>
27  </head>
28  <body>
29      <div class="all">
30          <div class="d1">盒子 div1 设置相对定位</div>
31          <div class="d2">盒子 div2</div>
32      </div>
33  </body>
34  </html>
```

在例 5-8 中，第 22～25 行代码对嵌套的第一个<div>标记设置相对定位，并设置左偏移量和上偏移量为 30px。

保存程序并在浏览器中执行，效果如图 5-21 所示。

由图 5-21 可以看出，盒子 div1 相对自身原来的位置进行了偏移，即相对盒子左边框和上边框偏移了 30px，盒子 div1 原来的位置仍然保留。

图 5-21　相对定位效果

值得注意的是，使用相对定位的盒子相对于它原来的位置偏移指定的值，但它在标准文档流中的位置仍然保留，对父盒子和相邻盒子没有影响。同时，对浮动的盒子使用相对定位也一样。在例 5-8 中将第 22～25 行代码进行如下修改：

```
1   .d1 { position:relative;
2          right:30px;
3           bottom:30px;
4         }
5   .d2 { position:relative;
6          left:30px;
7           top:30px;
8         }
```

保存程序并在浏览器中执行，查看相邻盒子设置相对定位的效果，如图 5-22 所示。

图 5-22　相邻盒子相对定位效果

4. 绝对定位

绝对定位是将元素根据最近的已经定位的父元素进行定位。这种方法能够很精确地将元素移动到想要的位置。当盒子的 position 属性值为 absolute 时就可以对盒子进行绝对定位，此时该盒子前面或后面的盒子都会认为该盒子不存在，即这个盒子浮于其他盒子上，是独立出来的。

如果盒子设置了绝对定位，在默认情况下，盒子将紧挨着其父元素的左边和顶边，即父盒子对象左上角。定位的方法为在 CSS 中设置盒子的 top、bottom、left、right 的值，这 4 个值参照浏览器窗口的 4 条边。在例 5-8 的基础上将部分代码进行改动，增加一个盒子，并对 d2 设置绝对定位。

将例 5-8 的第 22～25 行代码修改为：

```
.d2 { position:absolute;
         left:30px;
          top:30px;
            }
```

将例 5-8 的第 31 行代码修改为：

```
<div class="d2">盒子 div2 绝对定位</div>
<div class="d3">盒子 div3</div>
```

保存程序并在浏览器中执行，效果如图 5-23 所示。

图 5-23   绝对定位效果

由图 5-23 可以看出，盒子 div2 设置绝对定位，它以浏览器窗口为参照进行定位，并且盒子 div3 移动到了盒子 div2 的位置，即盒子 div2 设置绝对定位后脱离了标准文档流，不再保留原来的位置。同时，放大或缩小浏览器窗口，盒子 div2 的位置会相对于浏览器窗口发生变化。当前 div2 的父元素都没有设置定位属性，因此该盒子的绝对定位以最顶层的父元素 <html> 标签的位置为参考定位。

图 5-23 中盒子 div2 根据浏览器窗口进行定位，但是在制作网页时通常需要元素相对其直接父元素进行绝对定位，这时可对直接父元素设置相对定位，但不设置偏移量，这样父元素就仍然保持在原来的位置，然后对子元素设置绝对定位并设置偏移量。这时候盒子 div2 的绝对定位参考位置就是其设置了定位属性的最近父元素 <div class="all"> 的位置。

例 5-9：绝对定位状态示例。

```
1  <!DOCTYPE html PUBLIC "-//W3C//DTD XHTML 1.0 Transitional//EN" "http://www.w3.org/TR/xhtml1/
   DTD/xhtml1-transitional.dtd">
2  <html xmlns="http://www.w3.org/1999/xhtml">
3  <head>
4  <meta http-equiv="Content-Type" content="text/html; charset=utf-8" />
5  <title>绝对定位</title>
6  <style type="text/css">
7      body { font-family:"宋体"; font-size:14px; }
8      .all {
9          background-color:#CCC;
10         margin:10px auto;
11         padding:2px;
12         width:280px;
13         height:130px;
14         border:2px solid #999;
15         position:relative;
16     }
17     .all div {
18         background-color:#0FF;
```

```
19          margin:10px;
20          padding:10px;
21          border:1px dashed #999;
22      }
23      .d2 { position:absolute;
24          left:30px;
25          top:30px;
26          }
27
28 </style>
29 </head>
30 <body>
31      <div class="all">
32          <div class="d1">盒子 div1 设置相对定位</div>
33          <div class="d2">盒子 div2 绝对定位</div>
34          <div class="d3">盒子 div3</div>
35      </div>
36 </body>
37 </html>
```

保存程序并在浏览器中执行，效果如图 5-24 所示。

图 5-24　子元素相对父元素绝对定位效果

5. 固定定位

固定定位和绝对定位非常类似，但被定位的盒子不会随着滚动条的拖动而变化位置，即在视野中固定定位的盒子的位置是不会改变的。当盒子的 position 属性值为 fixed 时，即可对盒子设置固定定位。

固定定位以浏览器窗口作为参照来定义元素，它不受标准文档流的影响，不管浏览器窗口放大或缩小，该元素都始终显示在浏览器窗口的固定位置。由于实际应用中很少使用，这里不再作介绍。

5.3.3　实现过程

1. 案例分析

图 5-19 所示的"首页的广告宣传区"效果图整体上是一个完整的页面，可看成一个大盒子由左边和右边的贴边广告构成，左边及右边部分相对其父元素进行绝对定位，而父元素则需要设置相对定位。因此，该案例主要可用元素的定位属性及偏移来实现。

2．案例结构

（1）HTML 结构。使用 HTML 标记设置页面结构，整体上由大盒子及左右两边部分组成，都用<div>标记进行定义。其中，左右两部分的盒子嵌套在大盒子<div>中，结构如图 5-25 所示。

图 5-25　"首页的广告宣传区"结构图

（2）CSS 样式。CSS 的设置主要包括以下几个方面：

1）整体控制页面，给外层的大盒子设置宽度、高度、外边距、背景颜色等。

2）分别设置左边部分、右边部分的宽度、高度、背景色。

3）通过定位和偏移实现贴边广告，对大盒子进行相对定位，接着对左右两边的盒子设置绝对定位及其偏移量。

3．案例代码

（1）使用 HTML 标记来设置页面结构，具体代码如下：

```
1   <!DOCTYPE html PUBLIC "-//W3C//DTD XHTML 1.0 Transitional//EN" "http://www.w3.org/TR/xhtml1/
    DTD/xhtml1-transitional.dtd">
2   <html xmlns="http://www.w3.org/1999/xhtml">
3   <head>
4   <meta http-equiv="Content-Type" content="text/html; charset=utf-8" />
5   <title>首页的广告宣传区</title>
6   </head>
7   <body>
8   <div class="main">
9       <div class="ad1"><h1>贴边广告</h1></div>
10      <div class="ad2"><h1>贴边广告</h1></div>
11  </div>
12  </body>
13  </html>
```

（2）搭建完页面的结构后使用 CSS 样式对页面进行修饰，具体代码如下：

```
1   .main{ width: 700px; height: 1000px; margin: 0px auto; background:#ccc; position:relative; }
2   .ad1{ width: 150px; height: 300px; position: absolute; left: -153px; top: 50px; background: #ddd; }
3   .ad2{ width: 150px; height: 300px; position: absolute; right: -153px; top: 50px; background: #ddd; }
```

在浏览器中执行程序，效果如图 5-26 所示。

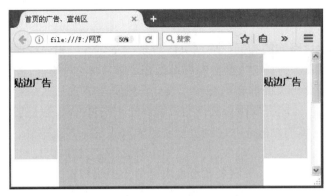

图 5-26　"首页的广告宣传区"效果图

5.4　案例 14：首页的布局定位

案例 14：首页的布局定位

5.4.1　案例描述

一个网页通常由多个模块构成，制作网页时通常需要从整个网页的角度对网页中的模块进行合理的布局，从而制作出条理清晰、结构合理、页面美观的网页。这主要是通过网页布局来实现的，如图 5-27 所示为黄姚古镇旅游网站首页的效果图。

图 5-27　黄姚古镇旅游网站首页效果图

5.4.2 相关知识

1. 布局流程

网页布局是指网页整体的布局，而网页内容是在主体区域中完成的，主体区域通常在浏览器窗口水平居中显示，网页的大部分布局都是在主体区域内制作完成的。

制作网页时应从分析页面的布局开始，设计在网页上放置什么内容，以及内容放置的位置。有了合理的布局，才能提高网页制作的效率。通常网页布局遵循的流程如下：

（1）确定网页区域的划分。一个网页通常包含页头部、导航部分、banner 部分、主体区域及页面底部版权区。

（2）确定网页的模块。一个网页通常是由一个个模块构建的，需要分析行列模块。

（3）使用 CSS 布局。根据逻辑关系使用<div>标记及 CSS 样式来控制网页中的各个模块。

下面以黄姚古镇旅游网站首页为例分析页面中的各个模块，页面的结构如图 5-28 所示。

图 5-28 "黄姚古镇旅游网站"首页模块

2. 一栏布局

一栏布局是网页最基础的布局，其他的布局方式都是在一栏布局的基础上进行演化。在这种布局方式中，网页内容都以一栏进行显示。为了认识一栏布局的形式，下面对一栏布局的网页结构进行演示，首先设置页面的结构。

例 5-10： 一栏布局的网页结构示例。

```
1   <!DOCTYPE html PUBLIC "-//W3C//DTD XHTML 1.0 Transitional//EN" "http://www.w3.org/TR/xhtml1/
    DTD/xhtml1-transitional.dtd">
2   <html xmlns="http://www.w3.org/1999/xhtml">
3   <head>
4   <meta http-equiv="Content-Type" content="text/html; charset=utf-8" />
5   <title>单列布局</title>
6   </head>
7   <body>
8   <div class="top">页头部</div>
9   <div class="nav">导航部分</div>
10  <div class="banner">banner 部分</div>
11  <div id="content">主体区域</div>
12  <div id="footer">页面底部版权区</div>
13  </body>
14  </html>
```

页面结构设置完后使用 CSS 样式对页面进行修饰，具体代码如下：

```
1   body{font-family:"宋体"; font-size:18px; margin:0; padding:0; border:none; text-align:center;}
2   .top{width:780px; height:40px; background-color:#CCC; margin:0 auto; }
3   .nav{ width:780px; height:30px; background-color:#CCC; margin:5px auto; }
4   .banner{width:780px; height:40px; background-color:#CCC; margin:0 auto; }
5   #content{width:780px; height:130px; background-color:#CCC; margin:5px auto; }
6   #footer{width:780px; height:60px; background-color:#CCC; margin:0 auto; }
```

保存程序并在浏览器中执行，效果如图 5-29 所示。

图 5-29　一栏布局图

例 5-10 中设置了 margin 属性，使对象上下保持一定的边距，在浏览器中水平居中。从图 5-29 所示的一栏布局图中可以看出，每个模块独自占据一行，页面分为页头部、导航部分、banner 部分、主体区域和页面底部版权区 5 个部分。

3. 两栏布局

一栏布局结构简单，但是不易制作丰富的页面内容，在实际制作网页时通常使用两栏布局来进行模块的划分。使用两栏布局将页面内容进行分割，将网页内容划分为左右两部分，这样可以使页面的显示效果更加丰富。

两栏布局是在一栏布局的基础上在主体区域中嵌套两个小盒子，然后分别对小盒子设置左右浮动。

例 5-11：两栏布局的网页结构示例。

```
1   <!DOCTYPE html PUBLIC "-//W3C//DTD XHTML 1.0 Transitional//EN" "http://www.w3.org/TR/xhtml1/
    DTD/xhtml1-transitional.dtd">
2   <html xmlns="http://www.w3.org/1999/xhtml">
3   <head>
4   <meta http-equiv="Content-Type" content="text/html; charset=utf-8" />
5   <title>两栏布局</title>
6   </head>
7   <body>
8       <div class="top">页头部</div>
9       <div class="nav">导航部分</div>
10      <div class="banner">banner 部分</div>
11      <div id="content">
12          <div class="content_left">左边内容</div>
13          <div class="content_right">右边内容</div>
14      </div>
15      <div id="footer">页面底部版权区</div>
16  </body>
17  </html>
```

页面结构设置完后使用 CSS 样式对页面进行修饰，具体代码如下：

```
1   body{ font-family:"宋体"; font-size:18px; margin:0; padding:0; border:none; text-align:center;}
2   .top{ width:780px; height:40px; background-color:#CCC; margin:0 auto; }
3   .nav{ width:780px; height:30px; background-color:#CCC; margin:5px auto; }
4   .banner{ width:780px; height:40px; background-color:#CCC; margin:0 auto; }
5   #content{ width:780px; height:130px; margin:5px auto; overflow:hidden; }
6   .content_left{ width:250px; height:130px; background-color:#CCC; float:left; }
7   .content_right{ width:525px; height:130px; background-color:#CCC; float:right;
8   }
9   #footer{ width:780px; height:60px; background-color:#CCC; margin:0 auto; }
```

保存程序并在浏览器中执行，效果如图 5-30 所示。

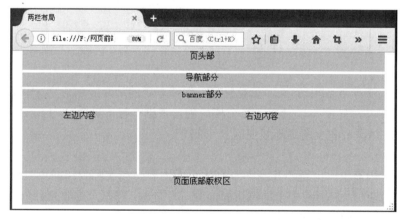

图 5-30　两栏布局图

在如图 5-30 所示的两栏布局图中，页面内容被划分为左边内容和右边内容两个部分，较窄的部分用于放置目录信息等，较宽的部分用于展示主要内容。

4. 三栏布局

在制作大型的网站或复杂网站（如新浪、百度新闻等网站）的时候，页面中包含的内容比较多，需要实现不同的分类，因此通常采用三栏布局来更好地布局页面内容。

三栏布局在页面顶部和底部设置横栏，将网页的主体内容划分为左、中、右 3 个部分。

例 5-12：三栏布局的网页结构示例。

```
1   <!DOCTYPE html PUBLIC "-//W3C//DTD XHTML 1.0 Transitional//EN" "http://www.w3.org/TR/xhtml1/
    DTD/xhtml1-transitional.dtd">
2   <html xmlns="http://www.w3.org/1999/xhtml">
3   <head>
4   <meta http-equiv="Content-Type" content="text/html; charset=utf-8" />
5   <title>三栏布局</title>
6   </head>
7   <body>
8       <div class="top">页头部</div>
9       <div class="nav">导航部分</div>
10      <div class="banner">banner 部分</div>
11      <div id="content">
12          <div class="content_left">左边内容</div>
13          <div class="content_mid">中间内容</div>
14          <div class="content_right">右边内容</div>
15      </div>
16      <div id="footer">页面底部版权区</div>
17  </body>
18  </html>
```

页面结构设置完后使用 CSS 样式对页面进行修饰，具体代码如下：

```
1   body{ font-family:"宋体"; font-size:18px; margin:0; padding:0; border:none; text-align:center;}
2   .top{ width:780px; height:40px; background-color:#CCC; margin:0 auto; }
3   .nav{ width:780px; height:30px; background-color:#CCC; margin:5px auto; }
4   .banner{ width:780px; height:40px; background-color:#CCC; margin:0 auto; }
5   #content{ width:780px; height:130px; margin:5px auto; overflow:hidden; }
6   .content_left{ width:150px; height:130px; background-color:#CCC; float:left; }
7   .content_mid{ width:470px; height:130px; margin-left:5px; background-color:#CCC; float:left; }
8   .content_right{ width:150px; height:130px; background-color:#CCC; float:right;
9   }
10  #footer{ width:780px; height:60px; background-color:#CCC; margin:0 auto; }
```

例 5-12 中主体内容部分嵌套了 3 个小盒子，用来摆放左、中、右部分的内容。对左边和中间的盒子都设置左浮动，并设置中间盒子的左外边距为 5px；右边盒子设置右浮动。保存程序并在浏览器中执行，效果如图 5-31 所示。

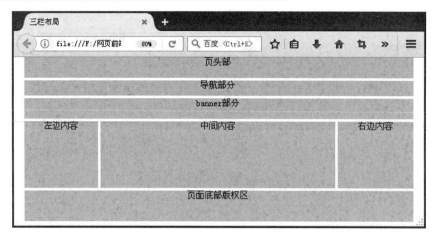

图 5-31　三栏布局图

5.4.3　实现过程

1．案例分析

制作网页时，合理有效地进行页面布局可以提高网页的制作效率。作为一个网页设计者，在设计一个网页时，先要进行效果图的分析，只有熟悉了页面的结构和版式，才能高效地进行网页的布局和排版。观察图 5-27 所示的黄姚古镇旅游网站首页的效果图，发现其由头部、导航部分、焦点图、贴边广告、主体内容、版权部分等模块组成。因此，该案例首页结构用页面布局来实现。

2．案例结构

（1）HTML 结构。使用 HTML 标记来设置页面结构，整体上由两个大盒子组成，即页面上半部分内容 content 作为一个大盒子用<div>标记进行定义，页面底部 footer 作为一个大盒子用<div>标记进行定义。

其中，页面上半部分内容的大盒子中嵌套了 5 个<div>标记。第 1、2 个<div>标记设置页面左右的贴边广告，需要用到元素的定位属性及其偏移量；第 3 个<div>标记设置头部信息 header；第 4 个<div>标记设置导航栏；第 5 个<div>标记设置主体内容区域 main，并且在其中又嵌套了 3 个<div>标记，分别表示特产销售、景区新闻和黄姚古镇简介，此处需要用到元素的浮动属性。

页面底部大盒子中嵌套了两个<div>标记，一个用于设置"友情链接"，一个用于版权部分，文字用段落标记<p>标记表示。其结构如图 5-32 所示。

（2）CSS 样式。CSS 的设置主要包括以下几个方面：

1）页面整体控制，给页面上半部分的大盒子设置宽度、高度、外边距、边框等样式，并设置相对定位，以便后面的子元素依据其定位。

2）控制左右部分的贴边广告，对宽度、高度、外边距、边框、背景颜色等进行设置，并进行绝对定位，设置其偏移量。

3）设置头部和导航栏样式，添加高度及背景属性设置。

4）控制主体内容部分，设置宽度、高度、外边距及其左浮动属性，并清除浮动的影响。

5）设置页面底部的样式。

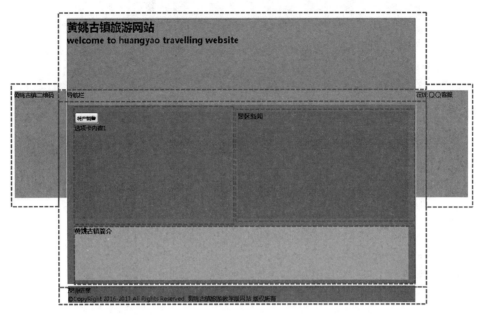

图 5-32　黄姚古镇旅游网站首页结构图

3．案例代码

（1）使用 HTML 标记来设置页面结构，具体代码如下：

```
1   <!DOCTYPE html PUBLIC "-//W3C//DTD XHTML 1.0 Transitional//EN" "http://www.w3.org/TR/xhtml1/
    DTD/xhtml1-transitional.dtd">
2   <html xmlns="http://www.w3.org/1999/xhtml">
3   <head>
4   <meta http-equiv="Content-Type" content="text/html; charset=utf-8" />
5   <title>首页布局</title>
6   </head>
7   <body>
8   <div class="content">
9       <div class="ad-left">
10      黄姚古镇二维码
11      </div>
12      <div class="ad-right">
13      在线 QQ 客服
14      </div>
15      <div class="header"><!-- 网页头部，网站标题位置 -->
16      <h1>黄姚古镇旅游网站</h1>
17          <h2>welcome to huangyao travelling website</h2>
18      </div>
19      <div class="nav">导航栏</div> <!-- 网页导航部分位置 -->
20      <div class="main">
21      <div class="tab">
22              <input type="button" name="" value="特产销售">
23              <div style="display: block;">选项卡内容 1</div>
```

```
24          </div>
25        <div class="news">
26            <h3>景区新闻</h3>
27          </div>
28        <div class="info">
29            <h3>黄姚古镇简介</h3>
30          </div>
31      </div>
32  </div>
33  <div class="footer">
34  <!-- 首页底部 -->
35      <div class="link">
36      <p>友情链接</p>
37      </div>
38      <div class="copyright">
39          <p>©CopyRight 2016-2017      All Rights Reserved. 黄姚古镇旅游教学版网站 版权所有</p>
40      </div>
41  </div>
42  </body>
43  </html>
```

（2）搭建完页面的结构后使用 CSS 样式对页面进行修饰，具体代码如下：

```
1   /*全局参数*/
2   *{ padding:0; margin:0;}
3   /*页面整体设置*/
4   .content{ width:1000px; margin:0 auto; border:1px solid red; min-height:600px; position:relative; }
5   /*左右两侧广告栏*/
6   .ad-left,.ad-right{ width: 150px; height:300px; background-color:#999; position :absolute; top:200px;}
7   .ad-left{left:-153px;}
8   .ad-right{right:-153px;}
9   /*头部设置*/
10  .header{ height:200px; background-color:#69F; }
11  /*导航列表设置*/
12  .nav{ height:40px; background-color:#C93;}
13  /*首页主体内容设置*/
14  .main{ background:#969; height:500px; }
15  .tab{ width:450px; height:300px; margin:20px; background-color:#66C; float:left; }
16
17  .news{ width:490px; height:300px; margin:20px 20px 20px 0; background-color:#960; float:left;}
18  /*首页黄姚简介*/
19  .info{ margin:20px; background:#F96; clear:both; height:150px;}
20  /*底部设置*/
21  .footer{ margin:5px auto; width:1000px; background-color:#930;}
```

在浏览器中执行程序，效果如图 5-33 所示。

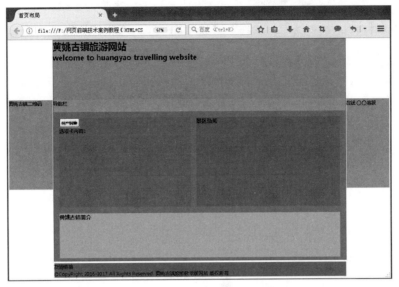

图 5-33 黄姚古镇旅游网站首页布局效果图

5.5 案例 15：黄姚古镇热销美食

案例 15：黄姚古镇热销美食

前面所介绍的布局都是基于盒子模型的布局，于一些特殊布局不是很方便，比如，垂直居中就不容易实现。2009 年，W3C 提出了一种新的方案——Flex 布局，即弹性盒，用来进行弹性布局，可以简便、完整、响应式地实现各种页面布局。

5.5.1 案例描述

一些适配性网页要实现部分内容能动态适配页面位置的效果，比如图 5-34 所示为"黄姚古镇热销美食"热销产品介绍的效果图，对于产品的内容介绍文字有多有少，同时需要让已售数量一致保持在右下角，此时使用传统的布局方案比较麻烦，可以使用 Flex 布局动态实现此效果。

图 5-34 "黄姚古镇热销美食"布局效果图

5.5.2 相关知识

1. Flex 布局元素基本概念

Flex 的核心概念就是容器和轴。容器包括外层的父容器和内层的子容器，轴包括主轴和交叉轴，可以说 Flex 布局的全部特性都构建在这两个概念上。采用 Flex 布局的元素称为 Flex 容器（flex container），简称"容器"。它的所有子元素自动成为容器成员，称为 Flex 项目（flex item），简称"项目"。在 Flex 容器中默认存在两条轴，即水平主轴（main axis）和垂直的交叉轴（cross axis），这是默认的设置，可以通过修改使垂直方向变为主轴，水平方向变为交叉轴。容器中的每个单元块被称为 flex item，每个项目占据的主轴空间为 main size，占据的交叉轴的空间为 cross size。

Flex 布局涉及 12 个 CSS 属性（不含 display: flex），其中父容器、子容器各 6 个。具体元素如图 5-35 所示。

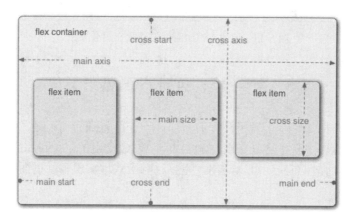

图 5-35　Flex 布局的元素示意图

2. 容器的属性

在容器上的属性有 6 个，即 flex-direction、flex-wrap、flex-flow、justify-content、align-items、align-content。

（1）flex-direction 属性。flex-direction 属性决定主轴的方向（即项目的排列方向），有以下 4 个值，具体效果如图 5-36 所示：

- row（默认值）：主轴为水平方向，起点在左端。
- row-reverse：主轴为水平方向，起点在右端。
- column：主轴为垂直方向，起点在上沿。
- column-reverse：主轴为垂直方向，起点在下沿。

图 5-36　flex-direction 属性示意图

（2）flex-wrap 属性。默认情况下，项目都排在一条线（又称"轴线"）上。flex-wrap 属性定义如果一条轴线排不下，如何换行。它可能取以下 3 个值：

- nowrap（默认）：不换行，效果如图 5-37 所示。

图 5-37 nowrap 不换行布局效果图

- wrap：换行，第一行在上方，效果如图 5-38 所示。

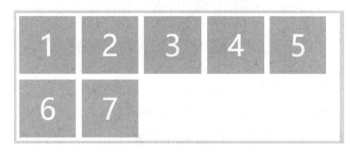

图 5-38 wrap 换行布局效果图

- wrap-reverse：换行，第一行在下方，效果如图 5-39 所示。

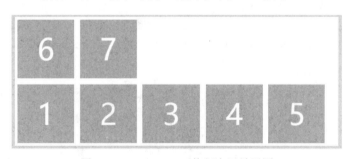

图 5-39 wrap-reverse 换行布局效果图

（3）flex-flow 属性。flex-flow 属性是 flex-direction 属性和 flex-wrap 属性的简写形式，默认值为 row nowrap。

（4）justify-content 属性。justify-content 属性定义了项目在主轴上的对齐方式。它可取以下 5 个值，具体对齐方式与轴的方向有关（假设主轴为从左到右），具体效果如图 5-40 所示：

- flex-start（默认值）：左对齐。
- flex-end：右对齐。
- center：居中。
- space-between：两端对齐，项目之间的间隔都相等。
- space-around：每个项目两侧的间隔相等，所以项目之间的间隔比项目与边框的间隔大一倍。

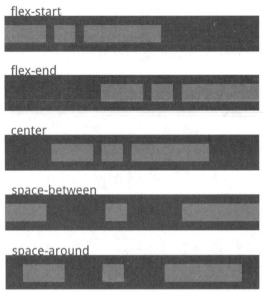

图 5-40   justify-content 属性布局效果图

（5）align-items 属性。align-items 属性定义项目在交叉轴上的对齐方式。它取以下 5 个值，具体的对齐方式与交叉轴的方向有关（假设交叉轴从上到下），具体效果如图 5-41 所示：

- flex-start：交叉轴的起点对齐。
- flex-end：交叉轴的终点对齐。
- center：交叉轴的中点对齐。
- baseline：项目的第一行文字的基线对齐。
- stretch（默认值）：如果项目未设置高度或设为 auto，将占满整个容器的高度。

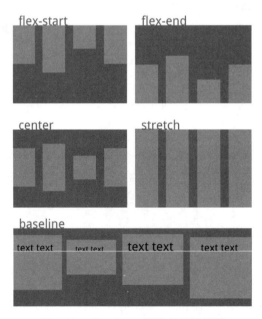

图 5-41   align-items 属性布局效果图

（6）align-content 属性。align-content 属性定义了多根轴线的对齐方式。如果项目只有一根轴线，该属性不起作用。该属性可取以下 6 个值，具体效果如图 5-42 所示：

- flex-start：与交叉轴的起点对齐。
- flex-end：与交叉轴的终点对齐。
- center：与交叉轴的中点对齐。
- space-between：与交叉轴两端对齐，轴线之间的间隔平均分布。
- space-around：每根轴线两侧的间隔都相等，所以轴线之间的间隔比轴线与边框的间隔大一倍。
- stretch（默认值）：轴线占满整个交叉轴。

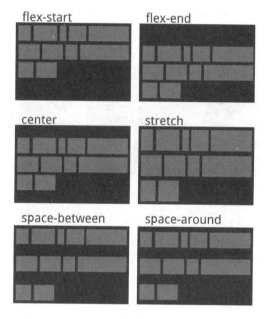

图 5-42　align-content 属性布局效果图

2．容器的属性

在项目上的属性有 6 个，order、flex-grow、flex-shrink、flex-basis、flex、align-self。

（1）order 属性。order 属性定义项目的排列顺序。数值越小，排列越靠前，默认为 0。效果如图 5-43 所示。

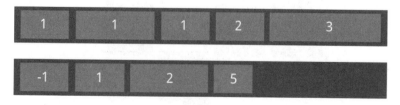

图 5-43　order 属性布局效果图

（2）flex-grow 属性。flex-grow 属性定义项目的放大比例，默认为 0，即如果存在剩余空间也不放大。如果所有项目的 flex-grow 属性都为 1，则它们将等分剩余空间（如果有的话）。

如果一个项目的 flex-grow 属性为 2，其他项目都为 1，则前者占据的剩余空间将比其他项目多一倍。效果如图 5-44 所示。

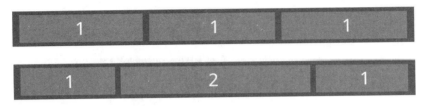

图 5-44　flex-grow 属性布局效果图

（3）flex-shrink 属性。flex-shrink 属性定义了项目的缩小比例，默认为 1，即如果空间不足，该项目将缩小。如果所有项目的 flex-shrink 属性都为 1，当空间不足时都将等比例缩小。如果一个项目的 flex-shrink 属性为 0，其他项目都为 1，则空间不足时，前者不缩小。负值对该属性无效。效果如图 5-45 所示。

图 5-45　flex-shrink 属性布局效果图

（4）flex-basis 属性。flex-basis 属性表示在不伸缩的情况下子容器的原始尺寸。主轴为横向时代表宽度，为纵向时代表高度。它的默认值为 auto，即项目的原大小。

（5）flex 属性。flex 属性是 flex-grow、flex-shrink 和 flex-basis 的简写，默认值为 0、1、auto，后两个属性可选。该属性有两个快捷值：auto（1 1 auto）和 none（0 0 auto）。建议优先使用这个属性，而不是单独写 3 个分离的属性，因为浏览器会推算相关值。

（6）align-self 属性。align-self 属性允许单个项目有与其他项目不一样的对齐方式，可覆盖 align-items 属性。默认值为 auto，表示继承父元素的 align-items 属性，如果没有父元素，则等同于 stretch。效果如图 5-46 所示。

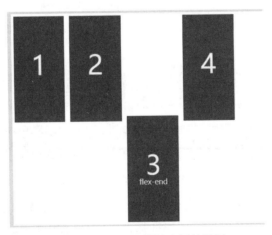

图 5-46　align-self 属性布局效果图

5.5.3　实现过程

1．案例结构

（1）HTML 结构。

```
22  <div class="product">
23              <div class="title">- 热销产品 -</div>
24          <ul class="list">
25              <li class="productItem">
26                  <a href="#" class="item-href">
27                      <div class="item-box">
28                          <div class="item-img">
29                              <img src="img/niuza.jpeg" alt="预览图">
30                          </div>
31                          <div class="item-des">
32                              <div class="item-name">牛小灶牛腩牛杂煲</div>
33                              <div class="item-title">[5 点通用]2 人套餐，提供免费 Wi-Fi</div>
34                              <div class="price">
35                                  <span class="strong">129</span>
36                                  <span class="retail-price">门市价:¥158</span>
37                                  <span class="selNum">已售 4000</span>
38                              </div>
39                          </div>
40                      </div>
41                  </a>
42              </li>
43              <li class="productItem">。。。。。</li>
44          </ul>
45  </div>
```

（2）CSS 样式。CSS 的设置主要包括以下几个方面：

1）页面整体控制，给产品设置背景外边距、边框等样式。

2）标题设定：设置标题的对齐、边距、颜色等。

3）产品介绍总体设定：底边边框、链接效果。最关键的是设定整体为 Flex 容器。

4）设置图片显示属性：设置宽度、高度。

5）设置除图片以外的 Flex 项目属性设置：定义为 flex:1，确定自动扩展宽度，适配网页大小。

6）设置内容细节。

```
46  .product {   background: #fff;   margin-top: 10px;   padding: 0 10px; }
47  .product .title {
48      text-align: center;   padding: 10px 0;
49      border-bottom: 1px solid #ddd8ce;   color: #666;
50  }
51  .product .productItem {   border-bottom: 1px solid #ddd8ce;      }
52  .product .productItem:last-child {   border-bottom: none;      }
53  .productItem .item-href {   display: block;   padding: 15px 0;}
```

```
54    .productItem .item-box {     display: flex;        }
55    .productItem .item-img {
56        display: inline-block;
57        width: 90px;
58        height: 90px;
59    }
60    .item-img img {
61        width: 100%;
62        height: 100%;
63    }
64    .productItem .item-des {
65        flex: 1;
66        margin-left: 10px;
67    }
68    .productItem .item-name {
69        font-size: 18px;
70        color: #333;
71        margin-bottom: 2px;
72    }
73    .productItem .item-title {
74        font-size: 15px;
75        color: #666;
76        margin-bottom: 6px;
77    }
78    .productItem .price {
79        position: relative;
80        font-size: 14px;
81        color: #666;
82    }
83    .productItem .price .strong {
84        font-size: 22px;
85        color: #ff0000;
86    }
87    .productItem .price .strong::before {
88        content: '\A5';
89        font-size:14px;
90        color: #ff0000;
91        margin-right: 3px;
92    }
93    .productItem .price .selNum {
94        position: absolute;
95        right: 0;
96        top: 8px;
97    }
```

5.6　案例综合练习

在编辑网页的过程中，一般是将一个大的页面分割为多个盒子空间，每个盒子空间实现一个功能模块，在编辑网页的初期一般使用色块的方式布局好空间位置。结合本章学过的内容，使用 float 属性或定位方法实现网页区间定位效果，如图 5-47 所示。具体的颜色、空间宽度和高度自定，实现布局效果即可。

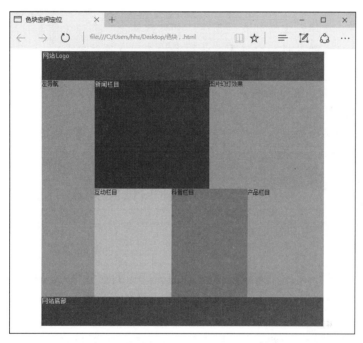

图 5-47　使用颜色块状布局网页空间位置

第 6 章　列表与超链接

- 掌握无序、有序和定义列表的用法，制作结构化、条理化信息。
- 理解列表样式的属性，会使用背景图像构造列表项目符号。
- 掌握超链接标记的使用，会使用 CSS 伪类控制超链接样式。

通常，网站包含了大量信息和多个页面。需要对同类的信息进行分类，以列表的形式显示，并配以相应的图标，使网页看起来更生动丰富。为了快速地查看页面信息，载入一个新的页面或跳转到页面的某个位置，让页面与页面联系起来，需要使用超链接。本章介绍列表、超链接及使用 CSS 控制列表和超链接的相关知识。

6.1　案例 16：新闻页面列表

案例 16：新闻页面列表

6.1.1　案例描述

新闻网站是信息的一种传播机制，是包含海量资讯的服务平台，能够反映每时每刻的重要事件。搜索历史事件、热门景点、人物故事、旅游资讯、特色产品等，可以快速了解它们的最新情况。本节将运用列表制作一款"新闻页面列表"和一款"黄姚古镇景区微信二维码名片"，图 6-1 为"新闻页面列表"的效果图，图 6-2 为"黄姚古镇景区微信二维码名片"的效果图。

图 6-1　新闻页面列表

图 6-2　黄姚古镇景区微信二维码名片

6.1.2　相关知识

1. 无序列表 ul

网站的页面包含大量的信息，使用列表可以更好地对信息进行有序的排列。从某种意义上讲，不是描述性文本的任何内容都可以是列表，如新闻、日程、图书、菜单等都可以表示为一个列表或是列表的列表。

无序列表对列表项目的前后顺序没有要求，它以符号作为分项的标识，列表项之间是并列的关系。无序列表是最常用的列表，使用<ul>来定义，其中又包含一个个的列表项<li>。无序列表的基本语法格式如下：

```
<ul>
    <li>无序列表项 1</li>
    <li>无序列表项 2</li>
    <li>无序列表项 3</li>
    ...
</ul>
```

在上面的语法结构中，以<ul>和</ul>作为无序列表的开始标志和结束标志，<li></li>表示一个列表项，一个无序列表中至少包含一个列表项。

定义了无序列表后，列表项前会出现列表项目符号。使用 type 属性可以设置列表项目符号，<ul>和<li>都具有 type 属性。无序列表中 type 属性的 3 个常用值及显示效果见表 6-1。

表 6-1　无序列表的 type 属性

属性值	描述	显示效果
disc	默认值，列表项目符号为实心圆点	●
circle	列表项目符号为空心圆点	○
square	列表项目符号为实心方块	■

下面通过创建无序列表来列出各个项目。

例 6-1：无序列表示例。

```
1  <!DOCTYPE html PUBLIC "-//W3C//DTD XHTML 1.0 Transitional//EN" "http://www.w3.org/TR/xhtml1/
   DTD/xhtml1-transitional.dtd">
2  <html xmlns="http://www.w3.org/1999/xhtml">
3  <head>
4  <meta http-equiv="Content-Type" content="text/html; charset=utf-8" />
5  <title>无序列表</title>
6  </head>
7  <body>
8      <ul>
9          <li>网页设计</li>
10         <li>平面设计</li>
11         <li>图像设计</li>
12     </ul>
13     <ul type="disc">
14         <li>disc：列表项前显示实心圆形。</li>
15         <li type="circle">circle：列表项前显示空心圆形。</li>
16         <li type="square">square：列表项前显示实心方块。</li>
17     </ul>
18 </body>
19 </html>
```

在例 6-1 中，定义了两个无序列表并使用了 type 属性。在第一个无序列表中，<ul>和<li>都不使用 type 属性，在第二个无序列表中<ul>和<li>都使用 type 属性。

保存程序并在浏览器中执行，效果如图 6-3 所示。

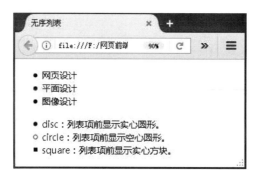

图 6-3　例 6-1 效果图

由图 6-3 可以看出，不使用 type 属性时，列表项目符号默认显示效果为●，<ul>和<li>同时应用 type 属性，列表项目符号按定义的值显示。

2. 有序列表 ol

有序列表与无序列表对应，有序列表使列表项按照一定的顺序排列，例如网页中常见的单击率排行、歌曲排行等都可以通过有序列表来定义。有序列表使用<ol>来定义，其中同样包含一个个的列表项<li>。有序列表的基本语法格式如下：

```
<ol>
    <li>有序列表项 1</li>
    <li>有序列表项 2</li>
    <li>有序列表项 3</li>
...
</ol>
```

在上面的语法结构中，<ol></ol>定义有序列表，<li></li>表示一个列表项。与无序列表一样，一个有序列表中至少包含一个列表项。

定义有序列表后，列表项前会出现按顺序排列的编号。有序列表的 type 属性见表 6-2。

表 6-2　有序列表的 type 属性

属性值	描述
1（默认值）	项目符号显示为数字 1 2 3…
a	项目符号显示为英文字母 a b c…
A	项目符号显示为英文字母 A B C…
i	项目符号显示为罗马数字 i ii iii…
I	项目符号显示为罗马数字 I II III…

下面创建有序列表的例子来演示其效果。

例 6-2：有序列表示例。

```
1  <!DOCTYPE html PUBLIC "-//W3C//DTD XHTML 1.0 Transitional//EN" "http://www.w3.org/TR/xhtml1/
   DTD/xhtml1-transitional.dtd">
2  <html xmlns="http://www.w3.org/1999/xhtml">
3  <head>
```

```
4    <meta http-equiv="Content-Type" content="text/html; charset=utf-8" />
5    <title>有序列表</title>
6    <style type="text/css">
7    ul { list-style-type:lower-alpha; }
8    </style>
9    </head>
10   <body>
11       <ol>
12           <li>网页设计</li>
13           <li>平面设计</li>
14           <li>图像设计</li>
15       </ol>
16       <ul>
17           <li>网页设计</li>
18           <li>平面设计</li>
19           <li>图像设计</li>
20       </ul>
21   </body>
22   </html>
```

在例 6-2 中，首先定义了一个有序列表，然后定义了一个无序列表，并且对 ul 设置了属性，其值为"list-style-type:lower-alpha;"。保存程序并在浏览器中执行，观察显示的效果，如图 6-4 所示。

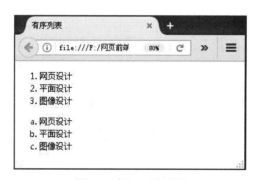

图 6-4　例 6-2 效果图

由图 6-4 可以看出，<ol>标记定义的有序列表按默认的阿拉伯数字显示，而无序列表定义了 list-style-type 属性后也按有序的英文小写字母显示。由此可见，在 CSS 中<ul>和<ol>标记的分界线并不明显，只要利用 list-style-type 属性，二者可以通用。读者可以灵活运用，详细内容将在 6.3 节讲解。

在默认情况下，有序列表的编号是从排序符号的第一位开始。如果有时候希望从某一个编号值开始，则可以为<ol>定义 start 属性，为<li>定义 value 属性来设置。

例 6-3：设置有序列表的项目符号和起始编号。

```
1    <!DOCTYPE html PUBLIC "-//W3C//DTD XHTML 1.0 Transitional//EN" "http://www.w3.org/TR/xhtml1/
     DTD/xhtml1-transitional.dtd">
2    <html xmlns="http://www.w3.org/1999/xhtml">
3    <head>
```

```
4    <meta http-equiv="Content-Type" content="text/html; charset=utf-8" />
5    <title>有序列表</title>
6    </head>
7    <body>
8        <ol start="3">
9            <li>网页设计</li>
10           <li>平面设计</li>
11           <li>图像设计</li>
12       </ol>
13       <ol>
14           <li>网页设计</li>
15           <li value="5">平面设计</li>
16           <li>图像设计</li>
17       </ol>
18   </body>
19   </html>
```

保存程序并在浏览器中执行，效果如图 6-5 所示。

图 6-5　例 6-3 效果图

由图 6-5 可以看到，第一个有序列表从编号 3 开始显示，而第二个列表以第二个列表项开始从编号 5 开始显示。

3. 定义列表 dl

定义列表也叫作字典列表，包含两个层次，常用于对名词或术语的解释和描述。其中，第一层是名词，第二层是解释或描述。与无序列表和有序列表不同，定义列表不会在列表项前显示项目符号。定义列表的基本语法格式如下：

```
<dl>
    <dt>名词 1</dt>
    <dd>名词 1 的解释</dd>
    ...
    <dt>名词 2</dt>
    <dd>名词 2 的解释 1</dd>
    <dd>名词 2 的解释 2</dd>
    ...
</dl>
```

在上面的语法格式中，<dl></dl>标记用来定义列表，<dt></dt>标记用于指定要被解释的名词，<dd></dd>标记用于对<dt></dt>标记中的名词进行解释和描述。一对<dt></dt>定义的名词可以使用多对<dd></dd>标记进行解释。定义列表常用于实现图文混排效果。

例 6-4： 使用定义列表对名词进行解释。

```
1  <!DOCTYPE html PUBLIC "-//W3C//DTD XHTML 1.0 Transitional//EN" "http://www.w3.org/TR/xhtml1/
   DTD/xhtml1-transitional.dtd">
2  <html xmlns="http://www.w3.org/1999/xhtml">
3  <head>
4  <meta http-equiv="Content-Type" content="text/html; charset=utf-8" />
5  <title>定义列表</title>
6  </head>
7  <body>
8      <dl>
9          <dt>Photoshop</dt>
10         <dd>图像处理软件</dd>
11         <dt>HTML</dt>
12         <dd>超文本标记语言</dd>
13         <dd>标记符号标记网页内容</dd>
14         <dd>具有平台无关性</dd>
15     </dl>
16 </body>
17 </html>
```

例 6-4 中定义了一个定义列表，并用<dt>标记定义了两个名词 Photoshop 和 HTML，在名词下使用<dd>标记对名词进行解释，包括一到多条解释。在浏览器中执行例 6-4 的程序，效果如图 6-6 所示。

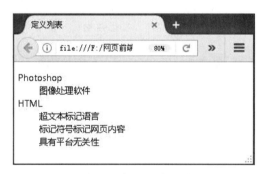

图 6-6　例 6-4 效果图

4. 嵌套列表

嵌套列表是指在列表项中嵌套了其他列表的一种列表。列表可以是简单的或复杂的。通常，可以将多种列表组合在一起进行嵌套。有序列表和无序列表可以有不同层，同类型的列表可以嵌套，不同类型的列表也可以嵌套。用户不仅可以在有序列表中嵌套有序列表，也可以嵌套无序列表，即可以组合<ul><ol><li><dl><dt><dd>标记来产生嵌套列表。

嵌套列表反映层次较多的内容，例如网上商城中的商品，一类商品被分为若干小类，小类又包含若干的子类。

例 6-5：列表的嵌套示例。

```
1  <!DOCTYPE html PUBLIC "-//W3C//DTD XHTML 1.0 Transitional//EN" "http://www.w3.org/TR/xhtml1/
   DTD/xhtml1-transitional.dtd">
2  <html xmlns="http://www.w3.org/1999/xhtml">
3  <head>
4  <meta http-equiv="Content-Type" content="text/html; charset=utf-8" />
5  <title>嵌套列表</title>
6  </head>
7  <body>
8      <h2>黄姚古镇</h2>
9      <ul>
10         <li>景点
11             <ul>
12                 <li>古街</li>
13                 <li>小溪</li>
14                 <li>老屋</li>
15             </ul>
16         </li>
17         <li>特产
18             <ol>
19                 <li>红茶</li>
20                 <li>毛尖</li>
21             </ol>
22         </li>
23         <li>美食</li>
24     </ul>
25 </body>
26 </html>
```

在例 6-5 中，定义了一个无序列表，其包含 3 个列表项，其中又嵌套了一个无序列表和一个有序列表。在浏览器中执行例 6-5 的程序，效果如图 6-7 所示。

图 6-7　例 6-5 效果图

6.1.3　实现过程

1. 案例分析

如图 6-1 所示的"新闻页面列表"效果图整体排列整齐，可看成一个大盒子由上部分的新闻标题及下部分的新闻组成，新闻标题可用标题标记实现，而每条新闻在顺序上没有区别，可以用无序列表来实现。另外，在该案例中还使用了超链接标记<a>及其链接伪类，这部分内容将在 6.3 节讲解。因此该案例主要可用无序列表来实现。

如图 6-2 所示的"黄姚古镇景区微信二维码名片"由图片和文字两部分构成，文字部分是对二维码图片的描述和说明，因此可以通过定义列表实现该图文混排效果。

2. 案例结构

（1）HTML 结构。使用 HTML 标记来设置页面结构，整体上可看成一个大盒子，用<div>标记进行定义，下半部分定义一个无序列表<ul>并添加列表项<li>。其结构如图 6-8 所示。

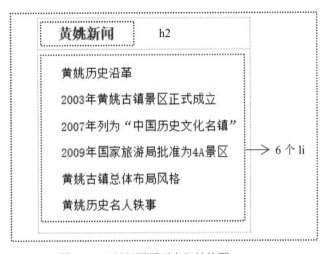

图 6-8　"新闻页面列表"结构图

"黄姚古镇景区微信二维码名片"可以看作定义列表，用 dl 标记设置，其中<dt></dt>标记中插入图片，<dd></dd>标记中放入对图片解释说明的文字。其结构如图 6-9 所示。

图 6-9　"黄姚古镇景区微信二维码名片"结构图

（2）CSS 样式。"新闻页面列表"的 CSS 设置主要包括以下几个方面：

1）页面整体控制，给页面大盒子设置宽度、高度、外边距、边框等样式。

2）设置标题的字体样式，包括字体大小、颜色、高度、行高、边框及左内边距。

3）设置新闻内容部分，无序列表在大盒子中的内边距；设置列表项的高度及左内边距。

"黄姚微信二维码名片"的 CSS 设置主要包括以下几个方面：

1）为 dl 添加宽高和边框样式，设置内外边距。

2）为 dt 添加宽高样式，并运用背景属性添加二维码图片，设置底部外边距。

3）为 dd 添加宽高、行高、颜色、内边距样式。

3. "新闻页面列表"的案例代码

（1）使用 HTML 标记来设置页面结构，具体代码如下：

```
1   <!DOCTYPE html PUBLIC "-//W3C//DTD XHTML 1.0 Transitional//EN" "http://www.w3.org/TR/xhtml1/
    DTD/xhtml1-transitional.dtd">
2   <html xmlns="http://www.w3.org/1999/xhtml">
3   <head>
4   <meta http-equiv="Content-Type" content="text/html; charset=utf-8" />
5   <title>新闻页面列表</title>
6   </head>
7   <body>
8   <div class="all">
9       <h2 class="header">黄姚新闻</h2>
10      <ul class="content">
11          <li>黄姚历史沿革</li>
12          <li>2003 年黄姚古镇景区正式成立</li>
13          <li>2007 年列为"中国历史文化名镇"</li>
14          <li>2009 年国家旅游局批准为 4A 景区</li>
15          <li>黄姚古镇总体布局风格</li>
16          <li>黄姚历史名人轶事</li>
17      </ul>
18  </div>
19  </body>
20  </html>
```

（2）搭建完页面的结构后使用 CSS 样式对页面进行修饰，具体代码如下：

```
1   /*全局控制*/
2   body{font-size:12px; font-family:"宋体"; color:#333;}
3   /*重置浏览器的默认样式*/
4   body,h2,ul,li{ padding:0; margin:0; list-style:none;}
5   .all{              /*控制最外层的大盒子*/
6       width:213px;
7       height:210px;
8       margin:20px auto;
9       border:1px dashed #CCC;
10      margin:20px auto;
11  }
12  .header{
13      font-size:14px;
14      color:#333;
15      height:30px;
```

```
16          line-height:30px;
17          border-bottom:1px solid #CCC;        /*单独定义下边框进行覆盖*/
18          padding-left:20px;
19   }
20   .content{padding:16px 0 0 16px;}
21   .content li{
22          height:26px;
23          line-height:26px;
24          padding-left:8px;
25   }
```

在浏览器中执行程序，效果如图 6-1 所示。

4．"黄姚古镇景区微信二维码名片"的案例代码

（1）使用 HTML 标记来设置页面结构，具体代码如下：

```
1    <!DOCTYPE html PUBLIC "-//W3C//DTD XHTML 1.0 Transitional//EN" "http://www.w3.org/TR/xhtml1/
     DTD/xhtml1-transitional.dtd">
2    <html xmlns="http://www.w3.org/1999/xhtml">
3    <head>
4    <meta http-equiv="Content-Type" content="text/html; charset=utf-8" />
5    <title>黄姚微信二维码名片</title>
6    </head>
7    <body>
8        <dl>
9            <dt></dt>
10           <dd>黄姚古镇二维码</dd>
11           <dd>美丽的黄姚古镇</dd>
12           <dd>活着的千年古镇</dd>
13           <dd>黄姚古镇名人堂</dd>
14           <dd>梦境家园小桂林</dd>
15       </dl>
16   </body>
17   </html>
```

（2）搭建完页面的结构后使用 CSS 样式对页面进行修饰，具体代码如下：

```
1    /*清除浏览器的默认样式*/
2    body,dl,dt,dd{ padding:0; margin:0; border:none;}
3    dl{
4    width:200px;
5    height:270px;
6    border:1px solid #999;
7    padding-top:5px;
8    margin:20px auto;
9    }
10   dt{
11   width:200px;
12   height:162px;
13   background:url(images/gzh1.jpg) no-repeat;
14   margin-bottom:5px;
15   }
16   dd{
17   width:200px;
```

```
18    height:20px;
19    line-height:20px;
20    color:#00F;
21    padding-left:20px;
22    }
```

在浏览器中执行程序，效果如图 6-2 所示。

6.2   案例 17：旅游产品推荐

案例 17：旅游产品推荐

6.2.1   案例描述

在建立列表有关的内容时，通常以列表项目符号的形式显示，但是这种格式往往不能满足所需的要求，而且形式比较单调。为了使列表的样式更加美观，列表项目符号具有丰富的样式，就要用到 CSS 中的背景图像属性。本节将运用背景图像定义列表项目符号的方法来制作一款"旅游产品推荐"，如图 6-10 所示为"旅游产品推荐"的效果图。

图 6-10   "旅游产品推荐"效果图

6.2.2   相关知识

1. list-style 属性

在页面列表中，常常需要给列表样式设置丰富的效果。CSS 中的列表样式也是一个复合属性。CSS 列表属性包括列表符号属性、列表项标志的图像属性、列表符号的显示位置属性和列表样式综合属性。CSS 列表常用属性及其值见表 6-3。

表 6-3   CSS 列表属性（list）

属性名	属性描述	属性值
list-style-type	设置列表项符号的类型	disc、circle、square、none
list-style-image	设置图像作为列表项标志	decimal、lower-roman、upper-roman、lower-alpha、upper-alpha、none 等
list-style-position	设置列表中列表项标志的位置	
list-style	综合属性，把所有列表的属性设置于一个声明中	

● list-style-type

通过表 6-3 中的属性值为list-style-type设置不同的列表符号，从而改变无序列表的样式。

例 6-6：设置 list-style-type 示例。

```
1  <!DOCTYPE html PUBLIC "-//W3C//DTD XHTML 1.0 Transitional//EN" "http://www.w3.org/TR/xhtml1/
   DTD/xhtml1-transitional.dtd">
2  <html xmlns="http://www.w3.org/1999/xhtml">
3  <head>
4  <meta http-equiv="Content-Type" content="text/html; charset=utf-8" />
5  <title>list-style-type</title>
6  <style type="text/css">
7  * { margin:0; padding:0; font-size:12px; }
8  p { font-size:14px; font-family:"幼圆"; margin:5px 0 0 5px; color:3333FF#; }
9  .all { width:300px; margin:10px 0 0 10px; border:1px dashed #FF0000; }
10 .all ul { margin-left:40px; list-style-type:disc; }
11 .all li { color:#00F; text-decoration:underline; margin:5px 0 5px 0;}
12 </style>
13 </head>
14
15 <body>
16     <div class="all">
17         <p>《山亭夏日》</p>
18         <ul>
19             <li>唐·高骈，描写山水风光的诗歌</li>
20             <li>绿树阴浓夏日长。对本句诗进行解读</li>
21             <li>楼台倒影入池塘。对本句诗进行解读</li>
22             <li>水晶帘动微风起。对本句诗进行解读</li>
23             <li>满架蔷薇一院香。对本句诗进行解读</li>
24         </ul>
25     </div>
26 </body>
27 </html>
```

在例 6-6 中，使用 list-style-type 属性设置无序列表的符号为实心圆形，将外层盒子<div>标记的边框设置为宽度 1px、虚线显示、红色。在浏览器中执行例 6-6 的程序，效果如图 6-11所示。

图 6-11　例 6-6 效果图

同样，使用 list-style-type 属性可以改变有序列表的样式，区别在于属性值不同。

例 6-7：使用 list-style-type 改变有序列表的样式。

```
1  <!DOCTYPE html PUBLIC "-//W3C//DTD XHTML 1.0 Transitional//EN" "http://www.w3.org/TR/xhtml1/
   DTD/xhtml1-transitional.dtd">
2  <html xmlns="http://www.w3.org/1999/xhtml">
3  <head>
4  <meta http-equiv="Content-Type" content="text/html; charset=utf-8" />
5  <title>list-style-type</title>
6  <style type="text/css">
7  * { margin:0; padding:0; font-size:12px; }
8  p { font-size:14px; font-family:"幼圆"; margin:5px 0 0 5px; border-bottom:1px solid #999; color:3333FF#; }
9  .all { width:300px; margin:10px 0 0 10px; border:1px dashed #FF0000; }
10 .all ol { margin-left:40px; list-style-type:decimal; }
11 .all li { color:#00F; text-decoration:underline; margin:5px 0 5px 0;}
12 </style>
13 </head>
14
15 <body>
16    <div class="all">
17       <p>《山亭夏日》</p>
18       <ol>
19          <li>唐·高骈，描写山水风光的诗歌</li>
20          <li>绿树阴浓夏日长。对本句诗进行解读</li>
21          <li>楼台倒影入池塘。对本句诗进行解读</li>
22          <li>水晶帘动微风起。对本句诗进行解读</li>
23          <li>满架蔷薇一院香。对本句诗进行解读</li>
24       </ol>
25    </div>
26 </body>
27 </html>
```

在例 6-7 中，第 10 行代码使用 list-style-type:decimal;属性设置有序列表的符号为十进制数，并且为段落设置了底部边框。在浏览器中执行例 6-7 的程序，效果如图 6-12 所示。

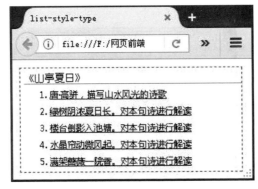

图 6-12   例 6-7 效果图

● list-style-image

使用 list-style-image 属性可以将列表符号设置为图像，该属性可以定义无序列表项或有序列表项的图像。

例 6-8：使用 list-style-image 属性将列表符号设置为图像。

```
1  <!DOCTYPE html PUBLIC "-//W3C//DTD XHTML 1.0 Transitional//EN" "http://www.w3.org/TR/xhtml1/
   DTD/xhtml1-transitional.dtd">
2  <html xmlns="http://www.w3.org/1999/xhtml">
3  <head>
4  <meta http-equiv="Content-Type" content="text/html; charset=utf-8" />
5  <title>list-style-image</title>
6  <style type="text/css">
7  ul { font-size:16px;
8        font-family:Arial, Helvetica, sans-serif;
9        list-style-type:none; }
10 li {   width:300px;
11        padding-left:1px;
12        list-style-image:url(images/icon.png);    }
13 </style>
14 </head>
15 <body>
16    <p>《山亭夏日》</p>
17    <ul>
18        <li>唐·高骈，描写山水风光的诗歌</li>
19        <li>绿树阴浓夏日长。对本句诗进行解读</li>
20        <li>楼台倒影入池塘。对本句诗进行解读</li>
21        <li>水晶帘动微风起。对本句诗进行解读</li>
22        <li>满架蔷薇一院香。对本句诗进行解读</li>
23    </ul>
24 </body>
25 </html>
```

在例 6-8 中，第 12 行代码使用 list-style-image:url(images/icon.png);属性设置列表的图像标志。在浏览器中执行例 6-8 的程序，效果如图 6-13 所示。

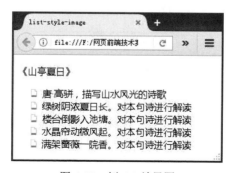

图 6-13　例 6-8 效果图

● list-style-position

在例 6-8 中为列表设置的图像标志通常显示在列表的外部，但是我们也可以将图像放置在文本之内，可以通过设置 list-style-position 来实现这种效果。

例 6-9：通过 list-style-position 设置列表位置。

```
1   <!DOCTYPE html PUBLIC "-//W3C//DTD XHTML 1.0 Transitional//EN" "http://www.w3.org/TR/xhtml1/
    DTD/xhtml1-transitional.dtd">
2   <html xmlns="http://www.w3.org/1999/xhtml">
3   <head>
4   <meta http-equiv="Content-Type" content="text/html; charset=utf-8" />
5   <title>list-style-position</title>
6   <style type="text/css">
7   ul {  font-size:16px;  font-family:Arial,  Helvetica,  sans-serif;  list-style-type:none;  list-style-image:url
    (images/icon.png); }
8   .one,.two { list-style-position:inside; }
9   .three { list-style-position:outside; }
10  </style>
11  </head>
12  <body>
13      <p>《山亭夏日》</p>
14      <ul>
15          <li class="one">唐·高骈所写山水诗歌</li>
16          <li class="two">描绘该首诗歌表示的意境</li>
17          <li class="three">绿树阴浓夏日长，楼台倒影入池塘。</li>
18          <li class="three">水晶帘动微风起，满架蔷薇一院香。</li>
19      </ul>
20  </body>
21  </html>
```

在例 6-9 中，第 8、9 行代码使用 list-style-position 属性设置列表的图像标志。其中，inside 表示将图像标志放在文本之内，outside 表示将图像标志放在文本之外，该值也为默认值。在浏览器中执行例 6-9 的程序，效果如图 6-14 所示。

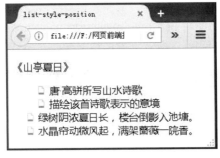

图 6-14　例 6-9 效果图

● list-style

在前面的例子中分别使用了 list-style-type、list-style-image、list-style-position 属性来设置列表的样式，由于列表的样式也是一个复合属性，因此可以直接使用 list-style 来综合设置列表样式，语法格式如下：

```
选择符{list-style:style;}
```

在该语法格式中 style 的取值可以为 list-style-type、list-style-image、list-style-position，其顺序可以任意排列。

例 6-10：list-style 的应用示例。

```
1    <!DOCTYPE html PUBLIC "-//W3C//DTD XHTML 1.0 Transitional//EN" "http://www.w3.org/TR/xhtml1/
     DTD/xhtml1-transitional.dtd">
2    <html xmlns="http://www.w3.org/1999/xhtml">
3    <head>
4    <meta http-equiv="Content-Type" content="text/html; charset=utf-8" />
5    <title>list-style</title>
6    <style type="text/css">
7    ul { font-size:16px; font-family:Arial, Helvetica, sans-serif; }
8    #one,#two { list-style:square inside url(images/icon.png); }
9    #three { list-style:none; }
10   </style>
11   </head>
12   <body>
13       <p>《山亭夏日》</p>
14       <ul>
15           <li id="one">唐·高骈所写山水诗歌</li>
16           <li id="two">描绘该首诗歌表示的意境</li>
17           <li id="three">绿树阴浓夏日长，楼台倒影入池塘。</li>
18           <li id="three">水晶帘动微风起，满架蔷薇一院香。</li>
19       </ul>
20   </body>
21   </html>
```

在例 6-10 中，第 8、9 行代码使用 list-style 属性设置列表的样式，列表项一、二设置列表综合样式为 list-style:square inside url(images/icon.png);，列表项三、四设置列表综合样式为 list-style:none;。在浏览器中执行例 6-10 的程序，效果如图 6-15 所示。

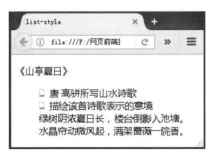

图 6-15　例 6-10 效果

由图 6-15 可以看出，使用 list-style 复合属性，在指定列表项符号的类型和图像时图像值的优先级较高。上面的例子同时设置了 square 和图像，但是只显示图像。

2．背景图像构造列表符号

在前面的例子中使用了 list-style-image 来定义列表前面的图像，由于这种定义方式对图像的控制能力不强，因此可以使用背景属性（background）来完成这个效果。

例 6-11：使用背景属性构造图像列表符号。

```
1   <!DOCTYPE html PUBLIC "-//W3C//DTD XHTML 1.0 Transitional//EN" "http://www.w3.org/TR/xhtml1/
    DTD/xhtml1-transitional.dtd">
2   <html xmlns="http://www.w3.org/1999/xhtml">
3   <head>
4   <meta http-equiv="Content-Type" content="text/html; charset=utf-8" />
5   <title>背景属性设置列表图像</title>
6   <style type="text/css">
7   li {height:26px;
8       line-height:26px;
9       padding-left:25px;
10      list-style:none;
11      background:url(images/icon.png) no-repeat left center;
12      }
13  </style>
14  </head>
15  <body>
16      <p>《山亭夏日》</p>
17      <ul>
18          <li id="one">唐·高骈所写山水诗歌</li>
19          <li id="two">描绘该首诗歌表示的意境</li>
20          <li id="three">绿树阴浓夏日长，楼台倒影入池塘。</li>
21          <li id="three">水晶帘动微风起，满架蔷薇一院香。</li>
22      </ul>
23  </body>
24  </html>
```

在例 6-11 中，首先第 10 行代码使用 list-style:none;清除列表的样式，再通过第 11 行代码设置背景图像定义列表项目图像。在浏览器中执行例 6-11 的程序，效果如图 6-16 所示。

6.2.3 实现过程

1．案例分析

如图 6-10 所示的"旅游产品推荐"由文字和文字前面的图像标志构成。文字和图像作为一个整体放在一个大盒子中，文字部分又包含一个标题和没有顺序要求的产品，可以使用段落标记和无序列

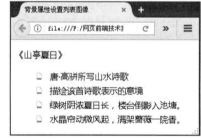

图 6-16　例 6-11 效果图

表来实现，列表前的图像可以使用列表的样式属性或背景属性来实现。为了更好地控制列表符号，该案例主要可用无序列表及背景图像来实现。

2．案例结构

（1）HTML 结构。"旅游产品推荐"可以看作无序列表，整体上由一个大盒子组成，用<div>标记进行定义，用<p>标记定义标题，用<ul>标记定义产品列表并添加列表项<li>。其结构如图 6-17 所示。

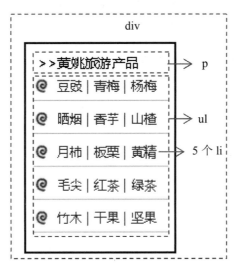

图 6-17　"旅游产品推荐"结构图

（2）CSS 样式。CSS 的设置主要包括以下几个方面：

1）为 div 大盒子添加宽高和边框样式，设置内外边距。

2）设置 p 标记的字体大小及左内边距。

3）为 li 设置宽高、行高、内外边距、底部边框，并设置背景属性以添加图标。

3．案例代码

（1）使用 HTML 标记来设置页面结构，具体代码如下：

```
1   <!DOCTYPE html PUBLIC "-//W3C//DTD XHTML 1.0 Transitional//EN" "http://www.w3.org/TR/xhtml1/
    DTD/xhtml1-transitional.dtd">
2   <html xmlns="http://www.w3.org/1999/xhtml">
3   <head>
4   <meta http-equiv="Content-Type" content="text/html; charset=utf-8" />
5   <title>旅游产品推荐</title>
6   </head>
7   <body>
8       <div class="all">
9       <p class="one">>>黄姚旅游产品</p>
10      <ul>
11          <li>豆豉 | 青梅 | 杨梅</li>
12          <li>晒烟 | 香芋 | 山楂</li>
13          <li>月柿 | 板栗 | 黄精</li>
14          <li>毛尖 | 红茶 | 绿茶</li>
15          <li>竹木 | 干果 | 坚果</li>
16      </ul>
17      </div>
18  </body>
19  </html>
```

（2）搭建完页面的结构后使用 CSS 样式对页面进行修饰，具体代码如下：

```
1   * { padding:0; margin:0; list-style:none;}
2   /*全局控制*/
3   body{font-size:16px; font-family:"微软雅黑";}
4   .all{
5       width:170px;
6       height:240px;
7       margin:5px auto;
8       border:3px solid #603;
9       padding:10px;
10  }
11  .one { padding-left:5px; font-size:18px; }
12  li{
13      width:142px;
14      height:35px;
15      line-height:35px;
16      padding-left:30px;
17      margin:0 auto 5px;
18      color:#613e72;
19      border-bottom:1px solid #CCC;
20      background:url(images/dot.gif) no-repeat 3px center;
21  }
```

在浏览器中执行程序，效果如图 6-18 所示。

图 6-18 "旅游产品推荐"的效果图

6.3 案例 18：首页旅游攻略导航

案例 18：首页旅游
攻略导航

6.3.1 案例描述

通常制作一个网站时都需要在页面顶部放置一个导航栏，方便用户使用，它既可以把不同页面联系起来，又可以让浏览者在浏览网站时清晰地了解整个网站的内容，快速地从一个页面跳转到另一个页面，迅速找到所需要的资源。本节将运用列表和超链接的相关知识制作一个

"首页旅游攻略导航"，其效果如图 6-19 所示。当鼠标指针移动经过一个菜单时，其外观样式和背景图像会变化，如图 6-20 所示。

| 首　页 | 景区简介 | 路线选择 | 景区门票 | 吃在黄姚 | 关于我们 |

图 6-19　"首页旅游攻略导航"效果图

| 首　页 | 景区简介 | 路线选择 | 景区门票 | 吃在黄姚 | 关于我们 |

图 6-20　鼠标经过导航菜单时的效果图

6.3.2　相关知识

1．超链接标记

在实际的网站中，要完整地实现其功能，都要用到超链接，这样就可以通过单击文本、图像或其他的对象从一个页面跳转到另一个页面。在 HTML 中创建超链接的标记是<a></a>，超链接可以指向网页、图像、视频等。创建超链接的语法格式如下：

```
<a href="目标地址 url" target="目标窗口">文本或图像</a>
```

在上述的语法格式中，<a>标记是一个行内标记，用于定义超链接，其中：

- href：用于定义超链接目标地址 URL，该目标地址是一个链接路径，可以是相对路径或绝对路径，是必须有的一个属性。
- target：用于指定打开目标链接页面窗口的方式，target 常用的属性值见表 6-4。

表 6-4　target 常用的属性值

属性名	属性值	属性描述
target	_self（默认值）	在当前窗口中打开链接目标
	_blank	在新窗口中打开链接目标
	_top	在顶层框架打开网页
	_parent	在当前框架的上一层打开网页

例 6-12：创建一个超链接用于指向目标地址。

```
1  <!DOCTYPE html PUBLIC "-//W3C//DTD XHTML 1.0 Transitional//EN" "http://www.w3.org/TR/xhtml1/
   DTD/xhtml1-transitional.dtd">
2  <html xmlns="http://www.w3.org/1999/xhtml">
3  <head>
4  <meta http-equiv="Content-Type" content="text/html; charset=utf-8" />
5  <title>创建超链接</title>
6  </head>
7  <body>
8  <a href="introduce.html" target="_self">景点介绍</a>
9  <a href="contact.html" target="_blank">联系方式</a>
10 <a href="images/hy1.jpg" target="_blank"><img src="images/hy1.jpg" width="100" height="90"/></a>
11 <a href="https://www.baidu.com/" target="_blank">链接到百度</a>
12 </body>
13 </html>
```

　　在例 6-12 中，使用<a>标记创建了 4 个超链接并指定不同的链接目标和窗口打开方式。在浏览器中执行例 6-12 的程序，效果如图 6-21 所示。

图 6-21　例 6-12 效果图

　　在图 6-21 中可以看出，创建超链接后文本会自动添加下划线，当鼠标指针移动到超链接上时页面的下方会显示超链接的地址，单击"景点介绍"会在当前窗口打开链接页面，单击"联系方式"、图片、"链接到百度"都会在新窗口打开链接页面。

　　2. 锚点链接

　　在超链接中，有一种特殊的超链接，叫作锚点链接。如果一个页面包含的内容很多，要想在页面里快速找到自己需要的内容，则可以通过锚点链接来到达当前页的其他位置。创建锚点链接时，需要在目标文件中定义一个锚点，标识超链接跳转的位置，然后创建超链接。

　　建立锚点的语法格式如下：

```
<a name="锚点名称">文本内容</a>
```

　　建立锚点后就可以创建到锚点的链接，语法格式如下：

```
<a href="#锚点名称">文本或图像</a>
```

　　例 6-13：创建锚点链接。

```
1   <!DOCTYPE html PUBLIC "-//W3C//DTD XHTML 1.0 Transitional//EN" "http://www.w3.org/TR/xhtml1/
    DTD/xhtml1-transitional.dtd">
2   <html xmlns="http://www.w3.org/1999/xhtml">
3   <head>
4   <meta http-equiv="Content-Type" content="text/html; charset=utf-8" />
5   <title>创建锚点链接</title>
6   <style type="text/css">
7   p { text-indent:2em; }
8   </style>
9   </head>
10  <body>
11  醉黄姚：<br /><br />
12  <a href="#ch1">邂逅黄姚</a><br />
13  <a href="#ch2">再遇黄姚</a><br />
14  <a href="#ch3">邮走黄姚</a><br />
15  <br /><br /><br /><br /><br /><br /><br /><br />
16  <h3><a name="ch1">邂逅黄姚</a></h3>
17  <p>我遇见你，在你最美的时刻。在三月。</p>
18  <p>夜幕降临，夜色夹着细雨，整个古镇被一层黑色的轻纱笼罩着，古镇的夜晚是宁静的，是安详的，
    夜晚的青石大街没有白天的喧嚣，只有每家每户门前的灯盏为那青石街道和寂寥的行人照明。</p>
```

```
19  <br /><br /><br /><br /><br /><br /><br /><br />
20  <h3><a name="ch2">再遇黄姚</a></h3>
21  <p>再次见你，在今年五月。</p>
22  <p>五月已是暮春时节，也略带几分夏的燥热，但暮春的黄姚古镇也别有一番韵味。走进古镇，在石板
    路旁守卫着古镇的两株参天大榕树已经长得郁郁葱葱了。树下许多人在写生，那些写生的人专注认真的
    样子，似乎是想要把古镇的美嵌入画中一样。</p>
23  <br /><br /><br /><br /><br /><br /><br /><br />
24  <h3><a name="ch3">邮走黄姚</a></h3>
25  <p>两次的不期而遇，让我更加迷恋你，只想把你邮给喜欢的人。
26  黄姚是恬静的，是美丽的。黄姚，千年一梦的黄姚，多少异乡人远道而来，只为一睹你的风采。但淳朴
    的黄姚人，为其他不能亲自到黄姚古镇的人也精心准备了黄姚的专属的明信片。</p>
27  <p>青石雨巷、古色老屋、小桥流水……</p>
28  <p>叫我如何不醉黄姚。</p>
29  </body>
30  </html>
```

在例 6-13 中，使用 "<a name="锚点名称">文本</a>" 建立了锚点，然后用 "<a href="#锚点名称">文本</a>" 创建了 3 个超链接。在浏览器中执行例 6-13 的程序，效果如图 6-22 所示。

图 6-22　创建锚点链接

网页页面内容较多，如果要直接读某一个内容，如 "邮走黄姚"，单击 "邮走黄姚" 链接文本就会自动定位到相应内容的部分，如图 6-23 所示。

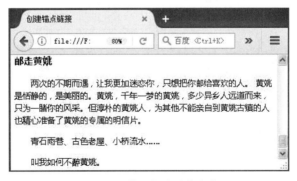

图 6-23　使用锚点链接定位

3. 超链接伪类

在超链接中，可以用不同的方法为链接设置样式。能够设置链接样式的 CSS 属性有很多

种，例如 color、font-family、background、underline 等。链接的特殊性在于能够根据它们所处的状态来设置样式。

（1）超链接伪类的 4 种状态。

● a:link：普通的、未被访问的链接。

● a:visited：用户已访问的链接。

● a:hover：鼠标指针经过超链接时的样式。

● a:active：激活，即链接被单击时的样式。

需要注意的是，为链接的不同状态设置样式时需要按照以下次序：a:link、a:visited、a:hover、a:active。通常对 a:link、a:visited 使用相同的样式设置，而 a:active 一般显示的情况很少，因此很少使用。

（2）几种常见的链接样式设置。

1）颜色设置 color。

```
a:link {color:#FF0000;}      /* 未被访问的链接 */
a:visited {color:#FF0000;}   /* 已被访问的链接 */
a:hover {color:#FF00FF;}     /* 鼠标指针移动到链接上 */
a:active {color:#0000FF;}    /* 正在被单击的链接 */
```

2）文本修饰 text-decoration。

```
a:link {text-decoration:none;}
a:visited {text-decoration:none;}
a:hover {text-decoration:underline;}
a:active {text-decoration:underline;}
```

3）背景色 background-color。

```
a:link {background-color:#FFFF85;}
a:visited {background-color:#FFFF85;}
a:hover {background-color:#FF704D;}
a:active {background-color:#FF704D;}
```

例 6-14：演示超链接伪类的不同显示效果。

```
1  <!DOCTYPE html PUBLIC "-//W3C//DTD XHTML 1.0 Transitional//EN" "http://www.w3.org/TR/xhtml1/
   DTD/xhtml1-transitional.dtd">
2  <html xmlns="http://www.w3.org/1999/xhtml">
3  <head>
4  <meta http-equiv="Content-Type" content="text/html; charset=utf-8" />
5  <title>超链接伪类</title>
6  <style type="text/css">
7  a:link,a:visited {
8    color:#A62020;
9        background-color:#DDD;
10       text-decoration:none;
11       padding:4px 10px;
12       }
13  a:hover {
14    color:#821818;
15       background-color:#CCC;
```

```
16        border-top:1px solid #717171;
17        border-bottom:1px solid #EEEEEE;
18        text-decoration:underline;
19  }
20  a:active {
21        color:#0FF;
22  }
23  </style>
24  </head>
25  <body>
26  <a href="#">首页</a>
27  <a href="#">景区简介</a>
28  <a href="#">门票预订</a>
29  <a href="#">酒店预订</a>
30  <a href="#">联系我们</a>
31  </body>
32  </html>
```

在例 6-14 中，通过超链接 CSS 伪类设置了超链接不同状态的样式，使用 a:link、a:visited 设置了颜色、背景颜色、下划线效果及内边距，并设置了鼠标指针经过和按下时的样式，程序运行效果如图 6-24 所示。

图 6-24　超链接伪类默认效果

当鼠标指针经过"景区简介"链接文本时效果如图 6-25 所示，当单击"景区简介"链接文本并按住不动时效果如图 6-26 所示。

图 6-25　鼠标经过时链接样式

图 6-26　鼠标按住不动时的效果

6.3.3 实现过程

1．案例分析

如图 6-19 所示的"首页旅游攻略导航"是一个网页的重要组成部分，浏览者可以通过导航轻松地实现信息查找。在导航栏中显示了一列项目列表，需要将列表水平显示，每个选项都是超链接菜单，并要实现超链接不同的样式。因此该案例主要通过列表及超链接和 CSS 伪类来实现。

2．案例结构

（1）HTML 结构。"首页旅游攻略导航"结构比较简单，可以看作无序列表，整体上用 \<ul\>标记进行定义，用\<li\>添加列表项，然后用\<a\>标记为每个列表项定义超链接。其结构如图 6-27 所示。

图 6-27 "首页旅游攻略导航"结构图

（2）CSS 样式。CSS 的设置主要包括以下几个方面：

1）为 ul 大盒子设置宽高、背景属性及外边距。

2）设置 li 标记的宽高、行高、文本对齐方式，并设置左浮动，使其水平显示。

3）为 a 标记设置文本样式、背景属性，并显示为块元素。

4）通过 CSS 伪类控制超链接样式的动态效果。

3．案例代码

（1）使用 HTML 标记来设置页面结构，具体代码如下：

```
1  <!DOCTYPE html PUBLIC "-//W3C//DTD XHTML 1.0 Transitional//EN" "http://www.w3.org/TR/xhtml1/
   DTD/xhtml1-transitional.dtd">
2  <html xmlns="http://www.w3.org/1999/xhtml">
3  <head>
4  <meta http-equiv="Content-Type" content="text/html; charset=utf-8" />
5  <title>无标题文档</title>
6  </head>
7  <body>
8      <ul class="nav">
9          <li><a href="#">首    页</a></li>
10         <li><a href="#">景区简介</a></li>
11         <li><a href="#">路线选择</a></li>
12         <li><a href="#">景区门票</a></li>
13         <li><a href="#">吃在黄姚</a></li>
14         <li><a href="#">关于我们</a></li>
15     </ul>
16 </body>
17 </html>
```

（2）搭建完页面的结构后使用 CSS 样式对页面进行修饰，具体代码如下：

```
1  body,ul,li{ margin: 0; padding: 0;   list-style: none;}
2  .nav{ width:1200px; height: 40px; background: #ddd; margin:50px auto; }
3  .nav li{width:200px; float:left;   height: 40px; line-height: 40px; text-align: center}
4  .nav li a{   display: block; background: #f35049; color: #fff; font-size: 18px; font-weight: bold; text-decoration:
   none; letter-spacing:8px;    }
5  .nav li a:hover{text-decoration: underline; background: #fff; color:#F00; }
```

在浏览器中执行程序，效果如图 6-28 所示。

图 6-28　"首页旅游攻略导航"效果图

当鼠标指针经过路线选择时其超链接样式发生如图 6-29 所示的变化。

图 6-29　鼠标指针经过导航菜单时的效果图

6.4　案例综合练习

结合本章学过的内容制作如图 6-30 所示的列表导航菜单效果图。

（a）初始导航效果　　　　　　　　　（b）鼠标指针经过效果

图 6-30　列表导航菜单

第 7 章 表格与表单

- 掌握表格的创建，能进行表格样式的控制，并使用表格布局网页。
- 掌握表单标记及其相关控件的用法，并进行表单样式的控制。

在网页设计中，表格与表单是重要的元素。利用表格可以使数据有条理、清晰地显示，可以对网页进行布局，精确地控制网页各个元素在网页中的位置。而表单主要用于获取浏览者相关的数据信息，与用户进行交互，如注册、登录、提交相关信息、发表评论等。本章主要介绍表格与表单的相关知识。

7.1 案例 19：黄姚土特产销售表

7.1.1 案例描述

在传统的网页设计中，表格占有重要地位，一直受到设计者的青睐。它除了可以显示数据、制作产品销售表等，还可以用来排版网页，使网页美观、条理清晰。若表格数据比较多，就会比较凌乱，可对表格进行设置，实现不同的背景色交替变化，使它看上去更为精致。本节运用表格相关标记和 CSS 样式设置制作"黄姚土特产销售表"，图 7-1 为"黄姚土特产销售表"效果图。

黄姚土特产销售表					
产品名称	产品编号	产地	价格	外观	重量
豆豉	C10001	黄姚	￥120.00	精包装	6.03kg
黄梅酱	C10002	黄姚	￥100.00	精包装	4.60kg
黄精	C10003	黄姚	￥108.00	精包装	5.80kg
香芋	C10004	黄姚	￥145.00	精包装	9.20kg
总计	￥473.00 包邮				

图 7-1 "黄姚土特产销售表"效果图

7.1.2 相关知识

1. 表格

表格在网站应用中非常广泛，它通过行列的形式将内容直观形象地表达出来，结构紧凑且包含的信息量大，因此几乎所有的 HTML 页面中都或多或少地采用了表格。表格的另一个作用是可以方便灵活地对网页进行排版。表格的单元格可以放置不同的网页元素，如导航栏、文字、图像、列表等，实现对这些相互关联的元素有序排列。

　　表格属于结构性对象，一个表格包括行、列和单元格 3 个部分。在 HTML 网页中创建表格需要通过相应的标记来定义。创建表格的基本语法格式如下：

```
<table>
    <tr>
        <td>单元格内容</td>
        …
    </tr>
    <tr>
        <td>单元格内容</td>
        …
    </tr>
    …
</table>
```

　　在上述语法格式中，包含 3 个标记，分别是<table>、<tr>和<td>标记，创建一个表格至少要包含这 3 个标记，缺一不可。具体描述如下：

- <table>标记：用于声明一个表格对象。
- <tr>标记：用于声明一行，表格中所有<tr>标记都必须放到<table>标记对中，一个<table>标记可以包含一对或多对<tr>标记。
- <td>标记：用于声明一个单元格，<td>标记必须放到<tr>标记对中，一个<tr>标记可以包含一对或多对<td>标记。

　　了解了表格的基本语法及其标记的含义，下面来创建一个简单的表格。

　　例 7-1：了解表格的基本语法及其标记的含义。

```
1   <!DOCTYPE html PUBLIC "-//W3C//DTD XHTML 1.0 Transitional//EN" "http://www.w3.org/TR/xhtml1/
    DTD/xhtml1-transitional.dtd">
2   <html xmlns="http://www.w3.org/1999/xhtml">
3   <head>
4   <meta http-equiv="Content-Type" content="text/html; charset=utf-8" />
5   <title>创建表格</title>
6   </head>
7   <body>
8   <table border="1">
9       <tr>
10          <td>内容 1</td>
11          <td>内容 2</td>
12          <td>内容 3</td>
13          <td>内容 4</td>
14      </tr>
15      <tr>
16          <td>内容 5</td>
17          <td>内容 6</td>
18          <td>内容 7</td>
19          <td>内容 8</td>
20      </tr>
21      <tr>
```

```
22          <td>内容 9</td>
23          <td>内容 10</td>
24          <td>内容 11</td>
25          <td>内容 12</td>
26      </tr>
27  </table>
28  </body>
29  </html>
```

在例 7-1 中，使用表格相关的标记定义了一个 3 行 4 列的表格，为了显示表格特性，对 <table>标记设置了边框属性 border。执行例 7-1 的程序，结果如图 7-2 所示。

图 7-2   例 7-1 效果图

在图 7-2 中，可以清晰地看到表格的行列划分，这是因为使用了边框属性 border。如果去掉 border 属性，就不会显示边框，但是表格的内容依然有序地排列，即默认情况下表格边框为 0，其宽度和高度由表格中的内容撑开。

需要注意的是，要在表格中显示的内容（包括嵌套表格<table>）都应放到单元格<td>标记对中，而<tr>标记中只能放置<td>标记。

2. <table>标记

大多数 HTML 标记都具有相应的属性，用于设置相关的样式。而<table>标记也具有一系列的属性，设置相应的属性可以控制表格的显示样式。表格标记常用的属性见表 7-1。

表 7-1   表格标记常用属性

属性名	属性描述	属性值
align	设置表格在网页中的水平对齐方式，不推荐使用	left、right、center，常用于样式设置
border	设置表格边框的宽度	px，默认为 0
cellpadding	设置单元格内容与单元格边框之间的空白间距	px、%，默认为 1
cellspacing	设置单元格之间的空白间距	px、%，默认为 2
width	设置表格的宽度	px、%
height	设置表格的高度	px、%
bgcolor	设置表格的背景颜色，不推荐使用，可用样式代替	预定义的颜色值、十六进制#RGB、rgb(r,g,b)
background	设置表格的背景图像	url

表 7-1 中给出了表格标记的常用属性，下面对其进行具体介绍。

（1）align 属性。大多数块元素都具有 align 属性，为表格标记<table>设置 align 表示控制水平的对齐方式，其属性值为 left、right、center，默认为 left 值。在例 7-1 中对第 8 行代码进行如下修改：

```
<table border="1" align="center">
```

保存程序并在浏览器中执行，效果如图 7-3 所示。

（2）border 属性。表格边框默认情况下值为 0，可通过表格的 border 属性在 CSS 中设置表格边框。例 7-1 中 border 的值为 1，其效果如图 7-2 所示。对例 7-1 中第 8 行代码进行如下修改：

```
<table border="6" align="center">
```

保存程序并在浏览器中执行，效果如图 7-4 所示。

图 7-3　设置表格水平居中对齐

图 7-4　设置表格边框效果

由图 7-3 和图 7-4 可以看出，设置了表格的边框属性后，只影响表格四周的边框宽度即外边框，并不影响单元格之间的边框尺寸，即内边框的宽度仍然为 1。

（3）cellpadding 与 cellspacing 属性。cellpadding 属性用于设置单元格内容与单元格边框之间的空白间距，其默认值为 1。cellpadding 与盒子模型的内边距 padding 类似，表示内容在单元格中的距离。

cellspacing 属性用于设置单元格之间的空白间距，其默认值为 2。cellspacing 与盒子模型的外边距 margin 类似，表示单元格与单元格之间的距离。对例 7-1 中的第 8 行代码进行如下修改：

```
<table border="6" align="center" cellpadding="10" cellspacing="5">
```

保存程序并在浏览器中执行，效果如图 7-5 所示。

图 7-5　设置 cellpadding、cellspacing 属性效果

单元格中的内容与单元格边框之间的空白间距为 10px，单元格与单元格、单元格与表格

边框之间的空白间距为 5px。

（4）width 和 height 属性。在默认情况下，单元格的宽度和高度会根据内容自动调整，如果需要修改表格的宽度和高度，可以使用表格的 width 和 height 属性，也可以通过<td>标记的 width 和 height 属性来调整单元格的宽度和高度。对例 7-1 中的第 8 行代码进行如下修改：

```
<table border="6" align="center" cellpadding="10" cellspacing="5" width="360" height="180">
```

保存程序并在浏览器中执行，会发现表格按设定的宽 360px、高 180px 显示。

（5）bgcolor 和 background 属性。给表格添加背景色可以美化表格。bgcolor 属性用来设置表格的背景色，该属性的设置是针对整个表格的。除了可以设置表格的背景色之外，还可以设置表格的背景图片。对例 7-1 中的第 8 行代码进行如下修改：

```
<table border="6" align="center" cellpadding="10" cellspacing="5" width="360" height="180" bgcolor="#CCC" background="images/bg.jpg">
```

保存程序并在浏览器中执行，效果如图 7-6 所示。

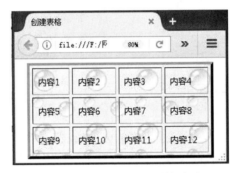

图 7-6　设置表格背景属性效果

由图 7-6 可以看出，图像在表格中沿水平和垂直方向平铺，充满整个表格。

需要注意的是，应重点掌握 cellpadding 与 cellspacing 属性，因为表 7-1 中的其他属性都可以使用 CSS 样式进行设置。

3.　<tr>标记

使用<table>标记可以从整体上对表格进行设置，但有时根据网页布局效果，需要对表格中的行进行属性设置。<tr>标记定义 HTML 表格中的行，设置<tr>标记属性值可以控制表格中行的显示效果，<tr>标记常用的属性及其含义见表 7-2。

表 7-2　<tr>标记常用属性

属性名	属性描述	属性值
align	设置表格一行内容的水平对齐方式	left、right、center
valign	设置表格一行内容的垂直对齐方式	top、middle、bottom
height	设置行高度	px
bgcolor	设置表格行的背景颜色	预定义的颜色值、十六进制#RGB、rgb(r,g,b)
background	设置表格行的背景图像	url

表 7-2 给出了<tr>标记常用属性及其值，可以看出大部分属性与<table>标记的属性相同，用法类似。

例 7-2：使用表格的行属性进行设置示例。

```
1   <!DOCTYPE html PUBLIC "-//W3C//DTD XHTML 1.0 Transitional//EN" "http://www.w3.org/TR/xhtml1/
    DTD/xhtml1-transitional.dtd">
2   <html xmlns="http://www.w3.org/1999/xhtml">
3   <head>
4   <meta http-equiv="Content-Type" content="text/html; charset=utf-8" />
5   <title>tr 标记</title>
6   </head>
7   <body>
8   <table border="1" align="center" width="300">
9       <tr align="center" valign="middle" height="45" bgcolor="#FF99FF">
10      <td>学号</td>
11      <td>姓名</td>
12      <td>性别</td>
13      <td>网页成绩</td>
14      </tr>
15      <tr>
16      <td>1001</td>
17      <td>张三</td>
18      <td>男</td>
19      <td>90</td>
20      </tr>
21      <tr>
22      <td>1001</td>
23      <td>李四</td>
24      <td>男</td>
25      <td>89</td>
26      </tr>
27      <tr>
28      <td>1001</td>
29      <td>李菲</td>
30      <td>女</td>
31      <td>88</td>
32      </tr>
33  </table>
34  </body>
35  </html>
```

在例 7-2 中，第 8、9 行代码分别对表格标记<table>和行标记<tr>设置相应的属性，用来控制表格和第一行内容的样式。执行例 7-2 的程序，效果如图 7-7 所示。

在图 7-7 中，表格宽度及边框宽度为 300px、1px，且水平居中显示。表格第一行内容水平居中、垂直居中对齐，行高为 45px，并显示行背景颜色。

需要注意的是，<tr>标记没有宽度属性 width，它的宽度依赖于表格标记<table>。另外，<tr>标记的属性可用 CSS 样式属性进行设置。

图 7-7   例 7-2 效果图

4. <td>标记

设置<tr>标记的属性可以控制表格中行的显示样式，而有的时候仅需要对单元格进行设置，这时可以使用<td>标记中的属性来设置表格中标准单元格的一些特性。<td>标记常用的属性及其含义见表 7-3。

表 7-3   <td>标记常用属性

属性名	属性描述	属性值
align	设置单元格内容的水平对齐方式	left、right、center
valign	设置单元格内容的垂直对齐方式	top、middle、bottom
width	设置单元格的宽度	px
height	设置单元格的高度	px
bgcolor	设置单元格的背景颜色	预定义的颜色值、十六进制#RGB、rgb(r,g,b)
background	设置单元格的背景图像	url
colspan	设置单元格横跨的列数，合并左右单元格	正整数
rowspan	设置单元格竖跨的行数，合并上下单元格	正整数

表 7-3 给出了<td>标记常用属性及其值，其中大部分属性与<tr>标记的属性相同，用法类似。但是<td>标记具有 width、colspan、rowspan 属性，下面对表格的单元格属性进行设置。

例 7-3：表格的单元格属性设置示例。

```
1   <!DOCTYPE html PUBLIC "-//W3C//DTD XHTML 1.0 Transitional//EN" "http://www.w3.org/TR/xhtml1/
    DTD/xhtml1-transitional.dtd">
2   <html xmlns="http://www.w3.org/1999/xhtml">
3   <head>
4   <meta http-equiv="Content-Type" content="text/html; charset=utf-8" />
5   <title>td 标记</title>
6   </head>
7   <body>
8   <table border="1" align="center" width="300">
9       <tr align="center" valign="middle" height="45" bgcolor="#FF99FF">
10      <td colspan="2">学号/姓名</td>
11          <td>性别</td>
12          <td>课程</td>
13      </tr>
```

```
14        <tr>
15          <td>1001</td>
16          <td>张三</td>
17          <td>男</td>
18          <td rowspan="3" align="center">网页设计</td>
19        </tr>
20        <tr>
21          <td>1001</td>
22          <td>李四</td>
23          <td>男</td>
24        </tr>
25        <tr>
26          <td>1001</td>
27          <td>李菲</td>
28          <td>女</td>
29        </tr>
30      </table>
31    </body>
32  </html>
```

在例 7-3 中，第 10 行代码设置了 colspan="2"，即 "学号/姓名" 水平合并两列，第 18 行代码设置了 rowspan="3"，即 "网页设计" 竖直合并 3 行，居中对齐，并去掉合并的单元格标记。执行例 7-3 的程序，效果如图 7-8 所示。

图 7-8　例 7-3 效果图

需要注意的是，对<td>标记设置 width 属性，则该列中的所有单元格都显示设置值的宽度；对<td>标记设置 height 属性，则该行中的所有单元格都显示设置值的高度。同样地，对<td>标记的属性，重点掌握 colspan 和 rowspan 即可，其他均可用 CSS 样式属性设置。

5. 表格的结构

前面讲述了表格中最基本的三种标记<table>、<tr>和<td>标记，使用它们可以创建最简单的表格。为了让表格结构更清晰，并使用 CSS 样式来制作丰富的表格，且使用表格进行布局，通常将表格划分为表格标题、表头、主体、页脚，用于定义网页中不同的部分。

● <caption>标记：有时，为了表格表达方便，需要在表格的上面加上一个标题。<caption>标记表示表格的标题，将<caption>标记放置于表格开始标记<table>之后，即可添加标题。

● <th>标记：在一行中，除了<td>标记表示一个单元格以外，<th>标记也可表示该单元格是这一行的"行头"。表头一般位于表格的第一行或第一列，其文本加粗。设置表头时，用表头<th>标记代替相应的单元格标记<td>即可，<th>标记和<td>标记的用法相同。

- <thead>标记：<thead>标记用来定义表格的头部，它位于一对<table>之中。一个表格只能定义一对<thead>标记。
- <tbody>标记：<tbody>标记用来定义表格的主体，它位于一对<table>之中。一个表格可以定义多对<tbody>标记。
- <tfoot>标记：<tfoot>标记用来定义表格的页脚，它位于一对<table>之中。一个表格只能定义一对<tfoot 标记。

了解了表格的结构及其相关标记，下面来创建一个简单的网页布局。

例 7-4：利用表格布局网页示例。

```
1   <!DOCTYPE html PUBLIC "-//W3C//DTD XHTML 1.0 Transitional//EN" "http://www.w3.org/TR/xhtml1/
    DTD/xhtml1-transitional.dtd">
2   <html xmlns="http://www.w3.org/1999/xhtml">
3   <head>
4   <meta http-equiv="Content-Type" content="text/html; charset=utf-8" />
5   <title>表格布局网页</title>
6   <style type="text/css">
7   .tab { border-collapse:collapse; }
8   </style>
9   </head>
10  <body>
11      <table border="1" width="800" align="center" cellpadding="0" cellspacing="0" class="tab">
12          <caption>表格的标题</caption>
13          <thead>
14              <tr>
15                  <td colspan="5" height="50">LOGO</td>
16              </tr>
17              <tr>
18                  <th><a href="#">首页</a></th>
19                  <th><a href="#">公司简介</a></th>
20                  <th><a href="#">网上商城</a></th>
21                  <th><a href="#">公司文化</a></th>
22                  <th><a href="#">联系我们</a></th>
23              </tr>
24          </thead>
25          <tfoot>
26              <tr>
27                  <td colspan="5" align="center">页脚底部&copy;版权所有</td>
28              </tr>
29          </tfoot>
30          <tbody>
31              <tr>
32                  <td height="50">栏目一</td>
```

33	\<td colspan="5" rowspan="4" align="center">主体内容区域\</th>
34	\</tr>
35	\<tr>
36	\<td height="50">栏目二\</td>
37	\</tr>
38	\<tr>
39	\<td height="50">栏目三\</td>
40	\</tr>
41	\<tr>
42	\<td height="50">栏目四\</td>
43	\</tr>
44	\</tbody>
45	\</table>
46	\</body>
47	\</html>

在例 7-4 中，第 7 行代码设置了 border-collapse:collapse;，表示相邻单元格之间的两条边框重合为一条边框，边框粗细为 1px。\<caption>设置表格的标题；\<thead>设置表头，第一行设置 Logo，第二行添加超链接；\<tfoot>设置页脚底部；\<tbody>部分包含 4 行，并设置 colspan、rowspan 实现跨列及跨行显示。执行例 7-4 的程序，效果如图 7-9 所示。

图 7-9 例 7-4 效果图

7.1.3 实现过程

1. 案例分析

在如图 7-1 所示的"黄姚土特产销售表"效果图中，整个表格用\<table>标记定义，包含表格的标题、表头、主体和页脚几部分，可通过表格结构的相关标记及其属性来定义。并且标题表现样式不同，表头和页脚表现样式一样，主体部分行的背景色隔行显示。因此该案例主要可用于表格结构标记和 CSS 样式实现。

2. 案例结构

（1）HTML 结构。使用 HTML 标记来设置页面结构，\<table>标记定义整个表格，\<caption>标记定义表格标题，\<thead>、\<tbody>、\<tfoot>标记分别定义表头、主体和页脚。其中第一行为表头，<tr>标记嵌套在<thead>中，<th>表示单元格为"行头"；<tbody>部分包含 4 行，第一列为"行头"，<td>标记设置 5 个单元格；<tfoot>包含两个单元格，第二个单元格设置 colspan="5"实现跨列显示。其结构如图 7-10 所示。

图 7-10 "黄姚土特产销售表"结构图

（2）CSS 样式。CSS 的设置主要包括以下几个方面：

1）对表格的整体和标题进行控制，对<table>设置宽度、边框、字体及外边距等，标题通过<caption>设置字体大小、颜色、背景色和行高。

2）控制单元格样式，分别设置<thead>、<tfoot>、<tbody>部分行的背景颜色。

3）设置单元格的边框、底部及右边框边框颜色、内边距属性。

4）在<tbody>标记的偶数行增加一个类 bgse，设置与其他单元格不同的颜色。

3. 案例代码

（1）使用 HTML 标记来设置页面结构，具体代码如下：

```
1    <!DOCTYPE html PUBLIC "-//W3C//DTD XHTML 1.0 Transitional//EN" "http://www.w3.org/TR/xhtml1/
     DTD/xhtml1-transitional.dtd">
2    <html xmlns="http://www.w3.org/1999/xhtml">
3    <head>
4    <meta http-equiv="Content-Type" content="text/html; charset=utf-8" />
5    <title>黄姚土特产销售表</title>
6    </head>
7    <body>
8        <table cellpadding="0">
9            <caption>黄姚土特产销售表</caption>
10           <thead>
11               <tr>
12                   <th>产品名称</th>
13                   <th>产品编号</th>
14                   <th>产地</th>
15                   <th>价格</th>
16                   <th>外观</th>
17                   <th>重量</th>
18               </tr>
```

```
19          </thead>
20          <tbody>
21              <tr>
22                  <th>豆豉</th>
23                  <td>C10001</td>
24                  <td>黄姚</th>
25                  <td>¥120.00</th>
26                  <td>精包装</th>
27                  <td>6.03kg</th>
28              </tr>
29              <tr class="bgse">
30                  <th>黄梅酱</th>
31                  <td>C10002</td>
32                  <td>黄姚</th>
33                  <td>¥100.00</th>
34                  <td>精包装</th>
35                  <td>4.60kg</th>
36              </tr>
37              <tr>
38                  <th>黄精</th>
39                  <td>C10003</td>
40                  <td>黄姚</th>
41                  <td>¥108.00</th>
42                  <td>精包装</th>
43                  <td>5.80kg</th>
44              </tr>
45              <tr class="bgse">
46                  <th>香芋</th>
47                  <td>C10004</td>
48                  <td>黄姚</th>
49                  <td>¥145.00</th>
50                  <td>精包装</th>
51                  <td>9.20kg</th>
52              </tr>
53          </tbody>
54          <tfoot>
55              <tr>
56                  <th>总计</th>
57                  <th colspan="5">¥473.00  包邮</th>
58              </tr>
59          </tfoot>
60      </table>
61 </body>
62 </html>
```

（2）搭建完页面的结构后使用 CSS 样式对页面进行修饰，具体代码如下：

```
1   table { width:500px; border:1px solid #333; font:Arial, Helvetica, sans-serif 12px; margin:5px auto; }
```

```
2   table caption { font-size:24px; color:#FFF; background:#777; line-height:36px; }
3   thead tr,tfoot tr { background:#FFF; }
4   tbody tr { background-color:#CCC; text-align:center; }
5   th,td { border:2px solid #EEE; border-bottom-color:#666; border-right-color:#666; padding:5px; }
6   tbody tr.bgse { background:#AAA; }
```

在浏览器中执行程序，效果如图 7-11 所示。

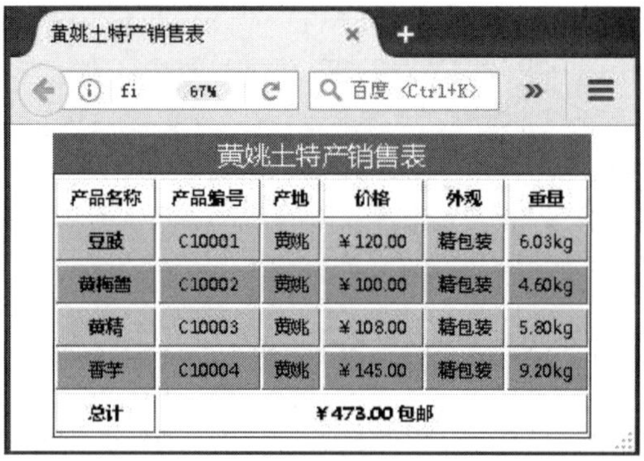

图 7-11　"黄姚土特产销售表"效果图

7.2　案例 20：注册界面

案例 20：注册界面

7.2.1　案例描述

为了在网站上获取浏览者的信息，通常需要应用表单的各种元素设计开发一个注册界面，方便统一收集用户信息及日后用户的登录使用。一个简洁高效的用户注册界面不仅能够吸引客户，而且可以带来良好的用户体验。用户注册界面通常包括用户、用户密码、验证码等功能模块。本节运用表单的相关知识来模仿制作一款注册界面，图 7-12 为"百度注册界面"效果图。

图 7-12　"百度注册界面"效果图

7.2.2 相关知识

1. 表单

表单是 HTML 的一个重要组成部分,是实现动态网页的一种主要的外在形式,利用表单可以实现用户和浏览器的交互。例如网站页面中的用户名、密码、登录和注册等都是用表单相关的标记定义的。表单是网页中的一个特定的区域,主要用来收集用户在客户端提交的各种信息,并传递给后台服务器。

在 HTML 中,描述表单对象的标记分为表单标记<form>和表单域标记两大类。表单标记<form>用于定义一个表单区域,表单域标记用于定义表单中的各个元素,也称为表单控件,所有表单元素必须放在表单标记中。表单的语法格式如下:

```
<form 各种属性设置>
    各个表单元素
</form>
```

通常,一个完整的表单由表单标记、提示信息和表单域 3 个部分组成。

- 表单标记:包含处理表单数据所用程序的 URL 地址,以及数据提交到服务器的方法。
- 提示信息:包含一些说明性文字,便于用户理解和操作。
- 表单域:包含常用的输入框、密码框、单选项、复选框、按钮和文件域等表单元素。

下面创建一个简单的表单来理解其构成。

例 7-5:一个简单的表单示例。

```
1  <!DOCTYPE html PUBLIC "-//W3C//DTD XHTML 1.0 Transitional//EN" "http://www.w3.org/TR/xhtml1/
   DTD/xhtml1-transitional.dtd">
2  <html xmlns="http://www.w3.org/1999/xhtml">
3  <head>
4  <meta http-equiv="Content-Type" content="text/html; charset=utf-8" />
5  <title>创建简单表单</title>
6  </head>
7  <body>
8  <form action="#" method="post" name="biaodan">
9  用户:
10 <input type="text" name="yonghu" /><br />
11 密码:
12 <input type="password" name="mima" /><br />
13 <input type="submit" name="denglu" value="登  录" />
14 </form>
15 </body>
16 </html>
```

在例 7-5 中,使用表单标记、表单元素及其相关属性创建了一个完整的表单结构,具体的内容将在后续具体讲解。执行例 7-5 的程序,效果如图 7-13 所示。

通过上述例子可以对表单的构成有一定的了解,实际上,表单元素是表单的核心部分。常用的表单组成标记见表 7-4。

图 7-13　简单的表单结构效果

表 7-4　表单组成标记

标记名	描述
<form>	定义一个表单区域及表单的相关信息
<input>	表单输入控件
<select>	定义列表元素
<option>	定义列表元素中的列表项
<textarea>	定义文本区域

表 7-4 中给出了 HTML 中常用的表单组成标记，它们具有不同的功能特点，下面对其进行具体介绍。

2. 表单标记<form>

在 HTML 中，使用一对<form></form>标记来定义表单区域，即创建一个表单，将各表单元素限定在表单范围，连同表单的信息进行提交，以实现用户信息的收集和传递。创建表单的基本语法格式如下：

```
<form action="URL" method="get 或 post" name="表单名称">
    各种表单元素
</form>
```

在上述语法中，<form>标记定义表单，action、method 和 name 为表单标记<form>的常用属性，具体描述如下：

● action

action 属性用于指定处理表单中用户输入数据的服务器端程序 URL 地址。在表单收集到信息后，按照 URL 地址将信息传递给服务器端程序进行处理。URL 地址可以是相对路径或绝对路径，还可以是一个电子邮件地址。如果省略，则默认为当前页面。

例如下面的代码，将表单提交到相对路径 search.aspx 上，search.aspx 表示用于接收并处理表单的程序。

```
<form action="search.aspx">
```

将表单的内容以电子邮件的形式进行提交，如下：

```
<form action=mailto : wangye17@163.com>
```

● method

设置了表单提交地址后，还要设置页面提交时所使用的跳转方法。使用 method 属性来设置，主要有 get 和 post 两种。其中 get 为默认值，该方式将表单控制的数据经编码后，通过 URL 地址提交并显示在浏览器的地址栏中，这种方式对字符长度有限制，且保密性差。而 post

将表单数据与 URL 分开，将数据写在表单主体内发送，没有字符长度的限制，保密性好，使用 method="post"可以大量地提交数据。

● name

name 属性主要用来指定表单的名称，以区分一个页面或多个页面不同的表单。

3．输入标记<input >

输入标记<input >是使用最广泛的表单控件元素，用于定义输入域的开始。其元素包括文本框、按钮、复选框等，基本语法格式如下：

<input type="类型" />

在上述语法格式中，<input />标记是一个单标记，使用时必须嵌套在表单标记中。其中 type 属性为最基本的属性，用来指明不同的类型元素。常用的 type 属性值见表 7-5。

表 7-5　<input>标记常用的 type 属性值

type 属性值	描述
text	设置单行文本输入框
password	设置密码输入框
radio	设置单选按钮
checkbox	设置复选框
button	设置普通按钮
submit	设置提交按钮
reset	设置重置按钮
image	设置图像域元素
hidden	设置隐藏域
file	设置文件域

在表 7-5 中列出的各种表单元素必须设置一个 type 属性。除了 type 属性之外，<input>标记还可以定义其他的属性，见表 7-6。

表 7-6　<input>标记常用的属性

属性	属性值	描述
name	用户自定义	指定表单元素的名称
id	用户自定义	指定表单元素唯一的 id
value	用户自定义	指定表单元素的初始值，默认值
size	正整数	指定表单元素在页面中的显示宽度
maxlength	正整数	指定允许输入的最多字符数
checked	checked	指定被选中的项
readonly	readonly	数据在表单元素中显示，不能修改
disabled	disabled	满足某个条件后，才能选用某项功能

为了更好地理解不同的 input 控件类型，首先对其进行具体介绍，然后进行综合演示。

（1）单行文本输入框 text。文本框是访问者自己输入信息的表单对象，常用来输入简短的信息，如用户名、账号等，常用的属性有 name、value、maxlength。语法格式如下：

```
<input type="text" name="..." />
```

（2）密码输入框 password。密码输入框是一种特殊的文本域，用来输入一些保密信息。当输入内容时，内容将以黑点或其他符号的形式显示，这样增加了文本的安全性。语法格式如下：

```
<input type="password" name="..." />
```

（3）单选按钮 radio。单选按钮只能选择其中一项选项，如选择性别、是否等。选中的选项以圆点显示。name 定义单选按钮的名称。注意，定义单选按钮时，必须为同一组中的选项指定相同的 name 值，这样"单选"才会生效。对单选按钮应用 checked 属性，指定默认选中项。语法格式如下：

```
<input type="radio" name="..."   />
```

（4）复选框 checkbox。复选框指在一组选项里可以同时选择多项，如选择地点、兴趣、爱好等。每个复选框都是一个独立的元素，都必须有一个唯一的名称。语法格式如下：

```
<input type="checkbox" name="..."   />
```

（5）普通按钮 button。普通按钮激发提交表单的动作，配合 JavaScript 脚本对表单执行处理操作。使用 value 属性可定义显示的文字。语法格式如下：

```
<input type="button" name="..." value="..." />
```

（6）提交按钮 submit。提交按钮是表单中的核心控件，用于将表单内容提交到指定服务器粗处理程序或指定客户端脚本处理。使用 value 属性，可改变提交按钮上的默认文本。语法格式如下：

```
<input type="submit" name="..." value="..." />
```

（7）重置按钮 reset。重置按钮用于清除表单中已经输入的信息。使用 value 属性，可改变重置按钮上的默认文本。语法格式如下：

```
<input type="reset" name="..." value="..."/>
```

（8）图像域 image。图像按钮以图像显示，功能与普通的提交按钮相同，它用图像替代了默认的按钮，页面也更加美观。必须为其定义 src 属性指定图像的 URL 地址。语法格式如下：

```
<input type="image" src="..." name="..." />
```

（9）隐藏域 hidden。隐藏域在浏览器里对用户是不可见的，主要用于在不同页面中传递域中设定的值。语法格式如下：

```
<input type="hidden" name="..." value="..."/>
```

（10）文件域 file。文件域用于文件上传到服务器时选择文件。当定义文件域时，页面中将出现一个文本框和一个"浏览..."按钮，用户可以通过填写文件路径或直接选择文件的方式，将文件提交给后台服务器。语法格式如下：

```
<input type="file" name="..."   />
```

下面以一个综合实例来演示<input>标记的用法。

例 7-6：<input>标记示例。

```
1  <!DOCTYPE html PUBLIC "-//W3C//DTD XHTML 1.0 Transitional//EN" "http://www.w3.org/TR/xhtml1/
   DTD/xhtml1-transitional.dtd">
2  <html xmlns="http://www.w3.org/1999/xhtml">
```

```
3    <head>
4    <meta http-equiv="Content-Type" content="text/html; charset=utf-8" />
5    <title>input 标记用法</title>
6    </head>
7    <body>
8        用户意见调查:
9        <form action="#" method="post" name="biaodan">
10            <label for="yonghu">用户:
11            <input type="text" size="20" id="yonghu" /></label>
12            <br />
13            密码:
14            <input type="password" /><br />
15            性别:
16            <input type="radio" checked="checked" name="xingbie" />男
17            <input type="radio" name="xingbie" />女<br />
18            喜欢的景点:
19            <input type="checkbox" />文明阁
20            <input type="checkbox" />宝珠观
21            <input type="checkbox" />天然亭<br />
22            上传图片:
23            <input type="file" /><br />
24            <input type="button" value="按　钮" />
25            <input type="submit" value="提　交" />
26            <input type="reset" value="重　置" />
27            <input type="image" src="" />
28            <input type="hidden" />
29        </form>
30    </body>
31    </html>
```

在例 7-6 中,对<input>标记应用了不同的属性及值来定义不同类型的 input 控件。在第 11 行代码中,设置了 size 属性来定义元素在页面中的显示宽度;在第 16 行代码中,设置了 checked 属性,默认该控件被选中;第 27、28 行代码分别定义了图像域和隐藏域。执行例 7-6 的程序,效果如图 7-14 所示。

图 7-14　例 7-6 效果图

另外,在例 7-6 中还使用了一个<label>标记,实际上这是一个控制标签,使用<label>标记可以扩大选择的范围，增强用户的体验。例如，当你单击用户时，鼠标指针会自动定位到右侧的文本框。

例 7-7：将<label>标记和<input>标记一起使用的示例。

```
1   <!DOCTYPE html PUBLIC "-//W3C//DTD XHTML 1.0 Transitional//EN" "http://www.w3.org/TR/xhtml1/
    DTD/xhtml1-transitional.dtd">
2   <html xmlns="http://www.w3.org/1999/xhtml">
3   <head>
4   <meta http-equiv="Content-Type" content="text/html; charset=utf-8" />
5   <title>input 标记用法</title>
6   </head>
7   <body>
8       用户意见调查：
9       <form action="#" method="post" name="biaodan">
10          用户：
11          <input type="text" size="20" id="yonghu" /><br />
12          喜欢的景点：
13          <label for="ch1"><input type="checkbox" id="ch1" />文明阁</label>
14          <label for="ch2"><input type="checkbox" id="ch2" />宝珠观</label>
15          <label for="ch3"><input type="checkbox" id="ch3" />天然亭</label>
16      </form>
17  </body>
18  </html>
```

在例 7-7 中，<input>标记和文字信息前后添加了<label>标记，在<input>标记中指定了元素的 id，并且在<label>标记中使用 for 属性设置为相应表单控件的 id 名称，这样<label>标记标注的内容就绑定到了指定 id 的表单控件上。当单击<label>标记中的内容时，相应的表单控件就会处于选中状态。执行例 7-7 的程序，效果如图 7-15 所示。

图 7-15　例 7-7 效果图

4. 选择标记<select>

通常，在一个页面上我们需要从一个列表中选择一项或者多项内容，这就需要使用选择标记<select>。在选项比较多的情况下，选择列表可以节省空间。

<select>标记用于创建下拉菜单和列表框，它至少包含一个 option 元素。语法格式如下：

```
<select name="..." size="..." multiple="multiple">
        <option value="...">可选项 1</option>
        <option selected="selected">可选项 2</option>
        <option>可选项 3</option>
        …
    </select>
```

在上述语法格式中，默认情况下，select 元素显示为下拉列表框，用户可以通过下拉框选择可选项。其中，name 属性定义下拉菜单的名称；size 属性定义下拉菜单的可见选项数；multiple 属性表示可以多选，其值为 true 或 multiple，按住 Ctrl 键即可进行多选；value 属性定义列表项的值；selected 属性表示默认选中本选项。

了解了<select>标记的语法格式及其常用属性，为了更好地理解其用法，下面演示不同的下拉菜单效果。

例 7-8：使用<select>标记构造菜单效果。

```
1   <!DOCTYPE html PUBLIC "-//W3C//DTD XHTML 1.0 Transitional//EN" "http://www.w3.org/TR/xhtml1/
    DTD/xhtml1-transitional.dtd">
2   <html xmlns="http://www.w3.org/1999/xhtml">
3   <head>
4   <meta http-equiv="Content-Type" content="text/html; charset=utf-8" />
5   <title>select 标记</title>
6   <style type="text/css">
7   form { margin-left:100px; }
8   </style>
9   </head>
10  <body>
11      <form action="#" method="post" name="biaodan">
12          喜欢的景点：<br />
13          <select>
14              <option>-请选择-</option>
15              <option>文明阁</option>
16              <option>宝珠观</option>
17              <option>天然亭</option>
18              <option>护龙桥</option>
19          </select>
20          <br /> <br />
21          喜欢的景点：<br />
22          <select>
23              <option>-请选择-</option>
24              <option>文明阁</option>
25              <option selected="selected">宝珠观</option>
26              <option>天然亭</option>
27              <option>护龙桥</option>
28          </select>
29          <br /> <br />
30          黄姚古镇：<br />
31          <select size="5" multiple="multiple">
32              <option>文明阁</option>
33              <option selected="selected">宝珠观</option>
34              <option>天然亭</option>
35              <option selected="selected">护龙桥</option>
36               <option>古戏台</option>
37              <option>吴家祠</option>
```

```
38              </select>
39          </form>
40      </body>
41  </html>
```

在例 7-8 中，使用<select>、<option>标记及相关属性创建了 3 个下拉菜单，其中第 1 个为默认的下拉菜单，第 2 个为设置了 selected 属性的单选下拉菜单，第 3 个为设置了 size 属性、multiple 属性及两个 selected 属性的多选下拉菜单。执行例 7-8 的程序，效果如图 7-16 所示。

图 7-16　例 7-8 效果图

在图 7-16 中，第 1 个下拉菜单中默认选项为 "-请选择-"；第 2 个下拉菜单中默认选项为"宝珠观"；第 3 个下拉菜单有 6 个可选项，由于设置了 size 属性为 5，因此只显示了 5 个可见选项，且默认选中 2 个选项，当按住 Crtl 键时可选择多项。

通常在网页制作过程中，仅仅是下拉菜单还不能满足需求。当有不同的分类，并且每一类又包含多个选项时，就需要对下拉菜单中的选项进行分组，这样选项的所属关系就变得很清晰。

例 7-9：对下拉菜单中的选项分组使用<optgroup>标记的示例。

```
1   <!DOCTYPE html PUBLIC "-//W3C//DTD XHTML 1.0 Transitional//EN" "http://www.w3.org/TR/xhtml1/
    DTD/xhtml1-transitional.dtd">
2   <html xmlns="http://www.w3.org/1999/xhtml">
3   <head>
4   <meta http-equiv="Content-Type" content="text/html; charset=utf-8" />
5   <title>optgoup 标记</title>
6   <style type="text/css">
7   form { margin-left:100px; }
8   </style>
9   </head>
10  <body>
11      <form action="#" method="post" name="biaodan">
12          黄姚：<br />
13          <select>
14              <optgroup label="景点">
15                  <option>文明阁</option>
16                  <option>宝珠观</option>
```

```
17              <option>天然亭</option>
18              <option>护龙桥</option>
19          </optgroup>
20          <optgroup label="特产">
21              <option>茶叶</option>
22              <option>豆豉</option>
23              <option>香芋</option>
24              <option>青梅</option>
25          </optgroup>
26      </select>
27    </form>
28  </body>
29  </html>
```

在例 7-9 中，<select>标记中使用<optgroup>标记定义选项组，一对<select>标记可以包含多对<optgroup>标记。要进行选项分组，就需要在<optgroup>标记中应用 label 属性，用于指定具体的组名，然后在<optgroup>标记中使用<option>标记定义具体的选项。执行例 7-9 的程序，效果如图 7-17 所示。

图 7-17　例 7-9 效果图

5. 文本区域标记<textarea>

<input>标记的 type 属性值为 text 时，表示单行输入文本框，只能够在同一行中输入内容。有时候，单行输入并不能满足用户的需要，例如用户对商品评价需要输入的内容比较多时，就要使用多行文本框。HTML 中使用<textarea>标记，语法格式如下：

```
<textarea name="..." cols="..." rows="..."></textarea>
```

在上述语法格式中，name 属性定义多行文本框的名称，要保证数据的采集，就必须定义唯一的名称；cols 属性定义多行文本区域的列数，即每行中的字符数；rows 定义多行文本区域的行数。注意，在<textarea>标记中不能使用 value 属性来赋初值。

例 7-10：用<textarea>标记定义一个文本输入框。

```
1  <!DOCTYPE html PUBLIC "-//W3C//DTD XHTML 1.0 Transitional//EN" "http://www.w3.org/TR/xhtml1/
   DTD/xhtml1-transitional.dtd">
2  <html xmlns="http://www.w3.org/1999/xhtml">
3   <head>
```

```
4    <meta http-equiv="Content-Type" content="text/html; charset=utf-8" />
5    <title>textarea 标记</title>
6    </head>
7    <body>
8      <form>
9        您对景区的评价：<br />
10       <textarea cols="35" rows="5"></textarea> <br />
11       <input type="submit" value="发表" />
12     </form>
13   </body>
14   </html>
```

执行例 7-10 的程序，效果如图 7-18 所示。

图 7-18　例 7-10 效果图

例 7-10 中使用 cols 和 rows 属性来定义多行文本输入框的宽高，然而在实际工作中常使用 CSS 的 width 和 height 属性来定义多行文本输入框的宽高，例如第 7 行代码。

7.2.3　实现过程

1. 案例分析

在如图 7-12 所示的"百度注册界面"效果图中，界面由图像部分、注册信息及最下方的注册按钮三部分组成，所有信息需传递给后台服务器，使用<form>标记定义表单域，并整体嵌套在一个 div 标记中。其中图像、注册信息及注册按钮都是无序列表的一个列表项，用<ul>和<li>标记实现，文本框和复选框用<input>标记定义，注册按钮在这里是一个图标，还需为百度 Logo 及"《用户协议》"设置超链接。因此该案例需要应用表单标记、表单元素及其属性来实现。

2. 案例结构

（1）HTML 结构。使用 HTML 标记来设置页面结构，首先定义表单域，最外层嵌套大盒子<div>标记，无序列表<ul>定义页面结构，分成了 8 个<li>标记。第 1 个<li>标记，定义上半部分百度 Logo，为图片添加超链接标记<a>；第 2 个<li>标记为"填写注册信息"，并设置样式；第 3～6 个<li>标记定义提示文字和 4 个<input>标记，为了实现对齐效果，分别用<strong>标记和<span>标记限定提示文字和<input>标记；第 7、8 个<li>标记定义"阅读并接受《用户协议》"复选框和"注册"按钮。其结构如图 7-19 所示。

图 7-19　"百度注册界面"的结构图

（2）CSS 样式。CSS 的设置主要包括以下几个方面：

1）定义表单域。通过无序列表<ul>来定义页面结构，最外层嵌套大盒子，设置大盒子的宽、边框、外边距、居中显示等样式。

2）定义第 1 个<li>标记的高度，定义百度 Logo 的样式，设置底部边框及图片的外边距，为图片添加超链接标记<a>。

3）定义第 2 个<li>标记里的文本效果，实现文字变大、居中以及颜色改变效果。

4）定义第 3～6 个<li>标记中的效果，设置<strong>为行内块，内容右对齐；设置<span>为行内块，内容左对齐，实现定位，再适当改变 padding 属性调整位置。

5）定义第 7 个和第 8 个<li>标记内容的 padding-left 属性，设置内容位置。

3. 案例代码

（1）使用 HTML 标记来设置页面结构，具体代码如下：

```
1  <!DOCTYPE html>
2  <html>
3  <head>
4  <meta charset="utf-8">
5  <meta http-equiv="X-UA-Compatible" content="IE=edge,chrome=1">
6  <title>百度注册界面</title>
7  </head>
8  <body>
9      <form action="" method="get" accept-charset="utf-8">
```

```
10          <div class="all">
11              <ul>
12              <li class="logo"><a href="#">
13                  <img src="images/logo_baidu.jpg" border="0"/></a></li>
14              <li class="info">填写注册信息</li>
15              <li><strong>输入用户：</strong><span><input type="text" name="yonghu" id="wh"/ >
                    </span></li>
16              <li><strong>输入密码：</strong><span><input type="password" name="password" id="wh" />
                    </span></li>
17              <li><strong>确认密码：</strong><span><input type="password" name="confirm" id="wh" />
                    </span></li>
18              <li><strong>验证码：</strong><span><input type="text" name="yz" id="wh" />
                    </li></span></li>
19              <li class="accept"><input type="checkbox"
20 checked="checked"/>阅读并接受<a href="#">《用户协议》</a></li>
21              <li class="reg"><input type="image" src="images/button.jpg" /></li>
22              </ul>
23          </div>
24      </form>
25  </body>
26  </html>
```

（2）搭建完页面的结构后使用 CSS 样式对页面进行修饰，具体代码如下：

```
1  *{ padding:0; margin:0; list-style:none;}
2  .all{ width:400px; border:1px solid #ccc; margin:10px auto;}
3  li{ height:42px; line-height:42px;}
4  .logo{ height:50px; line-height:50px; padding:10px; border-bottom:1px solid #ccc;}
5  .info{ text-align:center; font-size:22px; color:#666; font-weight:bold;}
6  li strong{ display:inline-block; width:110px; text-align:right; padding:10px; font-weight:normal;}
7  li span{ display:inline-block; width:220px; text-align:left; padding:10px; }
8  #wh{ height:22px; width:200px;}
9  .accept,.reg{ height:50px; line-height:50px; padding-left:140px;}
```

在浏览器中执行程序，效果如图 7-20 所示。

图 7-20   "百度注册界面"效果图

7.3　案例综合练习

结合本章学过的内容，运用表格布局的思路制作如图 7-21 所示的网页。

图 7-21　百花展效果图

第 8 章　CSS3 基础应用

学习目标

- 掌握 CSS3 中圆角和阴影效果的实现。
- 理解 CSS3 的动画效果，能使用 CSS3 的过渡和动画制作动画效果。

制作网页时，通常需要使页面更加丰富，添加特色的效果，例如美化页面的边框、图形和文字效果，制作具有动态效果的动画，从而增强网页的吸引力。CSS3 标准的推出，使得制作特色的网页效果变得简捷高效，网页更富有表现力。本章主要介绍 CSS3 圆角、CSS3 阴影、CSS3 过渡及 CSS3 动画的相关知识。

8.1　案例 21：黄姚风景照片墙

案例 21：黄姚风景
照片墙

8.1.1　案例描述

照片墙能帮旅游者保存并展示承载旅途重要记忆的照片，除了用画框装饰照片并挂在墙上外，照片墙还可以演变为包含各种特效的照片墙，网页也可以成为展示照片的"主题墙"。案例 21 的黄姚风景照片墙使用一条绳子串了 4 个夹子，每个夹子下挂着一组图片，图片有阴影和不同旋转角度。具体效果如图 8-1 所示。

图 8-1　"黄姚风景照片墙"效果图

8.1.2　相关知识

1. CSS3 圆角

通常，网页是由各个不同部分组成的，使用 CSS 可以方便地将页面进行划分，但是这样简单划分出来的部分都是矩形方框，效果比较单调。虽然可以对边框设置相应的属性，但在 CSS3 出现之前，需要图像文件才能实现圆角效果，比较耗费精力。

为此推出了最新的 CSS 标准 CSS3。CSS 用于控制网页的样式和布局，CSS3 完全向后兼容，因此不必改变现有的设计。在 CSS3 中使用 border-radius 属性，不需要花费过多精力就可以轻松实现圆角效果。border-radius 的基本语法格式如下：

选择符　{ border-radius:length;}

在上述语法格式中，其默认值为 none，表示没有圆角；length 表示由浮点数和单位标识符组成的长度值，注意不能为负值。

与边框属性一样，CSS3 圆角属性包括综合设定和衍生属性，CSS3 圆角属性及含义见表 8-1。

表 8-1　CSS3 圆角属性

属性	属性描述
border-radius	定义 4 个边角的圆角属性
border-top-left-radius	定义左上角的圆角
border-top-right-radius	定义右上角的圆角
border-bottom-right-radius	定义右下角的圆角
border-bottom-left-radius	定义左下角的圆角

（1）border-radius 属性。border-radius 属性可以为元素的 4 个边角指定不同半径的圆角，下面通过实例来分别演示圆角的设置。

例 8-1：使用 border-radius 属性绘制圆角对象。

```
1   <!doctype html>
2   <html>
3   <head>
4   <meta charset="utf-8">
5   <title>绘制圆角</title>
6   <style>
7   p {
8       width:160px;
9       height:60px;
10      text-align:center;
11      border:10px solid #F00;
12      border-radius:15px;
13      margin:5px auto;
14          }
15  </style>
16  </head>
17  <body>
18  <p>绘制圆角</p>
19  </body>
20  </html>
```

保存程序并运行，效果如图 8-2 所示。从图中可以看到，段落边框四周产生了半径为 15 像素的圆角效果。

图 8-2　圆角效果图

在例 8-1 中，长度值设置为 15px，我们看到元素四角的效果一样。修改例 8-1 中的属性值，将第 12 行代码修改如下：

```
border-radius:15px/50px;
```

保存程序并在浏览器中执行，效果如图 8-3 所示。

图 8-3　两个值圆角效果图

在 border-radius:15px/50px;中，属性设置为两个值，圆角效果则发生了变化，其中第一个属性值为圆角的水平半径，第二个属性值为圆角的垂直半径，两个长度值通过斜线（/）分隔。下面将两个属性值的位置交换，查看显示效果的不同，修改代码如下：

```
border-radius:50px/15px;
```

保存程序并在浏览器中执行，效果如图 8-4 所示。

图 8-4　两个值圆角效果图

在上述例子中，给 border-radius 属性分别设置了一个值和两个值，产生了不同的效果。在 CSS3 中，可以同时设置元素的 4 个边角的圆角效果，规则如下：

- border-radius：4 个圆角半径值相同
- border-radius：左上角与右下角圆角半径　右上角与左下角圆角半径
- border-radius：左上角圆角半径　右上角和左下角圆角半径　右下角圆角半径

● border-radius：左上角圆角半径　右上角圆角半径　右下角圆角半径　左下角圆角半径

为了更好地理解圆角属性的使用，下面为圆角半径指定不同的值来演示其效果。

例 8-2： 圆角半径指定不同值时的圆角对象示例。

```
1   <!doctype html>
2   <html>
3   <head>
4   <meta charset="utf-8">
5   <title>绘制圆角指定不同的值</title>
6   <style>
7   .d1 {
8        width:260px;
9        height:60px;
10       text-align:center;
11       border:5px solid #F00;
12       border-radius:15px 30px 50px 60px;
13       margin:0 auto;
14           }
15   .d2 {
16       width:260px;
17       height:60px;
18       text-align:center;
19       border:5px solid #F00;
20       border-radius:15px 50px 60px;
21       margin:5px auto;
22           }
23   .d3 {
24       width:260px;
25       height:60px;
26       text-align:center;
27       border:5px solid #F00;
28       border-radius:15px 60px;
29       margin:0 auto;
30           }
31   </style>
32   </head>
33   <body>
34   <div class="d1">绘制圆角，四个值</div>
35   <div class="d2">绘制圆角，三个值</div>
36   <div class="d3">绘制圆角，两个值</div>
37   </body>
38   </html>
```

在例 8-2 中，分别设置了 4 个圆角半径值、3 个圆角半径值、2 个圆角半径值。保存程序并运行，效果如图 8-5 所示。

（2）border-radius 衍生属性。在例 8-2 中，使用 border-radius 属性分别指定了不同的圆角半径值。另外，还可以使用 border-radius 的衍生属性来实现，如表 8-1 中的 border-top-left-radius、 border-top-right-radius、border-bottom-right-radius、border-bottom-left-radius 为相应的边框设置圆角。

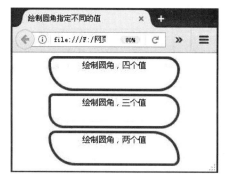

图 8-5　不同值的圆角效果图

例 8-3：border-radius 的衍生属性示例。

```
1   <!doctype html>
2   <html>
3   <head>
4   <meta charset="utf-8">
5   <title>衍生属性绘制圆角</title>
6   <style>
7   .d1 {
8         width:260px;
9         height:60px;
10        text-align:center;
11        border:5px solid #F00;
12        border-top-left-radius:50px;
13        border-bottom-right-radius:30px;
14        margin:10px auto;
15            }
16  </style>
17  </head>
18  <body>
19  <div class="d1">衍生属性绘制圆角</div>
20  </body>
21  </html>
```

在例 8-3 中，分别指定了左上角和右下角的圆角边框为 50px 和 30px。保存程序并运行，效果如图 8-6 所示。

图 8-6　衍生属性绘制圆角效果图

（3）使用 border-radius 属性绘制不同类型的边框。border-radius 属性可以依据指定的值绘制不同的圆角。同样地，可以使用 border-radius 属性定义边框内部的圆角，即内圆角。需要指出的是，外部圆角边框的半径又称为外半径，内边半径等于外边半径减去对应边框的宽度，也就是说边框内部的圆的半径称为内半径。

对外半径和边框宽度设置不同的值，可以绘制出不同形状的内边框。例如，绘制内直角、小内圆角、大内圆角及圆。

例 8-4：使用 border-radius 属性绘制几种不同的边框。

```
1   <!doctype html>
2   <html>
3   <head>
4   <meta charset="utf-8">
5   <title>绘制几种不同的圆角边框</title>
6   <style>
7   .d1 {
8           width:240px;
9           height:50px;
10          text-align:center;
11          border:15px solid #F00;
12          border-radius:5px;
13          margin:0 auto;
14              }
15  .d2 {
16          width:250px;
17          height:50px;
18          text-align:center;
19          border:10px solid #F00;
20          border-radius:20px;
21          margin:5px auto;
22              }
23  .d3 {
24          width:260px;
25          height:50px;
26          text-align:center;
27          border:5px solid #F00;
28          border-radius:30px;
29          margin:5px auto;
30              }
31  .d4 {
32          width:50px;
33          height:50px;
34          text-align:center;
35          border:1px solid #F00;
36          border-radius:25px;
37          margin-left:160px;
38              }
```

```
39    </style>
40    </head>
41    <body>
42    <div class="d1">内直角</div>
43    <div class="d2">小圆角</div>
44    <div class="d3">大圆角</div>
45    <div class="d4">圆</div>
46    </body>
47    </html>
```

在例 8-4 中，第一个边框的设置大于圆角外半径，5-15 为负值，即内半径为 0，显示为内直角，而不是圆直角，由此可见，内外边曲线的圆心并不必然是一致的；第二个边框的设置小于圆角半径，20-10 为正值，内半径小于 0，显示为小圆角；第三个边框的设置远大于圆角半径，内半径远大于 0，显示为大圆角；第四个边框的设置长宽相同，圆角半径为元素大小的一半，这时显示为圆。保存程序并运行，效果如图 8-7 所示。

图 8-7　例 8-4 效果图

同样地，如果将 border 的属性值设置为 none，使用 border-radius 属性定义圆形并添加背景图像，也会呈现圆形效果。

例 8-5：使用 border-radius 属性定义圆形效果。

```
1     <!doctype html>
2     <html>
3     <head>
4     <meta charset="utf-8">
5     <title>圆形效果</title>
6     <style>
7     .d1 {
8         width:260px;
9         height:260px;
10        border:none;
11        margin:10px auto;
12        border-radius:130px;
13        background:url(images/hy1.jpg) no-repeat;
```

```
14          }
15  </style>
16  </head>
17  <body>
18  <div class="d1"></div>
19  </body>
20  </html>
```

保存程序并运行，效果如图 8-8 所示。

图 8-8　例 8-5 效果图

2．CSS3 阴影效果

有时为了美化网页，需要给网页增加一些效果，比如文字阴影或边框阴影效果，以增强网页的整体吸引力，这就需要使用 CSS3 样式中的 text-shadow 属性和 box-shadow 属性。CSS3 对它们进行了重新定义，并增加了不透明度效果。

● text-shadow 属性

text-shadow 属性用来给页面中的文字或其他元素添加阴影效果，语法格式如下：

选择符 {text-shadow:length length opacity color;}

text-shadow 属性有 4 个属性值，其中第 1 个属性值 length 表示阴影的水平位移，可为正负值；第 2 个属性值 length 表示阴影垂直位移，可为正负值；第 3 个属性值 opacity 表示阴影的模糊半径，是一个可选值，但不可为负值，如果仅仅需要模糊效果，则将水平、垂直位移设为 0 即可；第 4 个属性值 color 表示阴影的颜色，是一个可选值。

例 8-6：对文字添加阴影效果设置示例。

```
1  <!doctype html>
2  <html>
3  <head>
4  <meta charset="utf-8">
5  <title>文字阴影</title>
6  <style>
7  .one { font-weight:bold;
8          font-family:"黑体";
9          text-align:center;
10         text-shadow:10px 10px 5px #F00;}
```

```
11   .two { font-weight:bold;
12         font-family:"黑体";
13          text-align:center;
14          text-shadow:-10px -10px 5px #F00;}
15   .three { font-weight:bold;
16         font family:"黑体";
17          text-align:center;
18          text-shadow:-10px 10px 5px #F00;}
19   </style>
20   </head>
21   <body>
22   <h1 class="one">文本阴影效果 1！</h1>
23   <h1 class="two">文本阴影效果 2！</h1>
24   <h1 class="three">文本阴影效果 3！</h1>
25   </body>
26   </html>
```

在例 8-6 中，阴影偏移由两个长度值指定到文本的距离。第一个长度值指定到文本右边的水平距离，负值表示将阴影放置在文本左边；第二个长度值指定到文本下边的垂直距离，负值表示将阴影放置在文本上方。同时，在阴影偏移后，指定了模糊半径为 5px。保存程序并运行，效果如图 8-9 所示。

图 8-9　例 8-6 效果图

另外，text-shadow 还可以使用逗号分隔的阴影效果列表，并应用到该元素的文字上。阴影效果按顺序应用，就可能出现相互覆盖的效果，但是它们不会覆盖文字本身。并且阴影效果不会改变边框的尺寸，但可能延伸到它的边界之外。阴影效果的堆叠层次和元素本身的层次是一样的。

例 8-7： 阴影效果的堆叠层次示例。

```
1   <!doctype html>
2   <html>
3   <head>
4   <meta charset="utf-8">
5   <title>文字阴影</title>
6   <style>
7   h1 { font-weight:bold;
8         font-family:"黑体";
```

```
9           text-align:center;
10          text-shadow:20px 20px,
11                      -17px 17px #F00,
12                      15px -15px 5px;}
13  </style>
14  </head>
15  <body>
16  <h1>文本阴影效 1！</h1>
17  </body>
18  </html>
```

保存程序并运行，效果如图 8-10 所示。

图 8-10　例 8-7 效果图

- box-shadow 属性

box-shadow 属性的用法与 text-shadow 属性类似，它用来给盒子设置阴影效果，语法格式如下：

选择符 {box-shadow:length length opacity color;}

例 8-8：给盒子添加阴影效果设置示例。

```
1   <!doctype html>
2   <html>
3   <head>
4   <meta charset="utf-8">
5   <title>盒子阴影</title>
6   <style>
7   #d1
8   {
9     width:200px;
10    height:60px;
11    background:#0FF;
12    margin:5px auto;
13    box-shadow:10px 10px 5px #CC33CC;
14  }
15  </style>
16  </head>
17  <body>
18  <div id="d1">盒子阴影</div>
19  </body>
20  </html>
```

保存程序并运行，效果如图 8-11 所示。

图 8-11 例 8-8 效果图

盒子阴影通常用来制作卡片效果，下面演示如何制作一个文字和图片卡片。

例 8-9：利用阴影制作卡片效果。

```
1   <!doctype html>
2   <html>
3   <head>
4   <meta charset="utf-8">
5   <title>文字和图片卡片</title>
6   <style>
7   .all { width:330px; height:220px; margin:2px auto; }
8   .content1,.content2 {
9       width:155px;
10      text-align:center;
11      box-shadow:0 4px 8px 0 rgba(0, 0, 0, 0.2),
12                  0 6px 20px 0 rgba(0, 0, 0, 0.19);
13          }
14  .content1 { float:left; }
15  .content2 { float:right; }
16  #d1 {
17          font-size:20px;
18          background-color:#F93;
19          color:#FFF;
20          padding:10px;
21  }
22  #d2 {
23          padding:10px;
24  }
25  #d3 {
26          padding:5px;
27  }
28  </style>
29  </head>
30  <body>
31  <div class="all">
32      <div class="content1">
33          <div id="d1">
34              <h1>3</h1>
```

```
35              </div>
36              <div id="d2">
37                  <p>February 3, 2017</p>
38              </div>
39          </div>
40          <div class="content2">
41              <img src="images/4-1.jpg" alt="黄姚"  width="150" height="130">
42              <div id="d3">
43                  <p>黄姚的街景</p>
44              </div>
45          </div>
46      </div>
47  </body>
48  </html>
```

保存程序并运行，效果如图 8-12 所示。

图 8-12　例 8-9 效果图

8.1.3　实现过程

1．案例分析

本案例是实现一个照片墙的效果页面，页面上的对象获得了圆角、阴影、旋转倾斜等一系列如同使用图片处理软件操作出来的效果，而这些功能效果实际上是使用 CSS3 的属性完成的。本案例的外层 div 对象的圆角由 CSS3 的圆角边框属性 border-radius 来实现，4 个图片的阴影效果由 CSS3 的阴影效果属性 box-shadow 来实现，4 个图片的不同倾斜角度则可以用 CSS3 的 2D 转换属性 transform 来实现。

2．案例结构

（1）HTML 结构。本案例的 HTML 结构由几个<div>标签叠加而成。最外层是一个命名为 outer 类的<div>标签控制内部所有内容。图片内容由多组图片和标题组成，每组图片使用一个<div>标签控制，然后在<div>标签内设置<img>标签和<p>标签，用来放置图片及其标题。四个夹子的修饰物体是由一个命名为 folder 的<div>标签控制的，修饰画面使得四组图片效果能稳定显示挂在空中。HTML 结构图如图 8-13 所示。

图 8-13　黄姚风景照片墙的结构图

（2）CSS 样式。CSS 的设置主要包括以下几个方面：

1）外层的 outer 类：设置宽度和高度、边框属性、空间位置、圆角边框属性，设置定位属性为相对定位，为其内部的子对象建立参考目标。

2）4 个夹子的 folder 类：设置宽度和高度、背景图片，将 z-index 层次加高，设置绝对定位脱离标准流布局。

3）图片组的 div：设置宽度和高度、背景颜色、边框属性、文本对齐方式、阴影效果，定义绝对单位，然后分别控制每组的具体位置，设置 transform 属性，方便控制每组的 rotate 角度。

3．案例代码

（1）建立基本 HTML 结构。

```
1   <!doctype html>
2   <html>
3   <head>
4   <meta charset="utf-8">
5   <title>黄姚古镇照片墙</title>
6   </head>
7   <body>
8   <div class="outer">
9       <div class="folder"></div>
10      <div class="pic1">
11          <img src="images/1.jpg">
12          <p>黄姚的风景</p>
13      </div>
14      <div class="pic2">
15          <img src="images/2.jpg">
16          <p>黄姚的风景：小河</p>
```

```
17          </div>
18          <div class="pic3">
19                  <img src="images/3.jpg">
20              <p>黄姚的风景：古桥</p>
21          </div>
22          <div class="pic4">
23                  <img src="images/4.jpg">
24              <p>风流宛在</p>
25          </div>
26   </div>
27   </body>
28   </html>
```

基础 HTML 结构的效果如图 8-14 所示。

（2）为所有元素添加基本样式属性，对四组图片的 div 进行定位控制，使其对应到每个夹子下方。

```
1    <style type="text/css">
2    img,p{ padding:0; margin:0;}
3    .outer{ width:1000px; height:500px;   margin:50px auto;   position:relative; border:5px dotted #FF9966; }
4    .folder{ width:1000px; height:242px; background:url(images/folder.png) no-repeat; }
5    .pic1,.pic2,.pic3,.pic4{ width:200px; height:180px; background-color:#FFF; border:12px solid #CCC;
     text-align:center; position:absolute;}
6    .pic1{ top:170px; left:20px; }
7    .pic2{ top:180px; left:270px; }
8    .pic3{ top:170px; right:260px; }
9    .pic4{ top:170px; right:20px; }
10   </style>
```

效果如图 8-15 所示。

黄姚的风景

黄姚的风景：小河

图 8-14　HTML 效果图

图 8-15　基本 CSS 效果

（3）修改 4 个图片组的类，建立阴影效果和旋转倾斜效果。

```
1    .pic1,.pic2,.pic3,.pic4{  width:200px;  height:180px;  background-color:#FFF;  border:12px  solid  #CCC;
     text-align:center;   box-shadow:3px 5px 10px #000;   position:absolute;}
2    .pic1{ transform:rotate(-2deg);top:170px; left:20px; }
```

```
3   .pic2{ transform:rotate(2deg); top:180px; left:270px; }
4   .pic3{ transform:rotate(-8deg);top:170px; right:260px; }
5   .pic4{ transform:rotate(2deg);top:170px; right:20px; }
```

建立了阴影、旋转倾斜效果后网页效果如图 8-16 所示。

图 8-16　建立阴影、旋转倾斜的效果图

（4）修改.folder 类的定位属性，使其脱离标准流，改变 z-index 层次，把夹子显示到最上层。

.folder{ width:1000px; height:242px; background:url(images/folder.png) no-repeat;　position:absolute; z-index:1;}

最终页面效果如图 8-17 所示。

图 8-17　黄姚风景照片墙效果图

8.2　案例 22：动态导航效果

8.2.1　案例描述

导航是网站的路标指南，是非常重要的组成模块，需要内容清晰明了、外观醒目，能最有效地吸引浏览者的注意力，同时也能提高浏览者的用户体验。使用 CSS3 技术编制的动态导航效果能实现一些绚丽的特效，既丰富了导航的变化效果，又提高了网站导航的用户体验。案例 21 中使用了 CSS 中的过渡（transition）、动画（animation）等属性来实现一个具有动态感的导航效果，如图 8-18 所示。

（a）初始状态

（b）鼠标经过状态

图 8-18　CSS3 动态导航效果图

8.2.2　相关知识

1．CSS3 过渡

CSS3 具有非常强大的属性，可以实现一些特殊的效果，当要实现元素从一种样式变换为另一种样式时，可为元素添加效果，在 W3C 中即定义了过渡属性。其含义是 CSS 的 transition 允许 CSS 的属性值在一定的时间区间内平滑地过渡，这种效果可以在鼠标单击、获得焦点、被单击或对元素进行任何改变中触发，并圆滑地以动画效果改变 CSS 的属性值，而无须使用 Flash 动画或 JavaScript。

transition 是一个复合属性，由 4 个过渡属性组成，基本语法格式如下：

选择符{transition: property duration timing-function delay;}

CSS3 过渡实现效果改变时，效果开始于指定的 CSS 属性改变值，CSS 属性改变时间是鼠标指针位于元素上时，并且当指针移出元素时，它会逐渐变回原来的样式。使用 transition 属性实现效果的改变，必须规定以下两项内容：

（1）规定要添加效果的 CSS 属性。

（2）规定效果的时长，即持续的时间。

CSS3 过渡属性的所有转换属性见表 8-2。

表 8-2 列出了过渡的综合属性及其 4 个中心过渡属性，为了更好地理解，下面对不同的过渡效果进行演示。需要说明的是，Internet Explorer 10、Firefox、Chrome 和 Opera 都支持 transition 属性。

表 8-2　CSS3 的过渡属性

属性名	属性描述	属性值
transition	综合属性，在一个属性中设置 4 个过渡属性	
transition-property	设置应用过渡的 CSS 属性的名称，默认为 all	width、height 等，可以多个连写
transition-duration	定义过渡效果持续的时间，默认为 0	s 或 ms，必设，否则没有效果
transition-timing-function	设置过渡效果的速度曲线，默认为 ease	ease：慢速开始，然后变快，然后慢速结束的过渡效果
		linear：线性，以相同速度开始至结束的过渡效果
		ease-in：以慢速开始的过渡效果
		ease-out：以慢速结束的过渡效果
		ease-in-out：以慢速开始和结束的过渡效果
		cubic-bezier(x1,y1,x2,y2)：在 cubic-bezier 函数中定义值
transition-delay	设置过渡效果何时开始，默认为 0	1s

给一个元素设置背景效果，当鼠标指针悬停在该元素上时实现改变该元素的宽度和背景颜色的过渡效果。

例 8-10：过渡效果示例。

```
1   <!doctype html>
2   <html>
3   <head>
4   <meta charset="utf-8">
5   <title>过渡效果</title>
6   <style>
7       #d1 { width:100px;
8           height:100px;
9           margin:5px auto;
10          background-color:#F00;
11          transition:width 1s; }
12      #d1:hover { width:300px;
13              background:#FC3; }
14  </style>
15  </head>
16  <body>
17      <div id="d1">鼠标指针移动悬停于元素上的过渡效果</div>
18  </body>
19  </html>
```

在例 8-10 中，将过渡属性设置为 width，过渡的持续时间设置为 1s。当鼠标指针悬停时，在 1s 内将 width 从 100px 拉伸到 300px，并改变背景颜色。保存程序并运行，过渡前的效果如图 8-19 所示，过渡后的效果如图 8-20 所示。

图 8-19 过渡前的效果

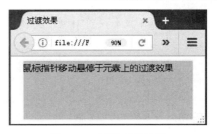

图 8-20 过渡后的效果

在例 8-10 中，只向一个样式添加了过渡效果，如果需要向多个样式添加过渡效果，则可以添加多个属性，多个属性之间用逗号分隔。向宽度、高度和转换添加过渡效果如例 8-11 所示。

例 8-11：rotate 属性应用示例。

```
1   <!doctype html>
2   <html>
3   <head>
4   <meta charset="utf-8">
5   <title>多项过渡效果</title>
6   <style>
7       #d1 { width:100px;
8             height:100px;
9             margin:5px auto;
10            background-color:#F00;
11            transition:width 2s,height 2s; }
12      #d1:hover { width:120px;
13                  height:120px;
14                  background:#FC3;
15                  transform:rotate(180deg); }
16  </style>
17  </head>
18  <body>
19      <div id="d1">鼠标指针移动悬停于元素上的多项过渡效果</div>
20  </body>
21  </html>
```

在例 8-11 中，将过渡属性设置为 width、height，过渡的持续时间设置为 2s，当鼠标指针悬停时，transform:rotate(180deg);设置元素顺时针旋转 180 度，并改变背景颜色。保存程序并运行，多项过渡前的效果如图 8-21 所示，多项过渡后的效果如图 8-22 所示。

图 8-21 多项过渡前的效果

图 8-22 多项过渡后的效果

由于 transition 具有 4 个中心过渡属性，且是一个复合属性，下面设置所有过渡属性，代码如下：

```
div {
transition-property:width;
transition-duration:2s;
transition-timing-function:linear;
transition-delay:2s;
}
```

上述代码可使用 transition 综合属性进行设置，实现相同的过渡效果，代码如下：

```
div { transition:width 2s linear 2s; }
```

2. CSS3 动画

transition 属性能够比较方便地创建动画的效果，但是它有一些难以克服的缺点，因为它只针对两个状态之间的变化进行动画，超过两个状态就无能为力。如果想要实现一个元素按某个路径或序列进行变化，transition 无法实现此效果。为此 CSS3 中提供了 animation 属性来创建动画，在网页中取代动画图片、Flash 动画和 JavaScript 等。

CSS animation 用法简单且功能强大，可以创建复杂精致的动画，比如多步过渡动画等。一个完整的动画包括@keyframes 关键帧定义、命名及绑定到元素。

（1）使用@keyframes 规则定义、命名关键帧。在 CSS3 中创建动画，需要使用@keyframes 规则。在@keyframes 中规定某项 CSS 样式，就能创建由当前样式逐渐变为新样式的动画效果。需要注意的是，只有 Internet Explorer 10、Firefox 以及 Opera 支持@keyframes 规则和 animation 属性。下面来看一个元素滑动的动画。

```
@keyframes slide
{
    from { margin-left:100%;}
    to { margin-left:0%;}
}
```

上述代码中使用@keyframes 规则定义了一个名为 slide 的动画,使元素状态从左边距 100%变为 0%。@keyframes 也可以使用百分比来控制动画的时间轴状态，from 和 to 关键字实际上就是 0%和 100%的"字母版"。

（2）@keyframes 动画绑定到元素。当要在@keyframes 中创建动画时，需要将它捆绑到某个选择符，否则不会产生动画效果。将动画绑定到选择符，需要指定以下两项 CSS3 动画属性：

1）动画的名称。

2）动画的时长。

例如，把 slide 动画绑定到 div 元素，时长为 5 秒，代码如下：

```
.d1{ animation:slide 5s;}
```

需要注意的是，必须定义动画的名称和时长。如果忽略时长，则不会有动画效果，其默认值为 0。

例 8-12：实现 CSS3 动画效果。

```
1  <!doctype html>
2  <html>
```

```
3    <head>
4    <meta charset="utf-8">
5    <title>动画效果</title>
6    <style>
7    .d1
8    {
9            width:100px;
10           height:100px;
11           background:red;
12           margin:5px auto;
13           animation:slide 5s;
14   }
15   @keyframes slide
16   {
17           from { background:red;}
18           to { background:yellow;}
19   }
20   </style>
21   </head>
22   <body>
23          <div class="d1">实现 CSS3 动画效果</div>
24   </body>
25   </html>
```

在例 8-12 中，规定了盒子从 red 变化为 yellow 的动画效果，动画的名称为 slide，时长为 5s。保存程序并运行，动画开始前的效果如图 8-23 所示，动画完成后的效果如图 8-24 所示。

图 8-23　动画开始前的效果

图 8-24　动画完成后的效果

动画开始前，盒子的背景颜色是红色，动画完成后盒子的背景颜色是黄色。从图 8-23 到图 8-24 有一个变化的过程，当动画完成后又变回初始的样式。

在 CSS3 动画中，@keyframes 可以设置多个关键帧，这样可以得到更绚丽的动画效果。可以使用百分比来规定变化发生的时间，或用关键词 from 和 to。其中，0%是动画的开始，100%是动画的完成。为了得到最佳的浏览器支持，需始终定义 0%和 100%选择符。

了解了动画@keyframes 的设置规则，下面设置动画为 25%及 50%时改变背景色，当动画 100%完成时再次改变。

例 8-13：使用动画@keyframes 的设置规则定义多关键帧动画效果。

```
1   <!doctype html>
2   <html>
3   <head>
4   <meta charset="utf-8">
5   <title>多关键帧动画效果</title>
6   <style>
7   .d1
8   {
9   width:100px;
10  height:100px;
11  background:#F00;
12  margin:5px auto;
13  animation:move 10s; }
14  @keyframes move
15  { 0% {background:#F00;}
16  25% {background:#0F0; }
17  50% {background:#00F;}
18  100% {background:#FF0;}
19  }
20  </style>
21  </head>
22  <body>
23  <div class="d1">实现多关键帧动画效果</div>
24  </body>
25  </html>
```

保存程序并运行，效果如图 8-25 所示。

（a）0%时的背景色

（b）25%时的背景色

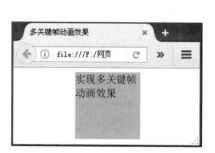

（c）50%时的背景色

（d）100%时的背景色

图 8-25　多关键帧的动画效果

和 transition 属性类似，animation属性也是一个综合属性，且包含多个子属性。CSS3 的 animation 属性及其子属性见表 8-3。

表 8-3　animation 属性及其子属性

属性名	属性描述	属性值
animation	综合属性	
animation-name	指定@keyframes 动画的名称	@keyframes 动画名称
animation-duration	设置动画完成一个周期所花费的时间，默认为 0	秒或毫秒
animation-timing-function	设置动画的速度曲线，默认为 ease	ease：动画以低速开始，然后加快，在结束前变慢
		linear：动画从头到尾的速度是相同的
		ease-in：动画以低速开始
		ease-out：动画以低速结束
		ease-in-out：动画以低速开始和结束
		cubic-bezier(n,n,n,n)：在 cubic-bezier 函数中自己的值。数值取 0,到 1
animation-delay	设置动画何时开始，默认为 0	秒或毫秒
animation-iteration-count	设置动画被播放的次数，默认为 1	n 或 infinite（无限次）
animation-direction	设置动画是否在下一周期逆向地播放，默认为 normal	reverse、alternate、alternate-reverse 等
animation-play-state	设置动画是否正在运行或暂停，默认为 running	paused 暂停动画
animation-fill-mode	设置对象动画时间之外的状态，默认为 none	forwards、backwards、both

表 8-3 列出了 CSS3 动画的综合属性及其子属性，为了更好地理解和应用 animation 属性及其子属性，下面对部分不同的动画效果进行演示。

在 CSS3 动画中可定义背景色和位置改变的动画效果，当 25%、50% 及 75%时改变背景色和位置，当动画 100%完成时再次变回初始状态。

例 8-14：对背景色和位置改变生成动画示例。

```
1   <!doctype html>
2   <html>
3   <head>
4   <meta charset="utf-8">
5   <title>背景色和位置改变动画</title>
6   <style>
7   #d1
8   {
9       width:80px;
10      height:80px;
11      background:#F00;
```

```
12        position:relative;
13        animation:move 10s;
14    }
15    @keyframes move
16    {
17        0%    {background:#F00; left:0px; top:0px;}
18        25%   {background:#0F0; left:180px; top:0px;}
19        50%   {background:#00F; left:180px; top:60px;}
20        75%   {background:#FF0; left:0px; top:60px;}
21        100%  {background:#F00; left:0px; top:0px;}
22    }
23    </style>
24    </head>
25    <body>
26        <div id="d1">背景色和位置改变动画效果</div>
27    </body>
28    </html>
```

保存程序并运行，效果如图 8-26 所示。

（a）0%时的背景色和位置

（b）25%时的背景色和位置

（c）50%时的背景色和位置

（d）75%时的背景色和位置

图 8-26　背景色和位置改变的动画效果

以 animation-timing-function 指定动画如何完成一个周期。它所使用的函数为三次贝塞尔曲线，即速度曲线。速度曲线定义动画从一套 CSS 样式变为另一套所用的时间。

例 8-15：使用速度曲线指定动画效果。

```
1    <!doctype html>
2    <html>
```

```
3    <head>
4    <meta charset="utf-8">
5    <title>速度曲线指定动画</title>
6    <style>
7        div
8        {
9                width:98px;
10               height:35px;
11               margin-bottom:2px;
12               background:#F00;
13               color:#FFF;
14               font-weight:bold;
15               position:relative;
16               animation:move 5s infinite;
17       }
18       .d1 { animation-timing-function:ease; }
19       .d2 { animation-timing-function:linear; }
20       .d3 { animation-timing-function:ease-in; }
21       .d4 { animation-timing-function:ease-out; }
22       .d5 { animation-timing-function:ease-in-out; }
23       @keyframes move
24       { 0% { left:0px; }
25         100% { left:260px;}
26       }
27   </style>
28   </head>
29   <body>
30       <div class="d1">ease</div>
31       <div class="d2">linear</div>
32       <div class="d3">ease-in</div>
33       <div class="d4">ease-out</div>
34       <div class="d5">ease-in-out</div>
35   </body>
36   </html>
```

在例 8-15 中，定义了 5 个盒子，并分别设置了不同的速度曲线。保存程序并运行，观察
动画效果，如图 8-27 所示。

图 8-27　速度曲线定义的动画效果

同样地，由于 animation 具有多个子属性，且是一个复合属性，设置所有动画属性的代码如下：

```
div{
width:80px;
height:80px;
background:#F00;
position:relative;
animation-name:move;
animation-duration:10s;
animation-timing-function:ease-in;
animation-delay:3s;
animation-iteration-count:infinite;
animation-direction:alternate;
animation-play-state:paused;
}
```

上述代码可使用 animation 综合属性进行设置，实现相同的动画效果，代码如下：

```
div { animation: move 10s ease-in 3s infinite alternate paused; }
```

8.2.3 实现过程

1. 案例分析

本案例中实现的具有动态感的导航效果运用了 CSS3 中的阴影、过渡、动画等属性。从动态效果执行过程来看，整个动态变化效果分成了三部分：第一部分是常规的背景色由白色变黑色，文本字体大小、颜色改变；第二部分是橙色的修饰区从左往右移动，同时可视度减弱，这部分是一个过渡效果；第三部分是文字在左右抖动的震动效果，这部分是由动画效果形成的。

2. 案例结构

（1）HTML 结构。使用 HTML 标记来设置页面结构，案例"CSS3 动态导航效果"的 HTML 结构实际上就是一个简单的列表结构，由一个<ul>标签和一组<li>标签组成，每个<li>标签内部放置了两个<div>标签。第一个<div>标签用于构造一个色块以实现从左到右的扫描过渡效果，第二个<div>标签内放置<h2>标签和<h3>标签，<h2>标签和<h3>标签分别放置中文标题和英文标题。具体结构如图 8-28 所示。

（2）CSS 样式。本案例的 CSS 设置较为复杂，大量运用了 CSS3 的属性功能，根据实现的功能效果可以划分为如下几个部分：

- 元素定位：为了查找元素方便，第一个 div 命名为 border 类，第二个 div 命名为 text 类，这两个 div 都要设置定位属性。其中 border 类的 div 因为后期要设置过渡效果，位置要改变，因此使用绝对定位的方式设置定位；而 text 类的位置不需要改变，只需要使用 margin 属性设置位置即可，具体各标记设置如下：

1）设置<ul>标签的宽度、位置。

2）设置<li>标签的宽度和高度、外边距大小、边框属性、背景颜色、阴影效果等。

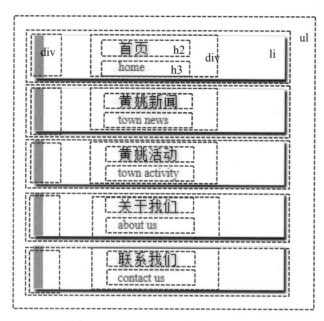

图 8-28　CSS3 动态导航效果的结构图

3）对命名为 border 类的<div>标签设置宽度和高度、背景颜色、定位属性等。

4）对命名为 text 类的<div>标签设置定位属性。

5）设置<h2>标签的字体大小、字体阴影效果、字体颜色等。

6）设置<h3>标签的字体大小、字体颜色、位置空间等。

● 常规变化效果：当鼠标指针经过<li>标签时，改变<li>标签的背景颜色及文本<h2>标签和<h3>标签的外观，构造出一种反差的效果。

1）设置<li>的背景颜色为黑色。

2）设置<h2>标签的文本颜色变为白色，文字变小。

3）设置<h3>标签的文本颜色变为橙色，文字变大。

● 橙色色块的扫描效果：当鼠标指针经过 li 标签时，命名为 border 类的<div>标签从左到右地快速移动，实现一种扫描的效果。

1）border 类初始状态设置 opacity 属性为 1，设置过渡属性 transition 的值。

2）border 类的 hover 状态设置 opacity 属性为 0.5，left 属性为<li>标签的长度。

3）文本的左右抖动效果：当鼠标指针经过<li>标签时，<h2>标签和<h3>标签左右快速移动，形成一种抖动的效果。

4）使用 keyframes 属性定义一个名为 shake 动画。

5）为 text 类的初始状态添加 animation 属性值。

6）为 text 类的 hover 状态添加 animation-name 属性调用 shake 动画。

3．案例代码

（1）建立 HTML 结构。

```
1    <ul class="list">
2        <li>
3            <div class="border"></div>
```

```
4              <div class="text">
5                  <h2><a href="#" target="_blank">首页</a></h2>
6                  <h3>home</h3>
7              </div>
8          </li>
9          <li>
10             <div class="border"></div>
11             <div class="text">
12                 <h2><a href="#" target="_blank">黄姚新闻</a></h2>
13                 <h3>town news</h3>
14             </div>
15         </li>
16         <li>
17             <div class="border"></div>
18             <div class="text">
19                 <h2><a href="#" target="_blank">黄姚活动</a></h2>
20                 <h3>town activity</h3>
21             </div>
22         </li>
23         <li>
24             <div class="border"></div>
25             <div class="text">
26                 <h2><a href="#" target="_blank">关于我们</a></h2>
27                 <h3>about us</h3>
28             </div>
29         </li>
30         <li>
31             <div class="border"></div>
32             <div class="text">
33                 <h2><a href="#" target="_blank">联系我们</a></h2>
34                 <h3>contact us</h3>
35             </div>
36         </li>
37     </ul>
```

（2）建立元素定位，实现所有元素的初始化效果。

```
1   body,ul,li,a,h2,h3{ padding: 0; margin: 0; list-style: none; }
2   a{text-decoration:none;}
3   .list{ width:300px; margin: 20px auto; }
4   .list li { width: 100%; height: 50px; margin-bottom: 10px; border: 1px solid #ddd; background: #fff;
        box-shadow: 2px 3px 3px #333; position: relative;}
5   .list li:hover{ background:#000; }
6   .list .border{ height:50px; position:absolute; left:0; top:0; width:10px; background:#F90; }
7   .text{ margin-left: 100px;    margin-top:5px; height:30px; }
8   .text h2{ text-shadow:1px 2px 4px #999; font-size:18px;    font-weight:normal; }
9   .text h2 a{ color: #333;}
10  .text h3{ font-size:14px; color:#666; font-weight:normal; margin-top: 3px; }
```

（3）常规变化效果，实现 li 及文字的效果反差。

```
1   .list li:hover{ background:#000; }
2   .list li:hover h2,.list li:hover  a{ color:#FFF; font-size:14px; text-shadow:1px 2px 4px #333;}
3   .list li:hover .text h3{ color:#F60;  font-size:14px; margin-top:3px;}
```

（4）橙色色块的扫描效果，修改 border 类属性。

```
1   .list .border{ height:50px; position:absolute; left:0; top:0; width:10px; opacity:1; background:#F90;
                -webkit-transition: left .5s ease;}
2   .list li:hover .border{  opacity:.5; left:290px;}
```

（5）文本的左右抖动效果，添加动画效果。

```
1   /*抖动效果的动画设置*/
2   @-webkit-keyframes shake{
3   0%,100%{-webkit-transform:translateX(0);}
4   20%,60%{-webkit-transform:translateX(-10px);}
5   40%,80%{-webkit-transform:translateX(10px);}
6   }
7   @-moz-keyframes shake{
8   0%,100%{-moz-transform:translateX(0);}
9   20%,60%{-moz-transform:translateX(-10px);}
10  40%,80%{-moz-transform:translateX(10px);}
11  }
12  .text{ margin-left: 100px; margin-top:5px; height:30px; -webkit-animation:.5s .2s ease both;-moz-
    animation:1s .2s ease both;}
13  .list li:hover .text{ -webkit-animation-name:shake; -moz-animation-name:shake;}
14  .text h2{  text-shadow:1px 2px 4px #999;   font-size:18px;   font-weight:normal; }
```

（6）完整代码。

```
1   <!DOCTYPE html>
2   <html>
3   <head>
4   <meta charset="utf-8">
5   <meta http-equiv="X-UA-Compatible" content="IE=edge,chrome=1">
6   <title>css3 动态导航效果</title>
7   <style type="text/css">
8       /*标签初始化*/
9       body,ul,li,a,h2,h3{ padding: 0; margin: 0; list-style: none; }
10      a{text-decoration:none;}
11      /*ul 列表定义*/
12      .list{ width:300px; margin: 20px auto; }
13      .list li { width: 100%; height: 50px; margin-bottom: 10px; border: 1px solid #ddd; background: #fff;
            box-shadow: 2px 3px 3px #333; position: relative;}
14      .list li:hover{ background:#000; }
15      /*左边框的动态效果*/
16      .list .border{ height:50px; position:absolute; left:0; top:0; width:10px; opacity:1; background:#F90;
            -webkit-transition: left .5s ease;}
17      .list li:hover .border{opacity:.5; left:290px;}
18      /*中间的文本抖动效果*/
19      .text{ margin-left: 100px; margin-top:5px; height:30px; -webkit-animation:.5s. 2s ease
            both;-moz-animation:1s .2s ease both;}
```

```
20      .list li:hover .text{ -webkit-animation-name:shake; -moz-animation-name:shake;}
21      .text h2{ text-shadow:1px 2px 4px #999;font-size:18px; font-weight:normal; }
22      .text h2 a{ color: #333;}
23      .text h3{ font-size:14px; color:#666; font-weight:normal; margin-top: 3px; }
24      .list li:hover h2,.list li:hover   a{ color:#FFF; font-size:14px; text-shadow:1px 2px 4px #333;}
25      .list li:hover .text h3{ color:#F60; font-size:14px; margin-top:3px;}
26  /*抖动效果的动画设置*/
27  @-webkit-keyframes shake{
28  0%,100%{-webkit-transform:translateX(0);}
29  20%,60%{-webkit-transform:translateX(-10px);}
30  40%,80%{-webkit-transform:translateX(10px);}
31  }
32  @-moz-keyframes shake{
33  0%,100%{-moz-transform:translateX(0);}
34  20%,60%{-moz-transform:translateX(-10px);}
35  40%,80%{-moz-transform:translateX(10px);}
36  }
37  </style>
38  </head>
39  <body>
40      <ul class="list">
41          <li>
42              <div class="border"></div>
43              <div class="text">
44                  <h2><a href="#" target="_blank">首页</a></h2>
45                  <h3>home</h3>
46              </div>
47          </li>
48          <li>
49              <div class="border"></div>
50              <div class="text">
51                  <h2><a href="#" target="_blank">黄姚新闻</a></h2>
52                  <h3>town news</h3>
53              </div>
54          </li>
55          <li>
56              <div class="border"></div>
57              <div class="text">
58                  <h2><a href="#" target="_blank">黄姚活动</a></h2>
59                  <h3>town activity</h3>
60              </div>
61          </li>
62          <li>
63              <div class="border"></div>
64              <div class="text">
65                  <h2><a href="#" target="_blank">关于我们</a></h2>
```

```
66                    <h3>about us</h3>
67                </div>
68            </li>
69            <li>
70                <div class="border"></div>
71                <div class="text">
72                    <h2><a href="#" target="_blank">联系我们</a></h2>
73                    <h3>contact us</h3>
74                </div>
75            </li>
76        </ul>
77    </body>
78 </html>
```

在浏览器中执行程序，效果如图 8-29 所示。

（a）初始状态

（b）鼠标经过状态

图 8-29　CSS3 动态导航效果图

第 9 章　JavaScript 基础

- JavaScript 概述。
- JavaScript 语法基础。
- DOM 节点技术。
- JavaScript 的条件语句。

JavaScript 是一种 Web 页面的脚本编程语言，具有通用性、跨平台、基于对象和事件驱动的特征。JavaScript 不需要编译，直接嵌入在 HTML 页面中就能把静态页面转化成支持用户交互并响应事件的动态页面。本章将了解什么是 JavaScript、JavaScript 的基本语法、JavaScript 如何操作元素节点等，带领读者通过 5 个案例掌握 JavaScript 语言的基础。

9.1　案例 23：与网页对话

案例 23：与网页对话

下面通过两个案例来了解 JavaScript 的功能作用，认识网页中引入 JavaScript 的方法，掌握编写 JavaScript 代码的语法格式。

9.1.1　案例描述

如图 9-1 所示的案例实现了一个网页页面和用户互动的过程，使用函数的方法实现用户录入信息、显示用户信息的互动。案例效果是在页面加载后提示用户进行输入的对话框，用户在输入框输入内容后浏览器保存用户输入的信息，之后浏览器弹出包含提示信息和一个 OK 按钮的警告框，用户单击"确定"按钮后将在页面中显示用户输入的相关信息。

图 9-1　JavaScript 实现用户与页面互动

如图 9-2 所示的案例实现一个鼠标指针移入改变 div 对象的背景颜色功能。案例效果是有一个矩形框，默认效果是红色的背景，当鼠标指针移动到矩形框上方时该框背景颜色变为绿色。

红色背景　　　　　　　　　　　　　　　　　　　绿色背景

图 9-2　JavaScript 实现鼠标指针经过改变背景颜色

9.1.2　相关知识

本节的两个案例主要涉及的知识点包括 JavaScript 的基本介绍、JavaScript 如何对网页产生效果等。

1. JavaScript 简介

通过图 9-1 和图 9-2 所示的两个案例的示范，可以看出 JavaScript 的部分功能，总结起来包括：对浏览器事件做出响应、读写 HTML 的元素、修改 CSS 样式效果、在数据被提交到服务器之前验证数据、检测访客的浏览器信息、创建动画效果等。使用 JavaScript 能使得网页效果丰富起来，实现网页与浏览者的互动，增强网页的用户体验。

JavaScript 最初由 Netscape Communication Corporation（网景公司）所开发，发展至今已经成为客户端浏览程序中最普遍的语言。一个完整的 JavaScript 实现是由以下 3 个不同部分组成的：核心语言（ECMAScript）、文档对象模型（Document Object Model，DOM）、浏览器对象模型（Browser Object Model，BOM）。

（1）ECMAScript。ECMAScript 是一个描述，它定义了脚本语言的所有属性、方法和对象。多各种脚本语言实现与扩展了 ECMAScript，如 Flash、Director MX 中的 ActionScript 和 Windows 脚本宿主（Windows Scripting Host，WSH）。JavaScript 也是对 ECMA-262 标准的实现和扩展。

（2）DOM。DOM 描述了处理网页内容的方法和接口。DOM 是 HTML 的应用程序接口（Application Programming Interface，API），它把整个页面规划成由节点层级构成的文档。

（3）BOM。BOM 描述了与浏览器进行交互的方法和接口。BOM 可以对浏览器窗口进行访问和操作，由于没有相关的 BOM 标准，每种浏览器都有自己的 BOM 实现，因此 BOM 的操作存在着兼容性的问题。

2. JavaScript 的引入

如果要使用 JavaScript 的脚本代码，就需要在浏览器中引入 JavaScript 代码。JavaScript 的代码引入方式同 CSS 的引入方式一样有两种：直接方式和引用方式。

（1）直接方式。直接方式也叫内嵌式，具体方式是通过<script>标签及其相关属性在 HTML 文档中直接嵌入 JavaScript 脚本，JavaScript 代码需要出现在<script>和</script>之间。当浏览器解析到<script>标签时，计算机系统会调用 JavaScript 脚本引擎来解析代码内容，直到遇到</script>为止，如例 9-1 的代码形式。

例 9-1：使用直接方式引入 JavaScript 代码。

```
1   <html>
2   <head>
3   <title>使用直接方式将 JavaScript 代码插入到 HTML 代码中</title>
4   <script type="text/JavaScript">
5   Document.write("这里的属于 JavaScript 内容")
6   </script>
7   </head>
8   <body>
9   这里是 HTML 的正文内容
10  </body>
11  </html>
```

例 9-1 中的<script>和</script>之间包括了 JavaScript 代码，write()为 JavaScript 语言的 document 对象的方法，该方法的作用是在网页中输出一行文字。该程序输出的效果如图 9-3 所示，图中第一行是 JavaScript 代码输出的文字，第二行是 HTML 输出的文字。

图 9-3　例 9-1 效果图

（2）引用方式。引用方式也叫外链式，当脚本比较复杂或同一段代码会被多个网页引用时就可以采用引用方式。引用方式将这些脚本代码放入一个独立的扩展名为 js 的文件，通过链接的方式引入 HTML 文档，调用格式如下：

```
<script src="URL"  type="text/JavaScript" ></script>
```

代码 src="URL"中的 URL 是要加载的 JavaScript 文件的地址；代码 type="text/ JavaScript"说明这一段脚本语言是 JavaScript，告诉浏览器这一段要按照 JavaScript 来解释执行。

例 9-2：使用引用外部的 JavaScript 脚本文件示例。

```
1   <html>
2   <head>
3   <title>引用外部脚本文件</title>
4   <script type="text/JavaScript" src="sample.js"></script>
5   </head>
6   <body>
7   </body>
8   </html>
```

本例的 script 元素下的 src 属性引用了同一目录下的 sample.js 文件，实现了引用外部脚本文件的功能。sample.js 文件中的代码如下：

```
document.write("由 sample.js 文件输出的文本，且该文件在这里被引用了。");
```

sample.js 文件中只有一个输出语句，在 JavaScript 代码中引用 sample.js，使用浏览器解析后运行的结果如图 9-4 所示。

图 9-4 例 9-2 效果图

3. JavaScript 语句

JavaScript 语句用于向浏览器发出命令，告诉浏览器该做什么事情。通常在每条可执行的语句结尾添加分号，浏览器会按照编写顺序来执行每条语句。例如：

```
A=x+y;
B=y-x;
```

JavaScript 语句可以通过代码块的形式进行组合，其作用是使语句序列一起执行完成某项特定功能。代码块由左花括号开始，至右花括号结束。可以在脚本中添加空格来提高代码的可读性。例如：

```
if (x>y) {
    a=x;
    y=a+1;
    y=x;
}
```

JavaScript 会忽略多余的空格，比如下面的两行代码是等效的。

```
var A="ABC";
var    A  =    "ABC";
```

4. 注释语句

我们在编辑程序时应该添加注释以对程序进行解释，这样既能提高代码的可读性，也能给后期程序维护带来方便。JavaScript 的语句注释有单行注释与多行注释两种方式，在 JavaScript 执行过程中遇到注释语句时程序不会执行注释语句。

单行注释以 // 开头，例如：

```
var _div=document.getElementById('div1');    //获取 id 名为 div1 的元素
div.style.backgroundColor="green";            //把 div 元素的背景颜色修改为绿色
```

多行注释以 /* 开始，以 */ 结尾，例如：

```
/*
下面三行代码能实现：
1. 弹出输入框，要求用户输入内容
2. 弹出确认信息
3. 在网页页面写出信息
*/
```

9.1.3 实现过程

1. 案例分析

案例 23-1 实现了一个网页页面和用户互动的过程。互动过程涉及了 JavaScript 的信息输出、JavaScript 的数据输入以及 JavaScript 的数据存储实现。这里运用直接方式引入 JavaScript 代码。

案例 23-2 实现了一个鼠标指针移入改变 div 对象的背景颜色功能，涉及 DOM 元素获取、更改等知识点，案例运用外部引用方式引入 JavaScript 代码。

2. 案例结构

案例 23-1 使用几个函数分别实现 JavaScript 的信息输入、输出、存储功能，具体功能介绍如下：

（1）使用 window.prompt()方法，实现显示提示用户输入的对话框。

（2）定义一个名为_input 的变量，用于存储用户录入的相关信息。

（3）使用 window.alert()方法，用于显示带有一条指定消息和一个 OK 按钮的警告框。

（4）使用 document.writeln()方法向文档写入 HTML 表达式。

案例 23-2 中运用了 JavaScript 函数、CSS 属性等功能，实现鼠标指针移入改变 div 对象背景颜色的效果，具体如下：

（1）定义一个 changeDiv()函数。

（2）运用 getElementById()方法获取对象。

（3）使用_div.style.backgroundColor="green";属性设置背景颜色。

（4）使用"div1" onmouseover="changeDiv()"调用函数。

案例涉及函数运用、DOM 元素获取和更改等知识点，具体的知识点将在后面详细讲解，本案例重点实现 JavaScript 的代码引入方式及代码的书写构造形式。

3. 案例代码

可以使用任意的文本编辑器编辑 JavaScript 代码，这里我们使用 HBuilder 编辑软件编辑。

对于案例 23-1 来说，在 HBuilder 中新建文件，保存为 example23-1.htm，在代码编辑模式下找到 body 位置，录入对应的代码，保存即可。

案例 23-1 实现了用户与网页的互动效果，代码如下：

```
1   <html>
2       <head>
3           <meta charset="UTF-8">
4           <title>实现用户与网页的互动效果</title>
5       </head>
6       <body>
7           <script type="text/JavaScript">                //JavaScript 代码开始
8               var _input=window.prompt("请输入您的名字");
9           //使用 prompt()函数接收用户输入并保存到变量_input 中
10              window.alert("您的输入的是--"+_input);
11          //使用 alert()函数弹出用户信息提示框
12              document.writeln("欢迎您--"+_input+"--光临我的网页");
```

```
13                              //在页面中写入用户信息
14              </script>                          //JavaScript 代码结束
15          </body>
16 </html>
```

对于案例 23-2，需要在 HBuilder 新建两个文件，分别保存为 example23-2.html 与 example23-2.js，要求两个文件在同一文件目录下，然后录入对应的代码，保存即可。

案例 23-2 实现了鼠标指针移到 div 对象上方，改变 div 对象的背景颜色的效果。第一步创建一个 div 元素，设置其 id 和 onmouseover 事件。

```
<div id="div1" onmouseover="changeDiv()"></div>
```

第二步定义其 CSS 样式，对 div 的宽、高度和背景颜色进行设置。

```
<style type="text/css">
        #div1{width: 100px; height: 100px; background: red;}
   </style>
```

第三步引入外部的 JavaScript 文件，这里引入同一目录的 demo1-2.js 文件。

```
<script src="demo1-2.js" type="text/JavaScript" ></script>
```

案例 23-2 的完整代码如下：

```
1  <html>
2      <head>
3          <meta charset="UTF-8">
4          <title></title>
5          <style>#div1{width: 100px; height: 100px; background: red;} </style>
6          <script src="demo1-2.js" type="text/JavaScript" ></script>
7      </head>
8      <body>
9          <div id="div1" onmouseover="changeDiv()"></div>
10             //当鼠标经过当前对象，执行 changeDiv()函数
11     </body>
12 </html>
```

建立 example23-2.js，保存到和 example23-2.html 相同的文件夹内。

example23-2.js 中 JavaScript 的具体功能代码如下：

```
1  function changeDiv(){                        //定义 changeDiv()函数
2  var _div=document.getElementById('div1');    //通过 id 方法获取 id 名为 div1 的对象
3  _div.style.backgroundColor="green";          //改变对象的背景颜色属性
4  }
```

测试 example23-1.html 和 example23-2.html，效果如图 9-1 和图 9-2 所示。

9.2　案例 24：控制字体大小

案例 24：控制字体大小

9.2.1　案例描述

在浏览网页过程中，不同的用户对字体的大小需求会有所不同，设计者一般会设计一个按钮，让浏览者可以自己设置文字的大小。如图 9-5 所示，单击"减少字号"按钮，文章的文字字号变小，单击"加大字号"按钮，文章的文字字号变大。

图 9-5　"文字大小控制"效果图

9.2.2　相关知识

该案例涉及的知识点是 JavaScript 语法基础，具体包括数据类型、常量、变量、表达式、运算符、数组等。

1. 基本数据类型

数据类型的概念是指某类值的集合以及定义在这个值的集合上的一组操作，使用数据类型可以指定变量的存储方式和操作方法。JavaScript 是一种不严格区分数据类型的计算机语言，所以它的语法比较松散，但是并不表示 JavaScript 中就没有对数据类型的要求，只是 JavaScript 会对不同数据类型进行自动转换。

JavaScript 包括 5 种原始的数据类型，见表 9-1。

表 9-1　JavaScript 的 5 种数据类型

类型	描述
Undefined	当声明的变量没有初始化时，该变量的默认值是 undefined
Null	空值，如果引用一个没有定义的变量，则返回 null
Boolean	布尔类型，包括 true（真）和 false（假）
String	字符串类型，用单引号或双引号括起来的字符或数值
Number	数值类型，可以是 32 位或 64 位的整数或浮点数

2. 变量与常量

变量是指在程序中一个已经命名的存储单元，主要作用是为数据操作提供存放信息的容器。使用变量需要明确变量的命名规则、声明方法和作用域。

（1）变量的命名。变量名可以由任意顺序的大小写字母、数字、下划线（_）和美元符号（$）组成，但不能以数字开头，不能是 JavaScript 中的保留关键字，常用的 JavaScript 保留关键字见表 9-2。JavaScript 严格区分大小写，如 computer 和 Computer 是两个完全不同的符号。

合法的变量名举例：indentifler、username、user_name、_userName、$username。

非法的变量名举例：int、98.3、Hello World。

表 9-2 JavaScript 的保留关键字

break	case	catch	continue	default
delete	do	else	false	finally
for	function	if	in	instanceof
new	null	return	switch	this
throw	true	try	typeof	var
void	while	with		

（2）变量的声明。变量需要事先声明，没有声明的变量不能使用，否则会出错，显示"未定义"。声明变量可以采用如下方式：

```
var <变量> [= <值>];
```

var 这个关键字用作声明变量。最简单的声明方法就是"var <变量>;"，这将为<变量>准备内存，给它赋初始值为 null。如果加上"= <值>"，则给<变量>赋予自定的初始值<值>。例如：

```
var a;
var a=1;
var a,b,c;
var i=1;j=2;k=3;
```

以上都是常见的声明变量的方式。

可以使用 typeof 运算符返回变量的类型，语法如下：

```
typeof  变量名
```

例 9-3：演示 typeof 运算符返回变量类型的方法。

```
1   <!DOCTYPE html>
2   <html>
3   <head>
4   <meta charset="utf-8">
5   <title>演示 typeof 运算符返回变量类型的方法</title>
6   </head>
7   <body>
8   <script type="text/JavaScript">
9       var temp;
10      document.write(typeof temp);      //输出 undefined
11      temp="text String";
12      document.write(typeof temp);      //输出 String
13      temp=100;
14      document.write(typeof temp);      //输出 Number
15  </script>
16  </body>
17  </html>
```

（3）常量的声明。当程序运行时，值不能改变的量为常量。常量主要用于为程序提供固定且精确的值。声明常量可以使用 const 实现，语法如下：

```
Const
常量名：数据类型=值
```

在程序中过多使用常量会降低程序的可读性和可维护性，建议在程序开始就将需要多次引用的常量设置为变量，方便修改与阅读。

3．数组

数组是内存中一段连续的存储空间，用于保存一组相同数据类型的数据，如一组数字、一组字符串、一组对象等。数组有如下特征：

● 和变量一样，每个数组都有一个唯一标识的名称。

● 同一个数组的数组元素应具有相同的数据类型。

● 每个数组都有索引和值（value）两个属性。索引是从 0 开始的整数，用于定义和标识数组中数组元素值的位置；值就是数组元素对应的值。

（1）创建数组。在 JavaScript 中可以使用构造函数方式创建数组，也可以使用字面量方式建立数组。

构造函数方式创建数组是使用静态的 Array()对象创建一个数组对象，语法如下：

```
var arrayObj = new Array()              //创建一个长度为 0 的数组
var arrayObj = new Array( n )           //创建一个指定长度为 n 的数组
var arrayObj = new Array(元素 1,元素 2,…,元素)   //创建一个指定长度的数组，并赋值
```

使用字面量方式建立数组，例子如下：

```
var arrayObj =[];
```

使用方括号，创建空数组，等同于调用无参构造函数。

```
var arrayObj =[10];
```

使用中括号，并传入初始化数据，等同于调用带有初始化数据的构造函数。

一个数组由数组名、一对方括号[]和括号中的下标组合而成，不同的数组元素可以通过下标加以区分。例如，创建一个长度为 n 的数组对象 arrayObj，这个数组对象包括了数组元素 arrayObj[0]、arrayObj[1]、arrayObj[2]、…、arrayObj[n-1]。由于数组的下标是从 0 开始，创建元素的下标就是从 0 到 size-1。

例如，创建一个长度为 3 个元素的 Array 对象，并向该对象存入数据，过程如下：

```
var arrayObj= new Array[3];        //创建一个数组长度为 3 的数组对象
arrayObj[0]= "a";                  //对第 1 个数组对象进行赋值
arrayObj[1]= "b";                  //对第 2 个数组对象进行赋值
arrayObj[2]= "c";                  //对第 3 个数组对象进行赋值
```

也可以在创建 Array 对象的同时直接向该对象存入数据元素。例如：

```
arrayObj=new Array(1,2,3,4,5, "张三", "李四")
```

（2）数组的常用属性和方法。Array 对象有一个最常用的属性 length，用来返回数组的长度，其语法为：

```
Array.length
```

例如，获取已创建的数组的字符串对象的长度，代码如下：

```
var arr=new Array(1,2,3,4,5,6,7);
document.write(arr.length);
```

运行结果是 7。

如果增加已有数组的长度，代码如下：

```
var arr=new Array(1,2,3,4,5,6,7);
arr[arr.length]=arr.lenth+1;
document.write(arr.length);
```

运行结果是 8。

数组有许多方法，因篇幅关系，这里以 join() 和 sort() 方法为例讲述数组方法的使用。join() 方法用于把数组中的所有元素抽取并放入一个字符串。抽取后对应的元素是通过指定的分隔符进行分隔的，默认的分隔符是逗号。sort() 方法用于对数组的元素进行排序，排序的规则可以通过该方法的参数指定。

例 9-4：数组的 join() 和 sort() 方法应用示例。

```
1   <!DOCTYPE html>
2   <html>
3   <head>
4   <meta charset="utf-8">
5   <title>数组的应用示例</title>
6   </head>
7   <body>
8   <script type="text/JavaScript">
9       var arr = new Array("jackly","George","lily");
10      document.write("默认用逗号连接数组元素    "+arr.join()+"<br />");
11      document.write("使用-符号连接数组元素：  "+arr.join("-")+"<br />");
12      document.write('----------------------------'+"<br />");
13      var arr = new Array(20,39,13,7,80)
14      document.write("默认排序方法：       "+arr.sort()+'<br />');
15      document.write("使用排序函数方法：    "+arr.sort(function (a,b){return a - b}));
16  </script>
17  </body>
18  </html>
```

在浏览器中执行例 9-4 的代码，效果如图 9-6 所示。

图 9-6　例 9-4 效果图

4. 表达式和运算符

在定义完变量后，就可以对程序进行赋值、改变、计算等一系列操作，这一过程通常用表达式来完成，它是变量、常量、布尔及运算符的集合。表达式可以分为算术表达式、字符串表达式、赋值表达式和布尔表达式等。

运算符是指完成操作的一系列符号。在 JavaScript 中按运算符操作数可以分为单目运算符、双目运算符和多目运算符 3 种；按运算符类型可以分为算术运算符、比较运算符、赋值运算符、逻辑布尔运算符和条件运算符 5 种。

（1）算术运算符。算术运算符用于连接运算表达式，包括加（+）、减（−）、乘（*）、除（/）、余数（%）、递增（++）、递减（--）等运算符。这里设 y=5，使用常用的算术运算符运算的结果见表 9-3。

表 9-3   算术运算符的运算示例

算术运算符	描述	例子	x 运算结果	y 运算结果
+	加法	x=y+2	7	5
-	减法	x=y-2	3	5
*	乘法	x=y*2	10	5
/	除法	x=y/2	2.5	5
%	取模（余数）	x=y%2	1	5
++	i++（在使用 i 之后，使 i 的值加 1）	x=y++	5	6
	++i（在使用 i 之前，先使 i 的值加 1）	x=++y	6	6
--	i--（在使用 i 之后，使 i 的值减 1）	x=y--	5	4
	--i（在使用 i 之前，先使 i 的值减 1）	x=--y	4	4

（2）比较运算符。比较运算符用来连接操作数以组成比较表达式。比较运算符的基本操作过程是：首先对操作数进行比较，然后返回一个布尔值 true 或 false。这里给定 x=10、y=5，使用常用的比较运算符运算的结果见表 9-4。

表 9-4   比较运算符的运算示例

运算符	描述	比较	返回值
>	大于	x>y	true
<	小于	x<y	false
>=	大于或等于	x>=y	true
<=	小于或等于	x<=y	false
==	等于。只进行表面值判断，不涉及数据类型	x=="10"	true
===	绝对等于。根据表面值和数据类型进行判断	x==="10"	false
		x===10	true

（3）赋值运算符。基本的赋值运算符是"="，用于对变量赋值。其他的赋值运算符可以和"="联合构成组合赋值运算符，用于给 JavaScript 变量赋值。这里给定 x=10、y=5，使用常用的赋值运算符运算的结果见表 9-5。

表 9-5   赋值运算符的运算示例

运算符	例子	等同于	运算结果
=	x=y		x=5
+=	x+=y	x=x+y	x=15

运算符	例子	等同于	运算结果
-=	x-=y	x=x-y	x=5
*=	x*=y	x=x*y	x=50
/=	x/=y	x=x/y	x=2
%=	x%=y	x=x%y	x=0

（4）逻辑运算符。逻辑运算符用于测定变量或值之间的逻辑。这里给定 x=3、y=8，使用常用的逻辑运算符运算的结果见表 9-6。

表 9-6　逻辑运算符的运算示例

运算符	描述	例子
&&	and	(x < 10 && y > 1)运算结果 true
||	or	(x==7 || y==7) 运算结果 false
!	not	!(x==y) 运算结果 true

（5）条件运算符。条件运算符是一种特殊的三目运算符，语法格式如下：

操作数?结果 1:结果 2

如果"操作数"的值为 true，则表达式结果为"结果 1"，否则为"结果 2"。如：

var age=25;
age>=18？alert("你是成年人了！") : alert("你还是未成年人 ");

结果输出的是"你是成年人了！"。因为 age>=18 为 true，所以执行"结果 1"语句部分。

5. 函数

通常情况下，如果每次完成同一个功能时都需要重写一遍代码，这显然不是一个好方法，这时候就可以编写一个函数来完成这个功能，以后只要调用这个函数就可以了，因此函数是完成特定功能的一段代码块。

一个函数的作用就是完成一项特定的任务，把一段完成特定功能的代码块放到一个函数里，需要用到的时候就可以调用这个函数，这样就能实现代码的重复利用。

（1）函数的定义。函数由关键字 function 定义，具体定义函数的形式如下：

function 函数名 (参数){
    函数体;
}

把"函数名"替换为你想要的名字，把"函数体"替换为完成特定功能的代码，函数就定义好了。功能说明：

1）函数由关键字 function 定义。

2）函数名的定义规则与变量一致，大小写是敏感的，函数名是唯一的。

3）参数是可选的，也可以有多个参数，各个参数之间用","分隔。

4）函数体是函数的主体，用于实现特定的功能代码。

（2）函数的调用。函数定义后并不会自动执行，需要在特定的位置调用函数，调用函数需要创建调用语句，调用语句包括函数名称、参数具体值。

例 9-5：实现两个数字的加法运算。

```
1   <!DOCTYPE html>
2   <html>
3       <head>
4           <meta charset="UTF-8">
5           <title>加法练习</title>
6       <script type="text/JavaScript">
7       function claculate(){        //定义一个无参数的函数
8           //获取元素，并将其转化为浮点数
9       var oNum1=parseFloat(document.getElementById('num1').value);
10      var oNum2=parseFloat(document.getElementById('num2').value);
11          //第一个数加第二个数，结果放入 id 为 result 的 value 中
12      document.getElementById('result').value=oNum1+oNum2
13      }
14      function show(text){    //定义一个带形参（text）的函数
15          alert(text);
16      }
17      </script>
18      </head>
19  <body>
20  <script type="text/JavaScript">
21          //调用函数，并给出实参 "这里是一个加法练习!"
22  show("这里是一个加法练习!");
23  </script>
24  <input type="text"    id="num1" value="" /> <br />
25  <input type="text"    id="num2" value="" /><br />
26  <input type="button"    value="+" onclick="claculate()" /><br />
27  <input type="text"    id="result" value="" />
28  </body>
29  </html>
```

程序中定义了两个函数：一个是实现简单的加法计算，无参数；一个是弹出信息，有形参。定义了函数后，程序并没有效果，需要分别调用才能实现其功能。对于无参的函数调用，调用函数即可，就等于在调用处执行函数体里面的代码。而有参数的函数调用执行过程比较复杂，比如本例中调用有参函数的过程是：程序首先用带参调用函数方式调用 show("这里是一个加法练习!")这个函数；然后开始执行 show()的函数体，遇到形参变量"text"，就把实参 "这里是一个加法练习!" 传递给它，这样执行函数时，作为变量的形参就有了具体的值。具体程序执行效果如图 9-7 所示。

图 9-7　例 9-5 效果图

9.2.3　实现过程

1. 案例分析

文字大小控制案例实现了单击"加大字号"按钮放大文章字体、单击"减小字号"按钮缩小文章字体的效果。依据效果需要设置两个按钮来实现字体变化的按钮功能,当单击按钮后先获取要改变字号的对象,然后改变对象的字号。按正常程序的执行过程,单击了按钮后只能改变一次字号,无法实现持续地改变字号的效果。为了实现每次单击按钮都能改变一次字号的效果,需要建立一个存储字号的变量,设置一个改变字号函数,函数实现改变字号的功能,每次单击按钮就调用函数来实现持续改变字号的效果。

2. 案例结构

(1) HTML 结构。在 HTML 结构方面,需要建立两个按钮 (input) 来实现按钮功能,同时对需要改变字号的文章建立一个 id,以方便程序获取对象,因此 HTML 的结构示意图如图 9-8 所示。

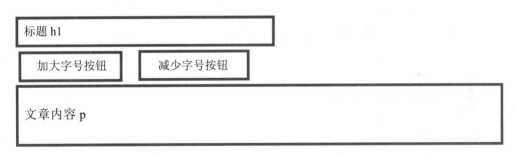

图 9-8　文字大小控制 HTML 的结构示意图

(2) JavaScript 设计。确定对象及字体初始化。程序要实现单击一次按钮让文章的文字字号增加(减少)2 个字号的效果,首先需要有字体对象,因此需要获取能改变字体的<p>标签,这里通过 getElementById('p1')方法获取,该方法的具体作用将在后面详细讲解。接着需要设置一个初始字号,可以通过设置一个变量来存储(var num = 14)。

增加(减少)字号的功能用两个函数来实现。函数 add()实现增加字号效果,首先使用 function 定义函数,函数功能是让文字大小变量 num 每次自加 2(num += 2),实现数值增加。函数 reduce() 是实现减小字号效果,区别在于每次单击 num 自减 2(num -= 2),实现数值减少,其他不变。

函数定义后需要在对应的按钮处进行调用才能实现函数功能。在 value 值为"增加"的按钮处添加 onclick="add()",意思是当单击这个按钮时调用 add()函数;在 value 值为"减少"的按钮处添加 onclick="reduce()",意思是当单击这个按钮时调用 reduce()函数。

3．案例代码

完整的代码如下：

```
1    <!--程序 example24.htm-->
2    <!DOCTYPE html>
3    <html>
4        <head>
5            <meta charset="UTF-8">
6            <title>文字大小控制案例</title>
7        </head>
8        <body>
9            <h1>黄姚古镇</h1>
10   <input   type="button" value="减小"   onclick="reduce()" />
11   <input   type="button" value="加大"   onclick="add()" />
12   <p id="p1" >
13       黄姚古镇发祥于宋朝开宝年间（972 年），距今已有一千多年。古镇总面积为 3.6 平方公里，为典型
     的喀斯特溶岩景观。
14       </p>
15   </body>
16   </html>
17   <script>
18       var oP = document.getElementById('p1');        //获取 id 为 p1 的段落元素对象
19       var num = 14;                 //设置字号大小为 num 变量，初始大小等于 14
20       function   reduce(){          //定义函数，实现减小字号功能
21           num -= 2;                 //变量 num 自减 2
22           oP.style.fontSize = num + 'px';      //num 加上 px 单位，赋给对象的 CSS 文本属性
23           };
24       function add(){               //定义函数，实现增加字号功能
25           num += 2;                 //变量 num 自加 2
26           oP.style.fontSize = num + 'px';   //num 加上 px 单位，赋给对象的 CSS 文本属性
27       };
28   </script>
```

程序第 18 行获取对象，第 19 行初始化文本大小，第 20～23 行定义减小字号的函数，第 24～27 行定义增加字号的函数。因为 CSS 的文字大小是有单位的，因此需要使用 style 属性设置文字大小（oP.style.fontSize = num + 'px'），把 num 值加上 px 单位赋给 id 为 p1 的 CSS 文字大小属性。效果如图 9-5 所示。

9.3   案例 25：商品详情提示

案例 25：商品详情提示

9.3.1   案例描述

商品详情提示案例的初始状态如图 9-9（a）所示，当鼠标指针移入商品显示的框内时，商品的展示框改变背景颜色，边框变粗，边框颜色变为红色，商品名称改为商品价格，如图 9-9（b）所示。鼠标指针移出商品展示框后，恢复为如图 9-9（a）所示的初始状态。

（a）初始状态　　　　　　　　　　　（b）鼠标指针经过的状态

图 9-9　商品详情提示效果图

9.3.2　相关知识

要完成本案例的制作需要掌握的知识点包括 DOM 节点树的概念、DOM 节点的访问操作、元素对象的常用操作方法、元素的属性与内容操作。

1. DOM 节点树

DOM（Document Object Model）称为文档对象模型，是 W3C（万维网联盟）的标准，也是中立于平台和语言的接口，它允许程序和脚本动态地访问和更新文档的内容、结构和样式。DOM 定义了所有 HTML 元素的对象和属性以及访问它们的方法，是关于如何动态获取、修改、添加或删除 HTML 元素的标准。

图 9-10 展示了 DOM 文档的树形结构，这种结构被称为节点树。节点树中的节点彼此拥有层级关系。文档的节点树有如下特点：

（1）在节点树中，顶端节点被称为根节点，如 HTML。

（2）除了根节点，每个节点都有父节点。

（3）每个节点可以有任意数量的子节点。

（4）拥有相同父节点的节点叫作"兄弟节点"。

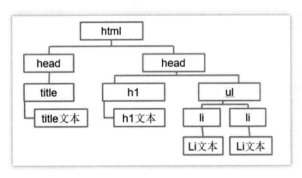

图 9-10　DOM 文档结构示意图

2. 元素节点的访问

在 DOM 中，每个节点都是一个对象，因此每个节点对象都具有一系列的属性和方法。

JavaScript 通过使用节点的属性和方法访问指定的元素和相关元素，从而得到文档中的各个元素对象。常用的访问 HTML 元素方法见表 9-7。

表 9-7　访问 HTML 元素方法

类型	方法	说明
访问指定节点	getElementById()	通过 id 名获取指定的第一个元素对象
	getElementsByName()	通过 name 名称获取指定的元素对象集合
	getElementsByTagName()	通过标签名称获取指定的元素对象集合
	getElementsByClassName()	获取指定的 class 的元素对象集合（IE 6.0～8.0 不支持）

3. 元素属性与内容操作

获取元素节点后，就可以对元素的属性和内容进行修改，包括改变元素内容、元素属性、元素的 CSS 样式和改变事件（处理程序）。常用的操作方法见表 9-8。

表 9-8　常用元素属性与方法

类型	属性/方法	说明
元素内容	innerHTML	获取或设置元素的 HTML 内容
属性操作	getAttribute()	获取元素指定的属性值
	setAttribute()	把指定属性设置或修改为指定的值
	removeAttribute	把元素指定的属性删除
样式属性	className	获取或设置元素的 class 属性
	style	获取或设置元素的 style 属性
位置属性	offsetHeight、offsetWidth	获取或设置元素的高或宽（不含滚动条）
	scrollHeight、scrollWidth	获取或设置元素的完整高或宽（包括滚动条）
	offsetTop、offsetLeft	获取或设置距离左或上滚动条滚动过的距离（包括滚动条）
	scrollTop、scrollLeft	获取或设置元素上边缘、左边缘与视图之间的距离
创建节点	createAttribute()	创建属性节点
	createElement()	创建元素节点
	createTextNode()	创建文本节点
节点操作	appendChild()	把新的子节点添加到指定节点
	removeChild()	删除子节点
	replaceChild()	替换子节点
	insertBefore()	在指定的子节点前面插入新的子节点

我们重点学习元素内容和样式属性操作。

例 9-6：动态更新节点元素的内容，并动态设置节点的样式属性效果。

```
1   <!DOCTYPE html>
2   <html>
3       <head>
4       <meta charset="UTF-8">
5       <title>DOM 元素获取与操作</title>
6       <script type="text/JavaScript">
7           function testDom(){                          //定义一个名为 textDom 的函数
8           var oDiv=document.getElementById('test');    //获取 id 为 test 的元素对象
9           oDiv.innerHTML="<h1>动态添加的 dom 测试标题</h1>";      //设置元素内容
10          //设置元素属性
11          oDiv.setAttribute("style","font-size: 14px;color: red;");
12          oDiv.innerHTML+=oDiv.getAttribute("style");          //获取元素 style 属性并显示
13          }
14      </script>
15      </head>
16      <body onload="testDom()">          <!-- 当页面加载完毕后执行 testDom()函数  -->
17          <div id="test">test</div>
18      </body>
19  </html>
```

例 9-6 首先使用 getElementById('id')方法获取节点元素，然后使用 innerHTML 添加元素内容，可以看到使用 innerHTML 方法可以添加普通文本，也可以添加 HTML 标签内容。通过 setAttribute()方法可以设置元素的属性内容，最后通过 getAttribute()方法获取元素的属性值。效果如图 9-11 所示。

图 9-11   例 9-6 效果图

在需要生成丰富的网页互动或网页变化效果的时候，通常需要动态改变元素的 CSS 样式以实现网页效果需求。可以直接修改 style 样式，也可以通过修改 className 类名完成。例如：

```
var oDiv1=document.getElementById('div1'); //获取元素
oDiv1.style.width="400px";                 //设置样式，相当于#div1{width:400px;}
oDiv1.style.backgroundColor="blue";        //设置样式，相当于#div1{background_color:blue;}
oDiv1.className="A";                        //添加样式，执行效果：<div id="div1" class="A">
oDiv1.className="B";                        //添加样式，执行效果：<div id="div1" class="B">
oDiv1.className+="C";                       //添加样式，执行效果：<div id="div1" class="B C">
oDiv1.className=oDiv1.className.replace("C","D");
//替换样式，执行效果：<div id="div1" class="B D">
```

```
oDiv1.className=oDiv1.className.replace("D","");
                              //删除样式，执行效果：<div id="div1" class="B">
oDiv1.className="";           //删除所有 class 样式
```

例 9-7： 修改 CSS 样式的 display 的属性实现简单的二级菜单效果。

```
1   <!DOCTYPE html>
2   <html>
3       <head>
4           <meta charset="UTF-8">
5           <title>通用的二级菜单</title>
6       <title>通用的二级菜单</title>
7   <style type="text/css">
8       #menu   {   width:600px; margin:auto; }
9       a{ text-decoration: none;width: 150px; }
10      #div1 {display:none; position:relative;top:0px; left:0px; }
11      #div2 { display:none; position:relative;top:0px;left:50px;}
12  </style>
13  <script>
14      function showDiv(divName)                              //显示层
15      {document.getElementById(divName).style.display = "block";}
16      function hiddenDiv(divName)                            //隐藏层
17      {document.getElementById(divName).style.display = "none";    }
18  </script>
19  </head>
20  <body>
21  <div id="menu">
22  <a href="#" onmouseover="showDiv('div1')" onmouseout="hiddenDiv('div1')">菜单一</a>
23  <a href="#" onmouseover="showDiv('div2')" onmouseout="hiddenDiv('div2')">菜单二</a>
24  <a href="#">菜单三</a>
25  <a href="#" >菜单四</a>
26  <div id="div1" onmouseover="showDiv('div1')" onmouseout="hiddenDiv('div1')">
27      <a href="#">子菜单一</a>
28  </div>
29  <div id="div2" onmouseover="showDiv('div2')" onmouseout="hiddenDiv('div2')">
30          <a href="#">子菜单一</a>
31          <a href="#">子菜单二</a>
32  </div>
33  </div>
34  </body>
35  </html>
```

例 9-7 重点使用了获取或设置元素的 style 样式属性来实现图层的显示与隐藏效果。首先将子菜单的 display 属性设置为 none，菜单初始化默认隐藏，接着定义两个带参数函数 showDiv(divName)和 hiddenDiv(divName)，分别实现设置对象的 display 属性显示及隐藏效果。当鼠标指针经过一级菜单的内容时，调用 showDiv(divName)函数，显示对应的二级菜单；当鼠标指针离开一级菜单内容时，调用 hiddenDiv(divName)函数，隐藏二级菜单内容。效果如图 9-12 所示。

图 9-12　例 9-7 效果图

4. 元素调用顺序问题

在实际操作中经常会出现找不到元素的错误，如例 9-8 所示。

例 9-8： 利用浏览器控制台检查程序错误。

```
1  <!DOCTYPE html>
2  <html>
3      <head>
4          <meta charset="UTF-8">
5          <title></title>
6          <script type="text/JavaScript">
7              var oDiv1=document.getElementById('div1');
8              oDiv1.innerHTML="hello,JavaScript!";
9          </script>
10     </head>
11     <body>
12         <div id="div1"></div>
13     </body>
14 </html>
```

运行程序，无法按照需求在网页上正常显示文字，按 F12 键调出控制台，可以查看出错提示，如图 9-13 所示。根据出错提示可知，无法把文本设置在一个空的对象上，也就是说没有找到 div1 的元素对象。

图 9-13　无法找到 DOM 对象出错提示

出错的原因是 JavaScript 是解释性的脚本语言，语句自上往下由浏览器解释执行，当程序执行到 var oDiv1=document.getElementById('div1');语句时，浏览器并没有加载 id 为 div1 的对象，因此是无法获取对象的。为了保证程序的正确执行，需要等待所有对象加载完毕后才执行 JavaScript 代码，因此需要对代码做如下修改：

```
<script type="text/JavaScript">
    window.onload=function(){
```

```
                var oDiv1=document.getElementById('div1');
                oDiv1.innerHTML="hello,JavaScript!";
        }
    </script>
```

window.onload=function(){}相当于建立一个主入口函数，等待页面内容都加载完毕了才执行函数内的程序，这样就避免了出现找不到元素对象的错误，真正实现行为代码与 HTML 标签的分离书写。

9.3.3 实现过程

1. 案例分析

商品详情提示案例效果要实现当鼠标指针移入指定对象后修改对象的相关属性的值，包括背景颜色、边框、文本等，鼠标指针移出对象后恢复初始状态。案例需要动态地更改对象 CSS 效果，因此运用了 JavaScript 的 innerHTML 属性操作获取或设置元素的 HTML 内容、style 属性操作获取或设置元素的 style 样式属性等 DOM 节点操作，实现了综合案例需求。

2. 案例结构

（1）HTML 结构。依据需要的效果，案例中展示的内容包括商品图片和商品介绍，因此 HTML 的结构比较简单，只需要一个 div 框，里面放置一个图片和一个段落文本即可，结构图如图 9-14 所示。

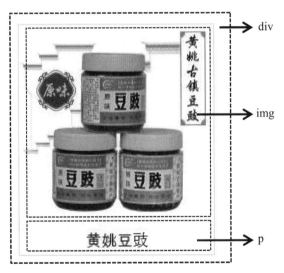

图 9-14 HTML 结构图

（2）CSS 样式。CSS 的设置主要有以下几个方面：

- <img>和<p>标签的初始化。
- 设置外层 div 的边框为灰色细线条，设置宽、高大小。
- 对图像设置宽、高大小。
- 对文本设置文字大小、水平对齐、垂直居中属性。

（3）JavaScript 设置。使用 JavaScript 实现案例效果，第一步获取需要改变属性的对象元素，采用 getElementById()方法获得对象；第二步定义鼠标指针移入对象的函数方法，设定对

象的属性值，包括背景颜色、边框、文本颜色、文本内容等；第三步定义鼠标指针移出对象的
函数方法，恢复初始状态值；第四步定义鼠标指针移出对象的方法。

3. 案例代码

依据以上的分析，使用相应的代码编辑程序，具体代码如下：

```
1   <!DOCTYPE html>
2   <html>
3       <head>
4               <meta charset="UTF-8">
5               <title></title>
6   <style type="text/css">
7   img,p{ padding: 0; margin: 0; padding; border: none;}
8   #div1{width: 200px; height: 230px; border: 1px solid #ddd; margin: 50px auto;}
9   #div1 img{ width: 200px; height: 200px;}
10  #div1 p{ text-align: center; font-size: 16px;height: 27px; line-height: 27px;}
11  </style>
12  <script type="text/JavaScript">
13      window.onload=function(){              //匿名函数，在页面加载完毕后才执行
14          var oDiv=document.getElementById('div1');   //获取对象
15          var oP=oDiv.getElementsByTagName('p')[0];   //获取对象
16          function toIn(){                   //定义移入改变属性函数
17          oDiv.style.border="4px solid red"   //修改对象元素的边框属性
18          oP.style.backgroundColor="red";     //修改对象元素的背景颜色属性
19          oP.style.color="#fff";              //修改对象元素的文本颜色属性
20          oP.innerHTML="10 元/瓶";            //修改对象的文本内容
21              }
22          function toOut(){                  //定义移出恢复属性函数
23              this.style.border="1px solid #ddd";   //恢复对象元素的边框属性
24              oP.style.backgroundColor="#fff";      //恢复对象元素的背景颜色属性
25              oP.style.color="#000";                //恢复对象元素的文本颜色属性
26                  oP.innerHTML="黄姚豆豉";          //恢复对象的文本内容
27                  }
28          oDiv.onmouseover=toIn;             //鼠标移入 div，执行 toIn 函数
29          oDiv.onmouseout=toOut;             //鼠标移出 div，执行 toOut 函数
30          }
31          </script>
32      </head>
33      <body>
34          <div id="div1">
35              <img src="images/sp1.jpg" />
36              <p>黄姚豆豉</p>
37          </div>
38      </body>
39  </html>
```

在浏览器中执行程序，效果如图 9-9 所示。

9.4 案例 26：照片集

9.4.1 案例描述

这是常见的图文展示效果，单击左右两个按钮控制图片上一张、下一张的切换，图片切换的时候对应的图片标题、图片介绍、图片序号会同时更新，实现多张图片的自主切换浏览功能，效果如图 9-15 所示。

图 9-15 "照片集"效果

9.4.2 相关知识

本案例涉及的新知识点是条件语句。

在执行程序时，不一定都要按编写代码的顺序自上而下进行，很多时候需要根据不同情况跳转执行相应的一段程序块，这时候就要用到条件语句了。条件语句主要是对语句中不同条件的值进行判断，进而根据不同的条件执行不同的语句。条件语句主要包括两类：一类是 if 语句及该语句的各种变种，另一类是 switch 多分支语句。

1. if 语句

if 语句是最基本的、最常用的条件控制语句。通过判断条件表达式的值为 true 或 false 来确定是否执行某一条语句。语法格式如下：

```
if(条件表达式) {
语句 }
```

其中条件表达式是必选项，用于指定 if 语句执行的条件，当条件表达式的值是 true 时，执行{}里面的语句；如果条件语句的值是 false，则不执行{}中的内容。执行过程如图 9-16 所示。

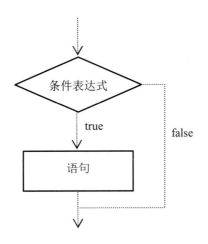

图 9-16　if 语句执行流程图

例 9-9：检查输入文本框的值是否为空。

```
1   <!DOCTYPE html>
2   <html>
3   <head>
4   <meta charset="utf-8">
5   <title>if 语句</title>
6   <script >
7       function chinput(){
8           var oText=document.getElementById('text1');
9           if (oText.value=="") { alert("请输入用户名")};
10      }
11  </script>
12  </head>
13  <body>
14      <div>
15      用户名：<input type="text" value="" id="text1">
16      <input type="button" onclick="chinput()" value="登录" >
17      </div>
18  </body>
19  </html>
```

例 9-9 中定义了一个函数，功能是获取 id 为 text1 的文本框的值，当单击"登录"按钮时，程序通过 if 判断语句判断文本框的值是否为空，如果为空就弹出提示信息"请输入用户名"。效果如图 9-17 所示。

图 9-17　例 9-9 效果图

2. if...else 语句

if...else 语句是 if 语句的标准形式，在 if 语句的基础上增加一个 else 从句，当执行条件的值是 false 时，则执行 else 从句中的内容。基本语法如下：

```
if(执行条件){
执行语句1
} else
{执行语句2}
```

对"条件表达式"的值进行判断，如果它的值是 true，则执行"语句 1"，否则执行"语句 2"。具体执行过程如图 9-18 所示。

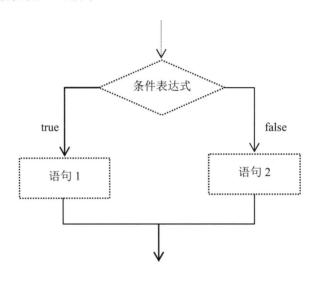

图 9-18　if...else 语句流程图

例 9-10：使用 if... else 语句控制图片切换。

```
1   <!DOCTYPE html>
2   <html>
3   <head>
4   <meta charset="utf-8">
5   <title>图片切换—if...else 语句</title>
6   </head>
7   <body>
8   <img id="img1" src="images/01.jpg" width="500" />
9       <p id="p1">当前图片：</p>
10  <script>
11  var oImg = document.getElementById('img1');
12  var oP = document.getElementById('p1');
13  var onOff = true;        // 布尔值: true 1    false 0
14  oImg.onclick = function (){
15          if( onOff ){
16              oImg.src = 'images/01.jpg';
```

```
17              oP.innerHTML="当前图片是：第一张";
18              onOff = false;
19          } else {
20              oImg.src = 'images/02.jpg';
21              oP.innerHTML="当前图片是：第二张";
22              onOff = true;
23          }
24  };
25  </script>
26  </body>
27  </html>
```

当单击第一张图片时，图片切换为第二张；当单击第二张图片时，图片切换为第一张，即实现两张图片来回切换的效果，如图 9-19 所示。

图 9-19　使用 if…else 语句控制图片切换

3. else if 语句

else if 语句是 else 语句和 if 语句的组合，当不满足 if 语句中指定的条件时，可以再使用 else if 语句指定另一个条件，基本语法结构如下：

```
if 条件表达式 1
    语句块 1
else if 条件表达式 2
    语句块 2
else if 条件表达式 3
    语句块 3
…
else
    语句块  n
```

这种语句也叫多向判断语句，通过 else if 语句对多个条件进行判断，并且根据判断的结果执行相关的语句。具体的执行过程如图 9-20 所示。

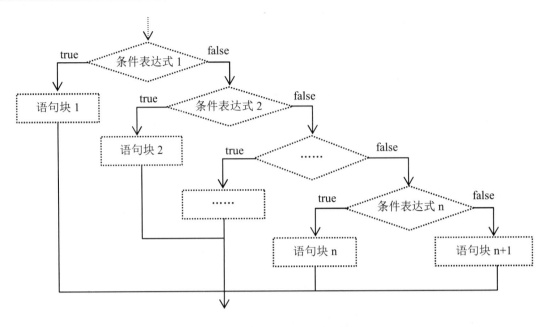

图 9-20　执行 else if 语句流程图

例 9-11：根据打开网页的不同时间段输出不同的问候内容。

```
1   <!DOCTYPE html>
2   <html>
3   <head>
4   <meta charset="utf-8">
5   <title>else if 语句</title>
6   </head>
7   <body>
8   <script>
9       var now=new Date();                //定义变量获取当前时间
10      var hour=now.getHours();           //定义变量获取当前时间的小时值
11      if ((hour>5)&&(hour<=7))
12          alert("早上好！")              //如果时间在 5~7 时之间，输出"早上好"
13      else if ((hour>7)&&(hour<=11))
14          alert("上午好！")              //如果时间在 7~11 时之间，输出"上午好"
15      else if ((hour>11)&&(hour<=13))
16          alert("中午好")                //如果时间在 11~13 时之间，输出"中午好"
17      else if ((hour>13)&&(hour<=17))
18          alert("下午好！")              //如果时间在 13~17 时之间，输出"下午好"
19      else if ((hour>17)&&(hour<=21))
20          alert("晚上好！")              //如果时间在 17~21 时之间，输出"晚上好"
21      else if ((hour>21)&&(hour<=23))
22          alert("午夜好！")              //如果时间在 21~23 时之间，输出"午夜好"
23      else {alert("凌晨好！")}            //如果时间不符合上述条件，输出"凌晨好"
24  </script>
25  </body>
26  </html>
```

　　程序执行的效果如图 9-21 所示。程序首先获取系统时间,通过判断当前时间的范围输出对应的问候语句,不同时间登录页面会显示不同的问候语句。Date 对象用于处理日期和时间,getHours()方法是 Date 对象的方法,它返回表示当前的小时值,具体关于 Date 对象的内容将在第 10 章详细讲解。

图 9-21　例 9-11 效果图

4. switch 语句

　　有时候需要根据一个表达式的不同取值对程序进行不同的处理,此时可以使用 switch 语句。switch 语句是典型的多分支语句,基本语法如下:

```
switch ( 表达式) {
    case 值 1:
        语句块 1
        break;
    case 值 2:
        语句块 2
        break;
    …
    case 值 n:
        语句块 n
        break;
    default:
        语句块 n+1
}
```

　　case 语句可以重复多次使用,当表达式等于值 1 时,就执行语句块 1;当表达式等于值 2 时,就执行语句块 2;以此类推。如果以上条件都不满足,就执行 default 子句中指定的语句块 n+1。每个 case 子句的最后都要包括一个 break 语句,执行这条语句后就会退出 switch,不再执行后面的语句。

　　例 9-12:显示当前系统日期。

```
1  <!DOCTYPE html>
2  <html>
3  <head>
4  <meta charset="utf-8">
5  <title>switch 语句</title>
6  </head>
7  <body>
8      <script>
9      var date=new Date();
10     document.write("今天是")
```

```
11                switch (date.getDay()) {
12                    case 1:
13                        document.write("星期一");
14                        break;
15                    case 2:
16                        document.write("星期二");
17                        break;
18                    case 3:
19                        document.write("星期三");
20                        break;
21                    case 4:
22                        document.write("星期四");
23                        break;
24                    case 5:
25                        document.write("星期五");
26                        break;
27                    case 6:
28                        document.write("星期六");
29                        break;
30                    default:
31                        document.write("星期日");
32                }
33        </script>
34    </body>
35 </html>
```

程序首先获取系统时间，通过判断当前日期的范围输出对应的问候语句，不同日期登录页面会有不同的问候语句。Date 对象用于处理日期和时间，getDay()方法是 Date 对象的方法，它返回表示星期的某一天的数字。程序效果如图 9-22 所示。

图 9-22   例 9-12 效果图

9.4.3 实现过程

1. 案例分析

该案例能实现多张图片的自主切换浏览功能，通过单击按钮控制图片切换，图片切换的同时更新图片标题、图片介绍、图片序号等信息。要实现单击按钮切换图片，只需要设置单击按钮后改变 URL 地址即可实现。案例的难点是如何同步更新对应的图片标题、介绍等信息，本案例使用了引用数组的方式来解决同步的问题。

2．案例结构

（1）HTML 结构。依据案例分析应该有图片（img）、按钮（button）、标题（h1）、图片介绍（p）、图片序号（p）等标签内容，依此首先构建 HTML 及 CSS 文档，布局效果如图 9-23 所示。

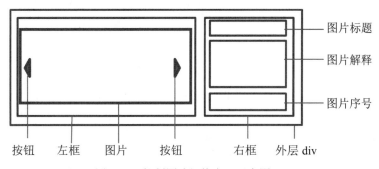

图 9-23　控制图片切换布局示意图

（2）CSS 样式。对于图 9-23 所示的布局示意图，在 CSS 样式构造方面需要做如下处理：

● 定义一个外层 div，设置其宽度和高度、背景颜色。

● 定义两个内容框，一个在左边，一个在右边，使用 float 方法实现。

● 对左边内容框的一个图片设置宽度和高度。

● 对左边内容框的两个按钮设置宽度和高度、位置属性。

● 对右边的内容框设置图片标题，图片简介，图片序号的宽度、高度、字体、边框、位置等属性。

（3）JavaScript 设置。为实现通过单击按钮控制图片切换效果，案例构建 3 个长度一样的数组，分别存放图片地址（arrUrl）、图片标题（arrTitle）、图片介绍（arrText），利用数组内部存放位置的关系建立地址、标题、介绍三者的逻辑关系。建立一个数组位置指针，数组指针为 0 表示第一张图片的信息，数组指针为 1 表示对应第二张图片的信息，以此类推。

如果不能有效控制图片切换的范围，就会出现超出数组长度而找不到有效图片信息的错误。为了解决这个问题，需要引入 if 语句，单击按钮后判断数组指针在数组有效值内时才继续执行下一步程序。

3．案例代码

（1）建立 HTML 结构。

```
1    <!DOCTYPE html>
2    <html>
3        <head>
4            <meta charset="UTF-8">
5            <title>照片集</title>
6        </head>
7        <body>
8            <div id="con">
9                <div id="left">
10                   <img id="img1" >                        <!-- 图片位置 -->
11                   <a id="prev" href="JavaScript:;"><</a>    <!-- 上一张按钮 -->
```

```
12              <a id="next" href="JavaScript:;">></a>              <!-- 下一张按钮 -->
13              </div>
14              <div id="right">
15              <div id="title">黄姚旅游推荐</div>                  <!-- 图片标题 -->
16              <div id="p1">图片文字加载中……</div>               <!-- 图片介绍 -->
17              <div id="num1">图片数量计算中……</div>           <!-- 图片序号 -->
18              </div>
19          </div>
20      </body>
21 </html>
```

在上面的 HTML 代码中，定义了 id 为 left 和 right 的两对<div>，分别用于定义网页的图片和图片介绍两部分模块。其中第 11 行和第 12 行定义了两个链接标签，用于控制图片切换效果，href="JavaScript:;"的作用是防止链接跳转，从而可以在链接的 onclick 方法上写自己想执行的代码。HTML 结构效果如图 9-24 所示。

图 9-24 "照片集"结构展示

（2）CSS 样式生成。

```
1  <style type="text/css">
2              /*定义基本框架位置*/
3  #con{ width: 1000px; height:440px; margin: 10px auto; background: #000;}
4  #left{ width: 600px; height: 400px; border: 1px solid #fff; margin: 10px; float: left; position: relative;}
5  #right{ width:300px; height: 400px; border: 1px solid #fff; margin: 10px; float: right;}
6              /*设置图片大小*/
7  #left #img1{ width: 600px; height: 400px;}
8              /*设置按钮位置和外观效果*/
9   a{ width:40px; height:40px; background:#fff; filter:alpha(opacity:80); opacity:0.8; position:absolute;
    top:160px; font-size:18px; color:#000; text-align:center; line-height:40px; text-decoration:none;
10  a:hover { filter:alpha(opacity:30); opacity:0.3; }
11  #prev { left:10px; }
12  #next { right:10px; }
13              /*设置右边图片标题、介绍、页码位置、外观*/
14  #right #title{ margin: 10px; height: 50px; width: 90%; color: #fff;  border-bottom: 1px solid #fff;}
15  #right #num1{ margin: 10px; height:20px; width: 90%; color: #fff; text-align:right;}
16  #right #p1{ margin: 10px; height: 260px; width: 90%;   color: #fff; border-bottom: 1px solid #fff;}
17  </style>
```

使用 CSS 主要是对对象的位置进行定位，因为图片和图片的介绍内容都是通过 JavaScript 进行动态添加和改变的，CSS 添加完毕后具体内容并没有显示，效果如图 9-25 所示。

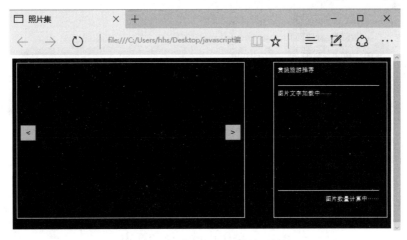

图 9-25 "照片集" CSS 效果展示

（3）添加 JavaScript。

```
1  <script type="text/JavaScript">
2  window.onload = function (){
3      //通过 id 的方式取得所有需要的对象
4      var oPrev = document.getElementById('prev');
5      var oNext = document.getElementById('next');
6      var oTitle = document.getElementById('title');
7      var p1 = document.getElementById('p1');
8      var num1 = document.getElementById('num1');
9      var oImg = document.getElementById('img1');
10     //初始化 3 个数组内容，arrUrl 数组存放图片的路径位置，arrTitle 数组存放图片对应标题，arrText
       数组存放图片对应介绍
11     var arrUrl = [ 'images/1.jpeg', 'images/2.jpeg', 'images/3.jpeg', 'images/4.jpeg' ];
12     var arrTitle = [ '贺州火车站', '《面纱》的取景地', '桥', '黄姚豆豉' ];
13     var arrText = [ '贺州火车站……', '电影《面纱》的取景地……', '桥的形状大多无异……', '黄姚豆豉
       远近闻名……' ];
14     var num = 0;                         //初始化数组指针值，定义第一张图片
15     oPrev.onclick = function (){         //当单击"上一张按钮"按钮后，执行匿名函数
16         num --;                          //数组指针值减 1
17         if( num == -1 ){                 //如果数组指针值等于-1，停止后退
18             num = arrText.length-1;      //数组指针值指向数组的最后下标位置
19         }
20         fnTab();                         //执行加载图片信息函数
21     };
22     oNext.onclick = function (){         //单击"下一张按钮"按钮后，执行匿名函数
23         num ++;                          //数组指针值加 1
24         if( num == arrText.length ){     //如果数组指针值等于数组长度，停止前进
25             num = 0;         //数组指针值指向数组的第一个下标位置，实现图片的循环
26         }
27         fnTab();
28     };
29     function fnTab(){
```

```
30                oImg.src = arrUrl[num];
31                oTitle.innerHTML = arrTitle [num];
32                p1.innerHTML = arrText[num];
33                num1.innerHTML = num+1 + ' / ' + arrText.length;
34            }
35        fnTab();                    // 初始化
36    };
37 </script>
```

程序中第 4～9 行获取所有的对象，第 11～13 行定义了所有要添加的图片地址、图片介绍、图片标题数据，第 15～21 行是向上一张图片切换，第 22～28 行的程序是向下一张图片切换，第 30～36 行初始化数据。

9.5 案例 27：选项卡

案例 27：选项卡

9.5.1 案例描述

选项卡是一种常用的布局方法，能在有限的空间布置更多的内容。单击一个标题（如特产），特产标题按钮背景变为白色、边框出现，其他标题背景变为灰色、无边框，对应的内容栏目显示，其他栏目内容隐藏，效果如图 9-26 所示。

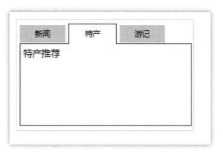

图 9-26　选项卡效果图

9.5.2 相关知识

完成选项卡效果涉及的新知识点是循环语句。循环语句是指在满足指定条件的情况下循环执行一段代码，并在指定的条件下退出循环。JavaScript 的循环语句包括 while 语句、do…while 语句、for 语句和 for…in 语句。

1. while 语句

while 循环重复执行一段代码块，直到某个条件不再满足，退出循环。while 循环的结构如下：

```
while(条件表达式){
循环语句体
    }
```

只有当条件表达式等于 true 时，程序才循环执行"循环语句体"中的代码。具体执行过程如图 9-27 所示。

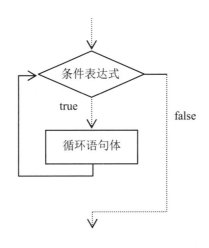

图 9-27 执行 while 语句流程图

使用 while 语句时要注意，在循环语句体内需要有代码来改变条件表达式的值，以保证条件表达式的值存在 false 的情况，否则就会形成死循环。下面的 while 语句中 i 的值永远都小于 3，则这个就是一个死循环。

```
var i=1;
while (i<3){
alert(i);
}
```

例 9-13：演示 while 语句的使用。

```
1   <!DOCTYPE html>
2   <html>
3   <head>
4   <meta charset="utf-8">
5   <title>while 语句案例</title>
6   </head>
7   <body>
8   <script type="text/JavaScript">
9       var i=1;                    //初始化变量 i，值为 1，从 1 开始累加
10      var sum=0;                  //初始化变量，作为累加结果存放
11      while (i<11) {              //判断条件，如果 i 的值小于 11 就执行循环语句
12          sum=sum+i;             //累加 i
13          i++;                   //改变 i 的值，从而改变判断条件，避免死循环
14      }
15      document.write(sum);       //输出结果
16  </script>
17  </body>
18  </html>
```

程序使用 while 循环计算从 1 累加到 10 的结果。每次执行循环体时变量 i 都会增加 1，当变量 i 等于 11 时退出循环。例 9-13 运行结果为 55。

2. do…while 语句

do…while 循环与 while 循环很相似，它们的主要区别在于 while 语句会在执行循环语句体之前检查表达式的值，而 do…while 语句则是在执行循环体之后检查表达式的值，因此 do…while 也称为后测试循环。基本语法如下：

```
do {
     循环语句体
} while (条件表达式);
```

do…while 语句的执行过程如图 9-28 所示。

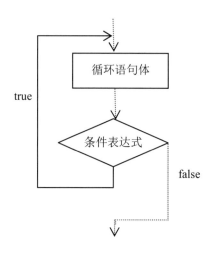

图 9-28   执行 do…while 语句流程图

例 9-14：演示 do…while 语句的使用。

```
1   <!DOCTYPE html>
2   <html>
3   <head>
4   <meta charset="utf-8">
5   <title>do...while</title>
6   </head>
7   <body>
8   <script type="text/JavaScript">
9       var i=1;                    //初始化变量 i
10      var sum=0;                  //初始化变量，作为结果存放
11      do {                        //执行循环语句体
12          sum=sum+1;              //i 累加
13          i++;                    //改变 i 的值
14      } while (i<11);             //条件语句，判断 i 的值是否小于 11
15      document.write(sum);        //输出结果
16  </script>
17  </body>
18  </html>
```

程序使用 do…while 循环计算从 1 累加到 10 的结果。每次执行循环体时变量 i 都会增加 1，当变量 i 等于 11 时退出循环。例 9-14 运行结果为 55。

3. for 语句

for 语句是 JavaScript 语言中应用比较广泛的循环语句。通常 for 语句使用一个变量作为计数器来记录执行循环的次数，这个计数器变量也称为循环变量。for 语句结构如下：

```
for(初始条件;判断条件;循环后动作)
{
    循环代码块
}
```

for 关键字的()里包括 3 部分内容，即初始条件、判断条件和循环后动作，它们之间用 ";" 分隔，{}中的内容为执行语句代码。

下面用①表示初始条件，②表示判断条件，③表示循环后动作，④表示循环代码块，通过这几个序号来分析 for 循环的执行流程。具体如下：

```
for( ①; ②; ③ ){
④
}
```

第一步：执行①。

第二步：执行②，如果判断结果为 true，执行第三步，如果判断结果为 false，执行第五步。

第三步：执行④。

第四步：执行③，然后重复执行第二步。

第五步：退出循环。

例 9-15：使用 for 循环输出从 1 累加到 10 的结果。

```
1   <!DOCTYPE html>
2   <html>
3   <head>
4   <meta charset="utf-8">
5   <title>for 程序</title>
6   </head>
7   <body>
8   <script type="text/JavaScript">
9       var i=1;
10          for (i=1;i<11;i++){
11              sum=sum+i;
12          }
13      document.write(sum);
14  </script>
15  </body>
16  </html>
```

程序使用 for 语句计算从 1 累加到 10 的结果。循环计算器 i 的初始值设置为 1，每次循环变量的值都增加 1，当 i<11 时执行循环体。例 9-15 运行结果为 55。

4. for…in 语句

JavaScript 中的 for…in 是一种特殊的 for 循环语句，通常用于遍历数组。用 for…in 语句处理数组，可以依次对数组中的每个数组元素执行一条或多条语句。格式如下：

```
for (变量 in   对象中) {
```

```
                循环语句体
         }
```

变量将遍历数组中的每个索引。如果变量值是一个有效的下标索引，就会执行下一个步骤，否则就退出循环。

例 9-16：使用 for...in 语句输出从 1 累加到 10 的结果。

```
1   <!DOCTYPE html>
2   <html>
3   <head>
4   <meta charset="utf-8">
5   <title>for 程序</title>
6   </head>
7   <body>
8   <script type="text/JavaScript">
9   var a,b;
10  a= new Array("JavaScript","CSS","Html5");        //创建一个新的数组
11  myarr [0] =;
12  myarr [1] =;
13  myarr [2] =;
14  for (b in a) {                                   //数组中的每一个变量
15  document.write(a [b] + "<br />");                //输出数组内容
16  }
17  </script>
18  </body>
19  </html>
```

在程序运行过程中，a[0] ="JavaScript"，a [1] ="CSS",a[2] ="Html5"，b 的值就是数组的下标索引 0、1、2。运行结果如下：

```
JavaScript
CSS
Html5
```

9.5.3 实现过程

1. 案例分析

实现选项卡的思路是将一个标题与一个内容框作为一个数据组合，选项卡就是由多组数据组合构成。单击一个标题按钮，该组合就被定义为当前激活组合，该组合的标题按钮获得一个当前样式以改变外观效果，同时显示对应的内容。其他组合处于非激活状态，标题按钮为默认样式，内容框默认隐藏。要实现这样的效果，需要解决两大问题，第一个是确定当前的激活状态对象问题，第二个是对标题与内容建立组合关系的方法。

2. 案例结构

（1）HTML 结构。依据案例需求，对 HTML 结构需要设置几个 input 和几个 div，input和 div 的数量应该是相等的，这样才能够合适地组合成多组数据组合，input 是标题对象，div 是内容对象，根据需求添加数据组合即可。HTML 结构图如图 9-29 所示。

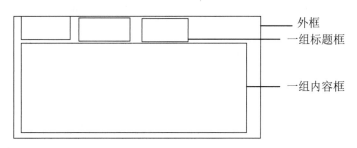

外框
一组标题框
一组内容框

图 9-29　选项卡的 HTML 结构图

（2）CSS 样式设计。CSS 的设置主要是为了区分默认状态和激活状态，因此要在标题标签（input）的外观和内容标签（div）的可视性上做出相应的设置。

● 设置 input 默认背景为灰色，无边框。

● 定义一个激活状态类（active），加大宽高，设置背景颜色为白色，有 1 像素实线边框，相对原来的位置向下移动一个像素，目的是覆盖内容部分边框线，将标题和内容框构成一个组合效果。

● 设置内容 div 的宽、高、边框大小，默认隐藏（display 属性为 none）。

（3）JavaScript 设计。对于 JavaScript 程序，关键是解决案例分析中提到的两大问题，第一个是确定当前的激活状态对象问题，第二个是对标题与内容建立组合关系的方法。

通过标签名方式获取所有的按钮（input 标签）及内容（div 标签）元素对象，通过 getElementsByTagName('标签')方法获取的是一个数组对象。

```
var oInput=document.getElementsByTagName('input');          //获取所有按钮对象
var oDiv=document.getElementsByTagName('div');              //获取所有内容显示对象
```

使用 for 循环的方式为被单击的每个按钮添加激活状态的 CSS 类效果，这样无论单击哪个标题都可达成激活标题效果，第一个问题就解决了。

```
for ( var i=0;i<oInput.length;I++) {
        oInput[i].onclick=function(){       //按钮对象遇到单击事件，就执行匿名函数
                this.className="active";    //为当前被单击的按钮添加激活状态 CSS 类
        }
}
```

第二个问题，要使得单击标题的同时程序能找到对应的内容 div 框，让其在按钮被单击的同时显示出来。如何找到一个中介值做两者的桥梁呢？如果用 for 循环内部的 i 值，当前按钮被单击后去执行匿名函数，再次执行 i 值的话，i 的输出结果已经是数组的总长度，因此不能直接用 i 值传递给内容数组。

解决的办法是为每个按钮对象添加一个自定义的标号属性变量（index），让该属性变量的值等于 for 循环的 i 的值，这样每个按钮都有了标号属性。通过该标号属性值与内容 div 的数组位置建立一一对应的逻辑关系，即可完成配对关系。代码如下：

```
for ( var i=0;i<oInput.length;I++) {
//为按钮对象建立一个自定义的属性，名字叫 index，值与 i 相等，目的是让按钮数组元素与内容数组
元素一一对应
        oInput[i].index=i;
        oInput[i].onclick=function(){
        this.className="active";
```

```
        oDiv[this.index].style.display="block";   // this.index 代表当前对象的属性值
    }
```

以上操作实现了单击按钮添加激活状态，并显示对应的内容 div。但是无法实现激活状态的唯一性，每次单击都产生新的激活状态数据组合，而旧的激活数据组合并没有返回初始状态。这里解决的方法是在单击按钮激活效果前做一遍"刷新"状态，也就是把所有的按钮和内容初始化，每次单击都是从初始化开始。

```
for (var j=0;j<oInput.length;j++) {        //为激活对象添加效果前，所有数据变回初始状态
    oInput[j].className="none";            //所有按钮不添加类，目的是取消之前添加的激活类
    oDiv[j].style.display="none"           //所有内容 div 隐藏，目的是取消之前的显示属性
}
```

3．案例代码

（1）确定 HTML 代码结构。

```
1   <!DOCTYPE html>
2   <html>
3       <head>
4           <meta charset="UTF-8">
5           <title>选项卡</title>
6       </head>
7       <body>
8       <div id="outer">
9           <input type="button" value="新闻" class="active"/>
10          <input type="button" value="特产" />
11          <input type="button" value="游记" />
12          <div style="display: block;">景区新闻内容</div>
13          <div>特产推荐</div>
14          <div>游记内容</div>
15      </div>
16      </body>
17  </html>
```

打开浏览器预览，效果如图 9-30 所示。

图 9-30   "选项卡"的 HTML 结构效果图

（2）CSS 样式设置。

```
1   <style type="text/css">
2       *{ padding: 0; margin: 0; }
3       #outer{ width: 300px; height: 180px; border:1px solid #ddd; margin: 50px auto; padding: 5px; }
4       input{ background:#ccc; padding: 5px; width:80px; height: 30px; border:none;       }
```

5	.active{ background: #fff;　border: 1px solid green; border-bottom: none;　width:85px; height: 35px; position: relative; bottom: -1px;　}
6	#outer div{　width: 290px; height: 130px; border: 1px solid green; display: none; padding: 5px;　}
7	</style>

依据 CSS 设计，配置好相关的 CSS 样式后效果如图 9-31 所示。这里主要是凸显出默认标题和激活状态标题的外观差异，运用线条的方式把激活状态的标题和内容构造成一个整体效果。原来内容区的 div 只显示了一个区域，隐藏了其他部分。

图 9-31　"选项卡"的 CSS 样式效果图

（3）JavaScript 设置。

1	<script>
2	window.onload=function(){
3	var oInput=document.getElementsByTagName('input');
4	var outer=document.getElementById('outer');
5	var oDiv=outer.getElementsByTagName('div');
6	for (var i=0;i<oInput.length;i++) {
7	oInput[i].index=i;
8	oInput[i].onclick=function(){
9	for (var j=0;j<oInput.length;j++) {
10	oInput[j].className="none";
11	oDiv[j].style.display="none"
12	}
13	this.className="active";
14	oDiv[this.index].style.display="block";
15	}
16	}
17	}
18	</script>

第 3~5 行获取对象元素；第 7 行设定一个自定义属性，让该属性变量的值等于 for 循环中的 i 的值，用于建立标题和内容的对象序号关系；第 9~12 行做重置动作，每次改变标题前都执行效果重置设定；13 行和第 14 行设定当前激活状态对象的样式效果，效果变化如图图 9-26 所示。

9.6 案例综合练习

运用本章学过的知识，结合给出的素材，制作一个手动跳转焦点图，实现图 9-32 和图 9-33 所示的效果，要求如下：

（1）刚打开页面时效果如图 9-32 所示。

图 9-32 手动跳转焦点图 1

（2）当鼠标指针移到第二个按钮时效果如图 9-33 所示。

扫一扫二维码
查看制作参考

图 9-33 手动跳转焦点图 2

第 10 章　JavaScript 核心对象

- 对象的基本概念。
- 浏览器对象。
- Window 对象。
- 日期对象。
- Math 对象。
- String 对象。

JavaScript 是基于对象的脚本编程语言,程序主要的功能都是通过对象来完成的。JavaScript 提供了多种对象供程序调用,包括内置对象、浏览器对象和文档对象等。JavaScript 具有面向对象的基本特征,也可以根据需要创建自己的对象,从而进一步扩大 JavaScript 的应用范围,支持编写功能强大的 Web 文档,但是初学者一般是运用 JavaScript 的内置对象解决网页程序的问题。本章主要学习 JavaScript 的一些核心对象,通过对部分对象的具体运用来掌握如何运用对象的方法,以解决网站设计时遇到的问题。

10.1　案例 28:秒杀商品

案例 28:秒杀商品

10.1.1　案例描述

秒杀抢购是购物网站经常运用的一种营销策略,在页面内设定秒杀抢购活动的开始时间点和结束时间点,活动开始时间一到,允许用户参加活动并开启倒计时,结束时间一到,就关闭活动入口。本案例模拟到秒杀结束时间关闭入口的效果,如图 10-1 所示。

图 10-1　"秒杀商品"案例效果

10.1.2 相关知识

秒杀抢购案例效果涉及的新知识点包括内置对象的概念及日期对象的运用。

1. 对象的基本概念

JavaScript 是使用对象化编程的一种语言。所谓对象化编程，就是 JavaScript 所有的编程都是以对象为出发点，是基于对象的。JavaScript 中的所有事物都是对象，如字符串、数值、数组、函数等。小到一个变量，大到网页文档、窗口和屏幕，都是对象。同时，JavaScript 还允许自定义对象，构造自定义的功能对象。

对象拥有属性和方法，属性是与对象相关的值，方法是能够在对象上执行的动作。

访问对象属性的语法格式如下：

objectName.propertyName

例 10-1：对象属性的使用示例。

```
1   <!DOCTYPE html>
2   <html>
3   <head>
4   <meta charset="utf-8">
5   <title>对象属性的使用示例</title>
6   </head>
7   <body>
8   <script type="text/JavaScript">
9       var message="Hello World!";
10      var x=message.length;
11      alert(x);
12  </script>
13  </body>
14  </html>
```

例 10-1 定义了一个字符串变量来存放数据，字符串属于 String 对象，因此可以使用 String 对象的 length 属性来获得字符串的长度。以上代码执行后，弹出 x 的值将是 12。效果如图 10-2 所示。

图 10-2　例 10-1 效果图

访问对象的方法可以通过以下语法来调用：

objectName.methodName()

例 10-2：访问对象的方法示例。

```
1   <!DOCTYPE html>
2   <html>
```

```
3   <head>
4   <meta charset="utf-8">
5   <title>Examples</title>
6   </head>
7   <body>
8   <script type="text/JavaScript">
9       var message="Hello world!";
10      var x=message.toUpperCase();
11      alert(x);
12  </script>
13  </body>
14  </html>
```

String 对象的 toUpperCase()方法的作用是将字符串内所有的字母改为大写，因此以上代码执行后，弹出 x 的值将是"HELLO WORLD!"，效果如图 10-3 所示。

图 10-3　例 10-2 效果图

JavaScript 对象按类型可分为内置对象、浏览器对象和自定义对象。自定义对象是根据 JavaScript 的对象扩展机制用户自定义的 JavaScript 对象，有很强的灵活性、自主性。本书重点讨论浏览器对象和内置对象。

2. 浏览器对象

BOM（Browser Object Model）是指浏览器对象模型，是用于描述这种对象与对象之间层次关系的模型，它提供了独立于内容的、可以与浏览器窗口进行互动的对象结构。BOM 由多个对象组成，主要用于管理窗口与窗口之间的通信，因此其核心对象是浏览器窗口的 Window，其他对象都是该对象的子对象，每个对象都提供了很多方法和属性。浏览器对象的结构分类如图 10-4 所示，每种浏览器的功能作用见表 10-1。

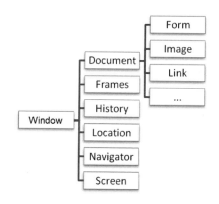

图 10-4　浏览器对象的结构

表 10-1　浏览器对象的具体功能

对象	描述
Window	所有浏览器都支持 Window 对象，是最顶层对象，表示浏览器窗口
Document	用于管理 HTML 文档，可以用于访问页面中的元素
Frames	表示浏览器窗口中的框架窗口
History	浏览器窗口的浏览历史，是用户访问过的站点列表
Location	用于获得当前页面的地址（URL），并把浏览器重定向到新的页面
Navigation	包含有关访问者浏览器的信息
Screen	包含有关用户屏幕的信息

由于 BOM 没有相关标准，每个浏览器都有其自己对 BOM 的实现方式。由于现代浏览器基本实现了 JavaScript 交互性方面的相同方法和属性，因此 JavaScript 的操作方法常被认为是 BOM 的方法和属性。

本书挑选部分常用 Window 对象来介绍浏览器对象的使用方法，更多的浏览器属性、方法的使用建议查阅 W3C 的帮助文档。

3. Window 对象

Window 对象是 JavaScript 中最大的对象，所有浏览器都支持 Window 对象，它是所有对象的最顶层对象，是其他对象的父对象。每一个 Window 对象都表示一个浏览器窗口，可用于访问其内部的其他对象。

Window 对象包括许多属性、方法和事件驱动程序，程序设计人员可以利用 Window 对象的这些属性和方法控制浏览器窗口显示各种元素，如对话框、框架等。由于 Window 对象是程序的全局对象，所以引用其属性和方法时可以省略对象名称，也就是引用 Window 对象的属性和方法时不需要用 "window.xxx" 这种形式，而是直接使用 "xxx" 即可。例如要在页面中弹出提示文本，可以只写 alert()，不必要写成 window. alert()。

（1）Window 对象的属性。Window 对象的属性主要用于对浏览器中存在的各种窗口属性的引用，其主要属性见表 10-2。

表 10-2　Window 对象的常用属性

属性	描述
closed	返回窗口是否已被关闭
innerheight	返回窗口的文档显示区的高度
innerwidth	返回窗口的文档显示区的宽度
length	设置或返回窗口中的框架数量
name	设置或返回窗口的名称
opener	返回对创建此窗口的窗口的引用
outerheight	返回窗口的外部高度
outerwidth	返回窗口的外部宽度

属性	描述
pageXOffset	设置或返回当前页面相对于窗口显示区左上角的 X 位移
pageYOffset	设置或返回当前页面相对于窗口显示区左上角的 Y 位移
screenLeft/screenX	只读整数，声明了窗口的左上角在屏幕上的 x 坐标
screenTop/screenY	只读整数，声明了窗口的左上角在屏幕上的 y 坐标

（2）Window 对象的方法。Window 对象的属性主要用于提供信息或输入数据以及对窗口的创建操作，其主要方法见表 10-3。

表 10-3　Window 对象的常用方法

方法	描述
alert()	显示带有一段消息和一个确认按钮的警告框
clearInterval()	取消由 setInterval()方法设置的 timeout
clearTimeout()	取消由 setTimeout()方法设置的 timeout
close()	关闭浏览器窗口
confirm()	显示带有一段消息以及确认按钮和取消按钮的对话框
focus()	把键盘焦点给予一个窗口
moveTo()	把窗口的左上角移动到一个指定的坐标
open()	打开一个新的浏览器窗口或查找一个已命名的窗口
prompt()	显示可提示用户输入的对话框
scrollBy()	按照指定的像素值来滚动内容
scrollTo()	把内容滚动到指定的坐标
setInterval()	按照指定的周期（以毫秒计）来调用函数或计算表达式
setTimeout()	在指定的毫秒数后调用函数或计算表达式

表 10-3 中的 alert()、confirm()、prompt()几个方法在前面章节中已经介绍过了，下面示范另外几个常用的方法。

例 10-3：利用 window.open()方法打开一个新窗口，设置窗口中显示的网页内容和标题等信息。

```
1    <!DOCTYPE html>
2    <html>
3    <head>
4    <meta charset="utf-8">
5    <title>window.open 的使用</title>
6    </head>
7    <body>
8        <script type="text/JavaScript">
9        function open_win()
```

```
10                  {
11                  myWindow=window.open('','新的窗口', 'width=400 , height=300, left=300, top=300');
12                  myWindow.document.write("这里是弹出的窗口网页");
13                  myWindow.focus();
14                  }
15          </script>
16          <input type=button value="打开一个新窗口网页" onclick="open_win()" />
17  </body>
18  </html>
```

例 10-3 中设置了一个函数，使用 open()实现了在浏览器窗口中打开一个新的空白页面，然后在网页中使用 write()方法写入网页文字，最后调用 focus()实现键盘的焦点聚集到当前窗口的效果，效果如图 10-5 所示。

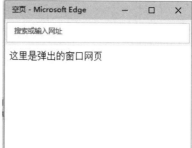

图 10-5 例 10-3 效果图

单击"打开一个新窗口网页"按钮，打开一个由 open()方法建立的新窗口。其中 window.open()方法的语法格式如下：

window.open(url,窗口名,属性列表)

例如 window.open("http://www.baidu.com","百度")，这条语句就能使用新窗口打开百度的首页。window.open()方法参数说明见表 10-4。

表 10-4 window.open()方法参数说明

参数	描述
URL	可选的字符串，声明了要在新窗口中显示的文档的 URL
窗口名	可选的字符串，声明了新窗口的名称
属性列表	可选的字符串，声明了新窗口要显示的标准浏览器的特征

例 10-3 中，window.open('','新的窗口','width=400,height=300,left=300,top=300')打开的是一个空白页面，页面名字是"新的窗口"，其中窗口页面宽 400px，高 300px，和屏幕左边的距离是 300px，和屏幕上方的距离是 300px。

下面介绍 window. setInterval()和 window.setTimeout()两个时间控制方法，这两个方法在网页效果中使用的频率非常高。

setInterval()方法指按照指定的周期（以毫秒计）来调用函数或计算表达式，语法格式如下：

window. setInterval ("JavaScript 语句",毫秒)

　　其中第一个参数是含有 JavaScript 语句的字符串，第二个参数指示从当前起多少毫秒后执行第一个参数。

　　例 10-4：window. setInterval()控制弹窗。

```
1  <!DOCTYPE html>
2  <html>
3  <head>
4  <meta charset="utf-8">
5  <title>window-setInterval()</title>
6  </head>
7  <body>
8      <script type="text/JavaScript">
9      function show(){
10          alert("我是 setInterval()控制的信息")
11      }
12      setInterval("show()",2000);
13      </script>
14  </body>
15  </html>
```

　　网页等待 2 秒（2000 毫秒）后执行 show()函数，弹出信息，关闭弹窗，再等待 2 秒后又重新执行 show()函数弹出信息，如此反复，效果如图 10-6 所示。因此 setInterval()也称为间隔时间控制器。

图 10-6　setInterval()控制弹窗

　　setTimeout()可实现在指定的毫秒数后调用函数或计算表达式，语法格式如下：

window. setTimeout ("JavaScript 语句",毫秒)

　　其中第一个参数是含有 JavaScript 语句的字符串，第二个参数指示从当前起多少毫秒后执行第一个参数。

　　例 10-5：window. setTimeout()控制弹窗。

```
1  <!DOCTYPE html>
2  <html>
3  <head>
4  <meta charset="utf-8">
5  <title>window-setInterval()</title>
6  </head>
7  <body>
8      <script type="text/JavaScript">
9      function show(){
10          alert("我是 setTimeout ()控制的信息")
```

```
11            }
12            setTimeout ("show()",2000);
13        </script>
14    </body>
15    </html>
```

网页等待 2 秒（2000 毫秒）后执行 show()函数，弹出信息，关闭后就不会再继续弹出了，即只执行一次，效果如图 10-7 所示。因此 setTimeout ()也称为延迟时间控制器。

图 10-7　setTimeout()控制弹窗

4. 日期对象

Date 对象的主要作用是在页面中显示和处理当前的系统时间。为了获取系统的日期和时间，JavaScript 提供了专门获取和设置日期与时间的方法，也就是通过 new 运算符和 Date()构造函数创建日期对象。Date 对象的常用方法见表 10-5。

表 10-5　Date 对象的常用方法

方法	描述
Date()	返回当日的日期和时间
getDate()	从 Date 对象返回一个月中的某一天（1～31）
getDay()	从 Date 对象返回一周中的某一天（0～6）
getMonth()	从 Date 对象返回月份（0～11）
getFullYear()	从 Date 对象以四位数字返回年份
getHours()	返回 Date 对象的小时（0～23）
getMinutes()	返回 Date 对象的分钟（0～59）
getSeconds()	返回 Date 对象的秒数（0～59）
getMilliseconds()	返回 Date 对象的毫秒数（0～999）
getTime()	返回 1970 年 1 月 1 日至今的毫秒数
toString()	把 Date 对象转换为字符串

使用 Date 对象，需要先通过 new 关键词来创建它。

```
var myDate=new Date();              //创建一个当前的日期和时间的 Date 对象
var d = new Date(2017,2,1);         //创建一个指定日期的 Date 对象
```

例 10-6：显示当前时间。

```
1    <!DOCTYPE html>
2    <html>
3    <head>
4    <title>显示系统时间</title>
```

```
5   <script type="text/JavaScript">
6   var obj;                               //建立全局变量
7   function getTime(){
8       obj=document.getElementById("myDiv");    //得到容器对象
9       var myDate=new Date();             //得到时间对象
10      var y=myDate.getFullYear();        //获取年
11      var m=myDate.getMonth()+1;         //获取月
12      m=m>9?m:"0"+m;                     //如果月份小于 10，则在前面加 0 补充为两位数字
13      var d=myDate.getdate();            //获取日
14      d=d>9?d:"0"+d;                     //如果天数小于 10，则在前面加 0 补充为两位数字
15      var h=myDate.getHours();           //获取小时
16      h=h>9?h:"0"+h;                     //如果小时数小于 10，则在前面加 0 补充为两位数字
17      var M=myDate.getMinutes();         //获取分
18      M=M>9?M:"0"+M;                     //如果分钟数小于 10，则在前面加 0 补充为两位数字
19      var s=myDate.getSeconds();         //获取秒
20      s=s>9?s:"0"+s;                     //如果秒数小于 10，则在前面加 0 补充为两位数字
21      var NowTime=y+"年"+m+"月"+d+"日"+" "+h+"："+M+"："+s; //串联字符串用于输入
22      obj.value=NowTime;                 //在文本框中输入时间
23      window.setTimeout("getTime()",1000);    //每隔 1 秒自动变换时间
24  } }
25  </script>
26  </head>
27  <body onLoad="getTime()">                  <!--页面加载时自动获取时间-->
28      <input type="text" id="myDiv" size="70" />
29  </body>
30  </html>
```

例 10-6 创建了一个获取时间函数 getTime()，函数内部首先取得时间对象，然后运用时间对象的方法获得年份、月份、天数、小时、分钟、秒钟的值，并用串联字符串的方式存储到 NowTime 变量中，再使用 window 对象的 setTimeout()方法每隔一秒自动变换时间。效果如图 10-8 所示。

图 10-8　例 10-6 效果图

10.1.3　实现过程

1. 案例分析

模拟秒杀商品案例示范了在页面中展示商品，再展示时间倒计时营造气氛，以及在倒计时结束后用提示秒杀结束的信息覆盖倒计时框的功能效果。功能的实现主要依托对于时间问题的控制，包括获取系统当前时间、设定结束时间、建立时间差效果等，解决问题的核心就是对

日期对象的运用。

2．案例结构

（1）HTML 结构。依据效果分析，页面中需要设置一个商品展示区域、一个提示秒杀结束信息的区域和一个倒计时区域，在区域内设置 3 个文本框显示时间数据。其中，商品展示区域可以通过添加背景来设置，倒计时区域可以通过 3 个<span>标记进行定义，提示秒杀结束信息的区域需要定义一个 div（默认隐藏），在秒杀结束后显示。结构图如图 10-9 所示。

图 10-9   模拟秒杀商品案例结构示意图

（2）CSS 样式。案例的 CSS 样式主要实现各显示区域的效果，具体需求如下：

● 商品图片的 div 设置：宽和高的大小、背景图片的位置。

● 倒计时区域设置：文字外观、边框效果、宽和高的大小，为显示时间的<span>标签建立一个相对定位。

● 显示时间的<span>标记设置：宽和高的大小、字体大小、颜色、相对定位。

● 信息提示 div 设置：文字外观、边框效果、宽和高的大小、绝对定位、层叠等级，使其覆盖倒计时区域。

（3）JavaScript 设置。通过 JavaScript 实现限时秒杀效果的思路如下：

● 通过 gettime()方法获取当前时间和秒杀结束时间，并计算剩余的小时、分钟和秒数。

● 分别判断小时、分钟和秒数并对它们进行处理，进而判断秒杀是否结束。

● 通过 setInterval()设置倒计时，使得秒杀时间动态显示。

3．案例代码

（1）根据上面的分析，使用相应的 HTML 标记来搭建网页结构。

```
1    <!DOCTYPE html>
2    <html>
3        <head>
4            <meta charset="UTF-8">
5            <title>秒杀抢购活动</title>
6        </head>
7        <body>
8    <div class="img-box"></div>
9        <div class="time">
```

```
10            <span id="hours"> </span>
11            <span id="minute"> </span>
12            <span id="second"> </span>
13            <div id="end"></div>
14        </div>
15    </body>
16 </html>
```

（2）添加 CSS 样式。

```
1  <style>
2  body{ font-size:20px; color:#fff; font-family: microsoft yahei,arial;}
3  .img-box{position:relative; background:url(images/ticket.jpg); width:730px; height:278px;margin:0 auto;}
4  .time{      width:450px; height: 76px; background: url(images/label.jpg) no-repeat; margin: 0 auto; padding-top:
   20px; position: relative;    }
5  #hours,#minute,#second{      color: #000;      text-align: center;    position: absolute; top: 40px;    }
6  #hours{ right: 180px; }
7  #minute{    right: 120px; }
8  #second{    right: 55px; }
9  #end{ z-index: 1; display: none; width:450px; height: 76px; padding-top: 40px; position: absolute; top: 0px;
   text-align: center;    }
10 </style>
```

第 3 行设置了商品图片的位置、大小等属性，第 4 行代码设置了倒计时区域的位置和背景效果，设定一个相对定位参考，第 5～8 行设定时钟、分钟、秒钟的数字显示效果，第 9 行代码设置了倒计时结束后显示的提示效果。

（3）添加 JavaScript 代码。

```
1  <script type="text/javascript">
2    function timing(){
3        var endTime=new Date("2017/5/8,23:25:10");          //设置秒杀结束时间
4        var nowTime = new Date();                           //获取当前时间
5        var leftSecond=parseInt((endTime.getTime()-nowTime.getTime())/1000);
6        h=parseInt(leftSecond/3600);                        //计算剩余小时
7        m=parseInt((leftSecond/60)%60);                     //计算剩余分钟
8        s=parseInt(leftSecond%60);                          //计算剩余秒
9        if(h<10) h= "0"+h;
10       if(m<10 && m>=0) m= "0"+m; else if(m<0) m="00";
11       if(s<10 && s>=0) s= "0"+s; else if(s<0) s="00";
12       document.getElementById("hours").innerHTML=h;
13       document.getElementById("minute").innerHTML=m;
14       document.getElementById("second").innerHTML=s;
15       if(leftSecond<=0){    //判断秒杀是否结束，结束则输出相应提示信息
16       document.getElementById("end").style.display="block";
17       document.getElementById("end").style.background="url(images/label_end.jpg) no-repeat";
18       document.getElementById("end").innerHTML="本场秒杀活动已结束";
19       clearInterval(sh);
20       }
21   }
22 var sh=setInterval(timing,1000);                          //设计倒计时
23 </script>
```

　　程序通过定义一个名为 timing 的函数来计算秒杀时间，在第 3 行设置了秒杀结束时间，第 4 行获取当前时间，第 5 行通过 getTime()方法分别获取秒杀结束时间与当前时间的毫秒数并将其相减，转换成秒杀剩余的秒数，第 6～8 行代码计算秒杀剩余的小时、分钟和秒数，然后在第 9～14 行代码中分别判断小时、分钟和秒数并进行处理显示，第 16～19 行判断秒杀是否结束，最后通过 setInterval()设置倒计时，使秒杀时间动态显示。

　　将第 3 行代码的秒杀结束时间设为一个大于当前的时间，保存并刷新页面，可以得到如图 10-1 所示的效果。当剩余时间变为 0 时，页面会自动变为如图 10-10 所示的效果，即秒杀活动结束。

图 10-10　秒杀结束后提示效果

10.2　案例 29：抽取幸运观众

案例 29：抽取幸运观众

10.2.1　案例描述

　　在活动主题的网站中，经常会搞一些抽奖活动来调节活动气氛，吸引顾客。本案例的抽取幸运观众也是类似这样的形式。在活动页面展示参与抽奖的所有观众名单，单击一个触发按钮开始抽奖，抽出获奖的某个观众，如图 10-11 和图 10-12 所示。

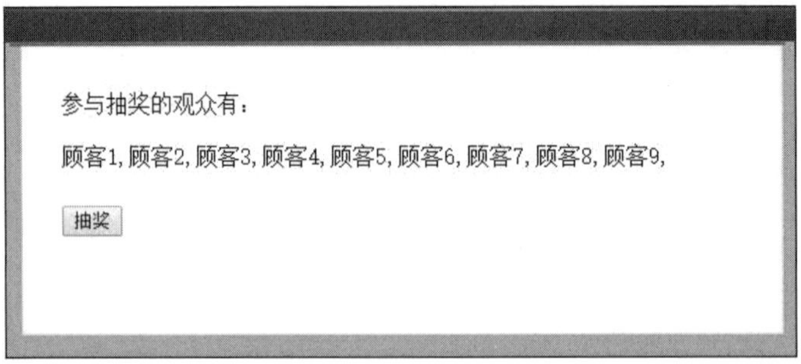

参与抽奖的观众有：

顾客1, 顾客2, 顾客3, 顾客4, 顾客5, 顾客6, 顾客7, 顾客8, 顾客9,

抽奖

图 10-11　抽奖前效果

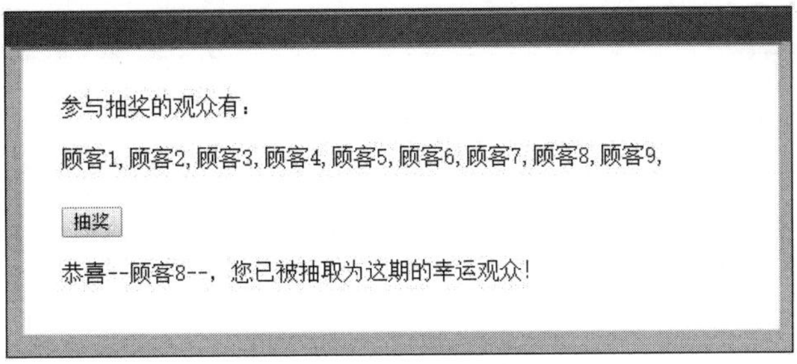

参与抽奖的观众有：

顾客1，顾客2，顾客3，顾客4，顾客5，顾客6，顾客7，顾客8，顾客9，

抽奖

恭喜--顾客8--，您已被抽取为这期的幸运观众！

图 10-12　抽奖后效果

10.2.2　相关知识

算数（Math）对象的作用是执行常见的算数任务。Math 对象提供多种算数值类型和函数，用于各种数学运算。但是它不像 Date 及其他内置对象一样需要构造，它没有构造函数 Math()，使用之前无须对它进行定义即可直接访问其属性和方法。在面向对象的程序设计中称其为静态属性和静态方法，这是它与 Date、String 对象的区别。

1. Math 对象的属性与方法

Math 对象的属性为数学中的常数值，也是恒定不变的值，只能读取不能写入。常用的属性见表 10-6。

表 10-6　Math 对象的属性

属性	描述
Math.E	返回算术常量 e，即自然对数的底数（约等于 2.718）
Math.LN2	返回 2 的自然对数（约等于 0.693）
Math.LN10	返回 10 的自然对数（约等于 2.302）
Math.LOG2E	返回以 2 为底的 e 的对数（约等于 1.414）
Math.LOG10E	返回以 10 为底的 e 的对数（约等于 0.434）
Math.PI	返回圆周率（约等于 3.14159）
Math.SQRT1_2	返回 2 的平方根的倒数（约等于 0.707）
Math.SQRT2	返回 2 的平方根（约等于 1.414）

Math 对象的方法比较多，表 10-7 是 Math 对象的方法集合，具体的使用将在下一小节进行介绍。

表 10-7　Math 对象的方法

方法	描述
Math.abs(x)	返回 x 的绝对值
Math.acos(x)	返回 x 的反余弦值
Math.asin(x)	返回 x 的反正弦值
Math.atan(x)	以介于 $-\pi/2$ 与 $\pi/2$ 弧度之间的数值来返回 x 的反正切值
Math.atan2(y,x)	返回从 x 轴到点 (x,y) 的角度（介于 $-\pi/2$ 与 $\pi/2$ 弧度之间）

方法	描述
Math.ceil(x)	对数进行上舍入
Math.cos(x)	返回数的余弦
Math.exp(x)	返回 Ex 的指数
Math.floor(x)	对 x 进行下舍入
Math.log(x)	返回数的自然对数（底为 e）
Math.max(x,y,z,...,n)	返回 x,y,z,...,n 中的最高值
Math.min(x,y,z,...,n)	返回 x,y,z,...,n 中的最低值
Math.pow(x,y)	返回 x 的 y 次幂
Math.random()	返回 0 和 1 之间的随机数
Math.round(x)	把数四舍五入为最接近的整数
Math.sin(x)	返回数的正弦
Math.sqrt(x)	返回数的平方根
Math.tan(x)	返回角的正切

2．Math 对象方法使用

例 10-7：Math 对象的应用示例。

```
1   <!DOCTYPE html>
2   <html>
3   <head>
4   <meta charset="utf-8">
5   <title>Math 对象示例</title>
6   </head>
7   <body>
8       <script type="text/JavaScript">
9           var maxnum = Math.max(15,7,33,73,90);
10          document.writeln("15,7,33,73,90 五个数的最大值："+maxnum+"<br />");
11          var minnum = Math.min(15,7,33,73,90);
12          document.writeln("15,7,33,73,90 五个数的最小值："+minnum+"<br />");
13          document.writeln("ceil()方法取整："+Math.ceil(5.1)+"<br />");
14          document.write("ceil()方法取整："+Math.ceil(5.5)+"<br />");
15          document.write("ceil()方法取整："+Math.ceil(5.9)+"<br />");
16          document.write("floor()方法取整："+Math.floor(5.1)+"<br />");
17          document.write("floor()方法取整："+Math.floor(5.5)+"<br />");
18          document.write("floor()方法取整："+Math.floor(5.9)+"<br />");
19          document.write("round()方法取整："+Math.round(5.1)+"<br />");
20          document.write("round()方法取整："+Math.round(5.5)+"<br />");
21          document.write("round()方法取整："+Math.round(5.9)+"<br />");
22          document.write("random 方法随机数："+Math.random()+"<br />");
23          var num = Math.floor(Math.random() * 10 + 1);
24          document.writeln("1 和 10 间的随机整数："+num+"<br />");
```

```
25                    var num2= Math.floor(Math.random() * 6 + 5);
26                    document.writeln("5 和 10 间的随机整数："+num2+"<br />");
27            </script>
28    </body>
29    </html>
```

例 10-7 中展示了比较最值方法、数值取整数的几种方法、生成随机数方法。效果如图 10-13 所示。

图 10-13　例 10-7 效果图

（1）比较数值大小。比较最值有两种方法：max()方法和 min()方法。max()方法即比较一组数值中的最大值，返回最大值；min()方法即比较一组数值中的最小值，返回最小值。如例 10-7 中的第 9 行代码 Math.max(15,7,33,73,90)，返回括号内 5 个数值中的最大值，因此第 10 行的输出结果是最大值 90。第 11 行代码 Math.min(15,7,33,73,90)，意思是要取得括号内 5 个数值的最小值，因此第 12 行的输出结果是最小值 7。

（2）数值取整数。数值取整数有几种方法：ceil()方法、floor()方法和 round()方法。使用 ceil()方法，可将数值向上舍入为最接近的整数。如例 10-7 中的第 13～15 行代码，不管 5 后面的小数位是几，该方法总是向上舍入，结果都是 6。

```
alert(Math.ceil(5.1));        //"6"
alert(Math.ceil(5.5));        //"6"
alert(Math.ceil(5.9));        //"6"
```

使用 floor()方法，将数值向下舍入为最接近的整数。如例 10-7 中的第 16～18 行代码，不管 5 后面的小数位是几，该方法总是向下舍入，结果都是 5。

```
alert(Math.floor(5.1));       //"5"
alert(Math.floor(5.5));       //"5"
alert(Math.floor(5.9));       //"5"
```

使用 round() 方法，将数值四舍五入为最接近的整数。如例 10-7 中的第 19～21 行代码，该方法为四舍五入，和我们学过的舍入规则一致。

```
alert(Math.round(5.1));       //"5"
alert(Math.round(5.5));       //"6"
alert(Math.round(5.9));       //"6"
```

（3）产生随机数。产生随机数方法 random()能返回一个大于等于 0 且小于 1 的随机数，都是小数值。随机数范围用区间表示即为[0,1)，包含 0 但不包含 1。如例子中的第 22 行代码，输出的就是大于等于 0 且小于 1 的随机小数值。如果需要定义生成某个整数范围内的随机数，可以使用如下的公式：

返回的值 = Math.floor(Math.random() * 可能值的总数 + 第一个可能的值)

上面的公式中调用了 floor() 方法，因为 random() 总是返回一个小数，而我们要返回的是整数，所以得对其返回值进行舍入操作。比如我们要随机产生 1 和 10 之间的整数，区间表示为[1,10]，包含 1 和 10，可以套用公式编写如下的代码：

```
var num = Math.floor(Math.random() * 10 + 1);
```

[1,10] 之间包含 10 个数，因此可能值的总数是 10，则为 random()*10，即产生 [0,10) 之间的随机数；第一个可能的值是 1，则为 random()*10+1，即产生 [1,11) 之间的随机数；此时它产生的最小整数是 1 了，但最大整数并不是 10，它会产生形如 10.xxxxxxxxxx 这样的小数，于是用 floor() 将其向下舍入，这样它产生的最大整数就是 10 了。如例 10-7 中的第 23 行与第 24 行代码就能随机产生 1 和 10 之间的整数。

如果要随机产生 [5,10] 之间的整数，那么套用公式即可编写这样的代码：

```
var num = Math.floor(Math.random() * 6 + 5);
```

[5,10] 之间包含 6 个数，所以可能值的总数是 6，则为 random()*6；第一个可能的值是 5，所以有 random()*6+5；最后用 floor() 将其向下舍入。如例 10-7 中的第 25 行与第 26 行代码，就能随机产生 5 和 10 之间的整数。

10.2.3 实现过程

1. 案例分析

根据效果需求，要求从一组观众中随机抽取一个观众，我们可以把所有参与的观众看作一个数组，所以功能就可以简化为从一个数组中随机抽取一个值。首先计算数组的长度（M），然后使用 Math 对象的 random 方法计算[0,M)范围内的一个整数值，再把这个随机数作为数组的下标去读取数组的元素即可找到幸运观众。

2. 案例结构

（1）HTML 结构。依据效果分析，页面中需要设置一个抽奖区域、一个显示所有参与观众名单的区域、一个开始抽奖的按钮和一个显示获奖观众的区域，案例的 HTML 代码结构如图 10-14 所示。

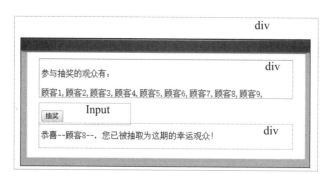

图 10-14　案例的 HTML 代码结构

（2）CSS 样式。为了凸显抽奖活动，整个抽奖活动区域需要居中，使用一个漂亮的背景图烘托气氛，对内部内容做恰当的分布设置。具体设置如下：

- 对整体外框 div 设置居中、宽和高的大小、背景图片、边框大小。
- 对关注列表框设置高度、文字行高。
- 对获奖观众框设置行高。

（3）JavaScript 特效。首先通过定义数组的方式保存观众姓名，然后通过 for 循环把所有的观众名字打印到页面的名字列表区域，当单击"开始抽奖"按钮后，计算数组的长度，生成随机数 [0,M)范围内的一个整数值，最后将这个随机数作为数组的下标去读取数组的元素，找到幸运观众并写入到获奖观众的显示区域中。

3．案例代码

具体代码如下：

```
1   <!DOCTYPE html>
2   <html>
3   <head>
4   <meta charset="utf-8">
5   <meta http-equiv="X-UA-Compatible" content="IE=edge,chrome=1">
6   <title>抽取幸运观众</title>
7   <style type="text/css">
8   .outer{ width: 480px; height:160px; border:1px solid #000; margin: 100px auto; padding:40px; background:
    url( images/prize.jpg) no-repeat; }
9   #luck{ height: 80px; line-height:20px;      }
10  #prize{ height: 50px; line-height:50px; }
11  </style>
12  <link href="" rel="stylesheet">
13  <script type="text/javascript">
14      window.onload=function(){
15          var customer =new Array("顾客 1","顾客 2","顾客 3","顾客 4","顾客 5","顾客 6","顾客 7","顾客
            8","顾客 9");
16          for (var i = 0; i < customer.length; i++) {
17              document.getElementById('luck').innerHTML += customer [i]+',';
18          }
19          var draw =document.getElementById('draw');
20          draw.onclick=function(){
21              var num=Math.floor(Math.random()*(customer.length));
22              document.getElementById('prize').innerHTML ='恭喜--'+customer[num]+'--，您已被抽取为
                这期的幸运观众！';
23          }
24      }
25  </script>
26  </head>
27  <body>
28      <div class="outer">
29          <div id="luck">
30              <p>参与抽奖的观众有：</p>
```

```
31                  </div>
32                  <input type="button" name="抽奖" value="抽奖" id="draw" />
33                  <div id="prize"></div>
34          </div>
35  </body>
36  </html>
```

打开浏览器测试效果，如图 10-11 和图 10-12 所示。

10.3　案例 30：文章的展开与收缩

案例 30：文章的
展开与收缩

10.3.1　案例描述

在网页布局中经常遇到内容与外观取舍两难的问题，有时候需要展示的文章内容很多，而根据整体的页面设置要求，如果该处放置大量文本内容则会破坏页面的整体美观，如何保证页面既能容纳所有的长篇文章又能美观呢？有一种方法就是采用文章的收缩及展开切换功能来实现，即在正常情况下把文章收缩在小空间内，保证页面的整体美观，当读者对内容感兴趣时，可以单击"展开"链接达到全部文章的展示效果，不再需要的话也可以单击"收缩"链接再次回到收缩状态。具体效果如图 10-15 和图 10-16 所示。

图 10-15　文章收缩效果图

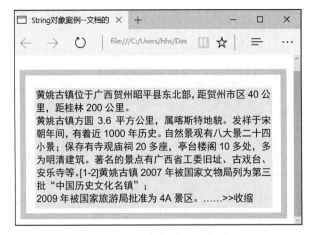

图 10-16　文章展开效果图

10.3.2　相关知识

本案例涉及的关键知识点是 String 对象。String 对象在程序中的使用非常普遍，它用于处理文本（字符串），也称字符串对象。字符串有两种形式，即基本数据类型和对象实例形式，对象实例形式就是 String 对象实例。

创建字符串的方法有以下两种途径：

```
var str1="Hello World!"
var str2=new String("Hello World!")
```

1. String 对象的属性

字符串对象的属性有两个，一个是 length 属性，作用是获取对象中字符的个数，返回一个整数值；另一个是 prototype 属性，允许程序员向对象添加属性和方法来扩展性能，这个属性每个对象都有，但是在一般的网页编程中用到的机会不多。

例 10-8：使用 length 计算字符的长度。

```
1  <!DOCTYPE html>
2  <html>
3  <head>
4  <meta charset="utf-8">
5  <title>字符串长度--计算字符数量</title>
6  </head>
7  <style type="text/css">
8      body{ text-align: center; margin-top:20px;    }
9  </style>
10 <body style="text-align: center">
11    <input type="text" id="string" value="" /> <br />
12    <button onclick="len()">计算字符数量</button> <br />
13    <input type="text" id="lennum" disabled="disabled">
14 </body>
15 </html>
16 <script type="text/JavaScript">
17    function len(){
18        var str = document.getElementById('string').value;
19        document.getElementById('lennum').value=str.length;
20    }
21 </script>
```

本案例通过单击按钮执行 len()函数，函数内将第一个文本框的 value 值转化为字符串对象实例 str，再通过 str.length 的属性获取字符的数量，然后赋值给第二个文本框的 value 值并显示结果，效果如图 10-17 所示。

2. String 对象的方法

String 类定义了大量操作字符串的方法，主要用于有关字符串在页面中的显示、字体、大小、颜色等问题，比如从字符串中提取字符或子串、字符的大小写转换、检索字符或子串。常用的操作方法见表 10-8。

图 10-17　例 10-8 效果图

表 10-8　String 对象的常用方法

方法	描述
anchor()	创建 HTML 锚
big()	用大号字体显示字符串
bold()	使用粗体显示字符串
charAt()	返回在指定位置的字符
charCodeAt()	返回在指定位置的字符的 Unicode 编码
concat()	连接字符串
fontcolor()	使用指定的颜色来显示字符串
fontsize()	使用指定的尺寸来显示字符串
fromCharCode()	从字符编码创建一个字符串
indexOf()	检索字符串
italics()	使用斜体显示字符串
lastIndexOf()	从后向前搜索字符串
link()	将字符串显示为链接
localeCompare()	用本地特定的顺序来比较两个字符串
match()	找到一个或多个正则表达式的匹配
replace()	替换与正则表达式匹配的子串
search()	检索与正则表达式相匹配的值
slice()	提取字符串的片断，并在新的字符串中返回被提取的部分
small()	使用小字号来显示字符串
split()	把字符串分割为字符串数
strike()	使用删除线来显示字符串
sub()	把字符串显示为下标
substr()	从起始索引号提取字符串中指定数目的字符
substring()	提取字符串中两个指定的索引号之间的字符
sup()	把字符串显示为上标
toLocaleLowerCase()	把字符串转换为小写

续表

方法	描述
toLocaleUpperCase()	把字符串转换为大写
toLowerCase()	把字符串转换为小写
toUpperCase()	把字符串转换为大写
toSource()	代表对象的源代码
toString()	返回字符串
valueOf()	返回某个字符串对象的原始值

例 10-9：用 String 对象方法，为字符串添加样式。

```
1   <html>
2   <body>
3   <script type="text/JavaScript">
4   var txt="Hello World!"
5   document.write("<p>大号字体: " + txt.big() + "</p>")
6   document.write("<p>小号字体: " + txt.small() + "</p>")
7   document.write("<p>粗体显示: " + txt.bold() + "</p>")
8   document.write("<p>斜体显示: " + txt.italics() + "</p>")
9   document.write("<p>删除线显示: " + txt.strike() + "</p>")
10  document.write("<p>指定的颜色显示: " + txt.fontcolor("Red") + "</p>")
11  document.write("<p>指定的尺寸显示: " + txt.fontsize(16) + "</p>")
12  document.write("<p>字符串显示为下标: " + txt.sub() + "</p>")
13  document.write("<p>字符串显示为链接: " + txt.link("http://www.sina.com.cn") + "</p>")
14  </script>
15  </body>
16  </html>
```

本例用各种方法为字符串"Hello World!"添加样式，做出了不同的显示效果，浏览效果如图 10-18 所示。

图 10-18　例 10-9 效果图

例 10-10：使用 indexOf()方法返回字符串中指定文本首次出现的位置。

```
1    <html>
2    <head>
3    <meta charset="utf-8">
4    <title>string 字符显示效果</title>
5    </head>
6    <meta charset=utf-8>
7    <body>
8    <script type="text/JavaScript">
9         var str="Hello world!"
10        document.write("Hello 在 str 变量中的位置：" +str.indexOf("Hello") + "<br />")
11        document.write("World 在 str 变量中的位置：" +str.indexOf("World") + "<br />")
12        document.write("world 在 str 变量中的位置：" +str.indexOf("world"))
13    </script>
14    </body>
15    </html>
```

indexOf()方法可返回某个指定的字符串值在字符串中首次出现的位置，语法如下：

```
stringObject.indexOf(searchvalue,fromindex)
```

该方法将从头到尾地检索字符串 stringObject，看它是否含有子串 searchvalue。开始检索的位置在字符串的 fromindex 处或字符串的开头（没有指定 fromindex 时），如果找到一个 searchvalue，则返回 searchvalue 第一次出现的位置。stringObject 中的字符位置值是从 0 开始的。如果要检索的字符串值没有出现，则该方法返回 -1。

例 10-10 定义变量 str 的值为"Hello world!"。Hello 在 str 中第一次出现的位置是 0；World 因为首字母大写，在 str 中没有出现，则该方法返回 -1；world 在 str 中第一次出现的位置是 6。浏览效果如图 10-19 所示。

图 10-19　例 10-10 效果图

10.3.3　实现过程

1．案例分析

该案例实现了文章的收缩与展开效果，正常情况下把文章收缩成一行内容显示，内容尾部显示"展开"链接，单击"展开"链接达到展示全部文章的效果，此时内容尾部"展开"链接变为"收缩"链接。其中的原理就是使用 String 对象的 substring()方法提取文章中两个指定的索引号之间的字符来实现的。

2．案例结构

（1）HTML 结构。依据效果需求，在 HTML 结构上设置一个段落标签，对要处理的文本用一个<span>标签限定，在段落结尾处添加一个链接。HTML 结构如图 10-20 所示。

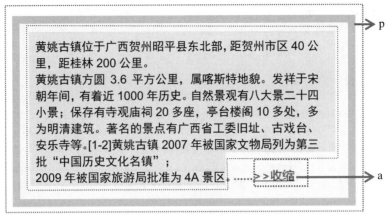

图 10-20　HTML 结构图

（2）CSS 设置。CSS 设置比较简单，为段落设置一个美观的边框和背景颜色，宽度、字体、内外边距可以依据案例整体外观要求灵活设置。

（3）JavaScript 设置。功能实现的核心是运用 String 对象的 substring()方法提取文章中两个指定的索引号之间的字符，这样就能对长文章提取部分核心段落内容了。另外"展开"与"收缩"两个链接的切换可以运用一个开关变量，再配合 if 语句实现。

3．案例代码

```
1   <!DOCTYPE HTML>
2   <html>
3   <head>
4   <meta http-equiv="Content-Type" content="text/html; charset=utf-8">
5   <title>String 对象案例--文档的展开与收缩</title>
6   <style>
7   p { border:10px solid #ccc; background:#FFC; width:400px; padding:20px; font-size:16px; font-family:微软雅黑; margin:40px auto 0; }
8   </style>
9   <script>
10  window.onload = function () {
11      var oP = document.getElementsByTagName('p')[0];
12      var oSpan = oP.getElementsByTagName('span')[0];
13      var oA = oP.getElementsByTagName('a')[0];
14      var str = oSpan.innerHTML;
15      var onOff = true;
16      oA.onclick = function () {
17          if ( onOff ) {
18                      //提取文章中两个指定的索引号(0, 18)之间的字符
19              oSpan.innerHTML = str.substring(0, 18);
20              oA.innerHTML = '>>展开';
21          } else {
22              oSpan.innerHTML = str;
23              oA.innerHTML = '>>收缩';
24          }
```

```
25                onOff = !onOff;
26           };
27   };
28   </script>
29   </head>
30   <body>
31   <p><span>黄姚古镇位于广西贺州昭平县东北部，距贺州市区 40 公里，距桂林 200 公里。<br />
32   黄姚古镇方圆 3.6 平方公里，属喀斯特地貌。发祥于宋朝年间，有着近 1000 年历史。自然景观有八大景
     二十四小景；保存有寺观庙祠 20 多座，亭台楼阁 10 多处，多为明清建筑。著名的景点有广西省工委旧
     址、古戏台、安乐寺等。[1-2]
33   黄姚古镇 2007 年被国家文物局列为第三批"中国历史文化名镇"；<br /> 2009 年被国家旅游局批准为 4A
     景区。</span>……<a href="javascript:;">>>收缩</a></p>
34   </body>
35   </html>
```

程序先获取要处理的文章（oSpan）和链接元素对象（oA），设置一个开关变量（onOff），当单击链接元素时执行匿名函数，函数判断 onOff 的值，如果 onOff 等于 true，就使用 substring() 方法提取文章中两个指定的索引号(0,18)之间的字符并写入到文章变量中，链接文字改为"展开"；如果 onOff 等于 false，则文章变量的内容等于初始内容，链接文字改为"收缩"，同时 onOff 的值取反，等待下一次单击。具体效果如图 10-15 和图 10-16 所示。

10.4　案例综合练习

运用本章学过的内容制作一个"猜数字游戏"网页，要求如下：打开网页后，自动生成一个 1 和 100 之间的随机数，要求用户在 10 次的机会内猜出该随机数。具体过程是弹出对话框，要求输入 1 和 100 之间的一个数，确定后系统进行判断，如果输入的数字比随机数小，就输出"您已经是第 n 次输入，数字有些小了"，要求继续输入，如图 10-21 所示；如果输入的数字比随机数大，输出"您已经是第 n 次输入，数字有些大了"，要求继续输入；如果输入的数和随机数正好相等，弹出提示框，提示"恭喜答对了"，如图 10-22 所示。如果 10 次内都无法答对，输出"你已经没机会了，真遗憾！"，如图 10-23 所示。

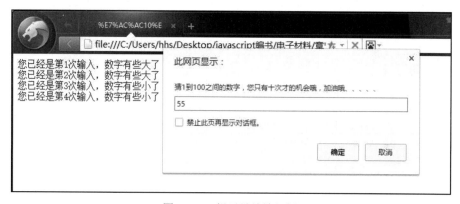

图 10-21　提示继续输入框

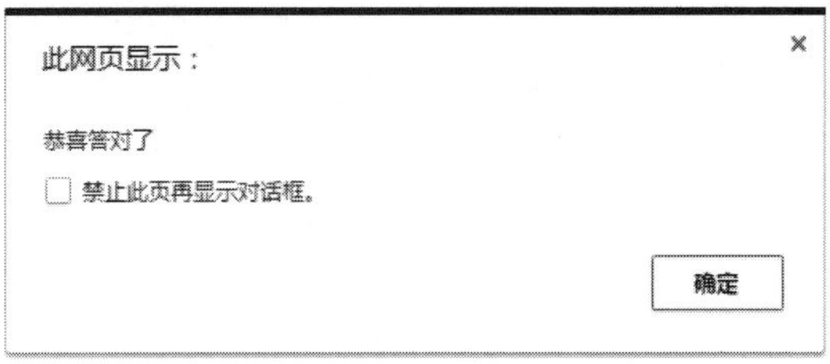

图 10-22　提示答对了信息框

图 10-23　提示用完 10 次机会，答题结束

第 11 章　事件处理

学习目标

- 事件的概念。
- 常用事件分析。
- Event 对象的应用。
- 鼠标事件案例。
- 键盘事件案例。

在网络浏览过程中，用户可以使用多种方式与浏览器页面进行交互，事件处理就是实现浏览器响应用户交互操作的一种机制。通过 JavaScript 的事件处理机制，开发者可以设计出具有交互性、动态性的网页，增强用户的体验感。本章主要介绍 JavaScript 的事件处理的概念、方法，以及如何使用 JavaScript 编写事件处理函数。

11.1　案例 31：旅游商品展示

案例 31：旅游商品展示

11.1.1　案例描述

在旅游区购买当地的特色产品是旅游过程中的一个常见消遣方式，让旅客通过网站了解特色产品是旅游网站的一项重要任务。如何在有限的网页空间内推广更多的旅游特色产品呢？网站开发者需要充分利用有限的网页空间与用户互动，根据用户选择展示用户喜欢的产品非常有必要。

本案例采用小图与大图配合的展示方式，小图不占太多空间，因此可以排列显示所有的特产，当用户对某个特产感兴趣时，移动鼠标指针到小图上方就能显示特产介绍的大图，这样既充分利用有限的空间，又有较好的用户体验感，这种处理方式在很多购物网站上被大量使用。浏览效果如图 11-1 所示。

图 11-1　特产商品展示效果

11.1.2　相关知识

本案例涉及的重要知识点是有关事件响应的处理程序，通过该案例读者可掌握事件与事件处理程序的灵活运用。

1. 事件与事件处理程序

事件是指在用户加载目标页面到该页面被关闭期间浏览器的动作及该页面对用户操作的响应。常见事件如鼠标的移动、单击按钮、键盘的输入等。事件处理程序是与特定的文本和特定的事件相联系的 JavaScript 脚本代码，当文本发生改变或者事件被触发时，浏览器执行该代码并进行相应的处理操作。响应某个事件而进行的处理过程称为事件处理。

简单的事件触发和处理过程如图 11-2 所示。

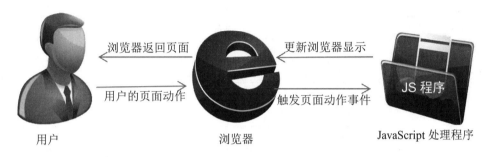

图 11-2　基本的用户动作触发事件示意图

只有触发了事件后才处理的程序称为事件处理程序。事件响应一般分 3 个步骤：发生事件→启动事件处理程序→事件响应程序做出反应。其中，要使事件处理程序启动，需要先告诉要处理的对象发生什么事情就启动对应的处理程序，否则这个流程就无法进行下去。事件的处理程序可以是任意的 JavaScript 语句，但一般使用特定的自定义函数处理。

2. HTML 文档事件

HTML 文档事件是指用户加载目标页面到该页面被关闭期间浏览器的动作及该页面对用户操作的响应，主要分为浏览器事件和 HTML 元素事件两大类。

（1）浏览器事件。浏览器事件指载入文档页面到该页面被关闭期间浏览器发生的事件，如浏览器加载文档事件 onLoad、用户退出页面 onUnload 事件和 Resize 事件等。

（2）HTML 元素事件。HTML 元素事件指页面载入后，主要发生在如按钮、表单、链接、图片等 HTML 元素上的用户动作以及该页面对此动作做出的响应。如鼠标单击按钮事件，元素为 button，事件为 click，事件处理器为 onclick()。了解相对应的事件信息，就可以编写此接口的事件处理程序，以此完成各种交互需要的脚本。

HTML 元素的大多数事件属性是一致的，主要有鼠标事件、键盘事件、表单事件等。表 11-1 为常用的 JavaScript 事件列表，前面章节的案例中已经使用过部分事件，事件与事件处理程序结合在一起就能完成 JavaScript 程序的功能效果。

3. JavaScript 如何处理事件

JavaScript 脚本处理事件主要通过匿名函数、显式声明、手工触发等方式进行，这几种方法在隔离 HTML 文本结构与逻辑关系的程度方面略有不同。

表 11-1　常用 JavaScript 事件

事件属性	触发该事件的条件
onclick 事件	鼠标单击某个对象
ondblclick 事件	鼠标双击某个对象
onmousedown 事件	按下鼠标键
onmouseup 事件	鼠标键按下后松开
onmouseover 事件	鼠标移动到某对象范围的上方
onmouseout 事件	鼠标离开某对象范围
onkeydown 事件	键盘上某个按键被按下
onkeypress 事件	键盘上某个键被按下或按住
onkeyup 事件	键盘上某个键（按下后）被松开
onload 事件	页面或图像（被浏览器）加载完成
onunload 事件	用户退出页面（或页面改变为其他页面）
onblur	元素失去焦点
onchange	域的内容被改变
onfocus	元素获得焦点

（1）匿名函数：匿名函数的方式即使用 function 对象构造匿名的函数，并将其方法复制给事件，此时该匿名的函数成为该事件的事件处理器。

（2）显式声明：设置事件处理器时，不使用匿名函数，而是将该事件的处理器设置为已经存在的函数。

（3）手工触发：手工触发事件就是通过其他元素的方法来触发一个事件，而不需要通过用户的动作来触发该事件。

以下两个案例演示了匿名函数和显式声明的处理方法。

例 11-1：匿名函数处理事件。

```
1   <!DOCTYPE html>
2   <html>
3   <head>
4   <meta charset="utf-8">
5   <title>匿名函数处理事件</title>
6   </head>
7   <body>
8   <p>单击"事件测试"按钮，通过匿名函数处理事件</p>
9     <input type=button   id="MyButton" value="事件测试" />
10  </body>
11  </html>
12  <script type="text/JavaScript">
13  document.getElementById('MyButton').onclick=function(){
14    alert("你单击了按钮!");
15  }
16  </script>
```

例 11-1 构造了一个匿名的函数，并将其方法复制给按钮的单击事件，此时该匿名的函数成为该事件的事件处理器。首先加载文本与按钮，单击"事件测试"按钮后弹出信息提示框，在浏览器中执行例 11-1 的程序后效果如图 11-3 所示。

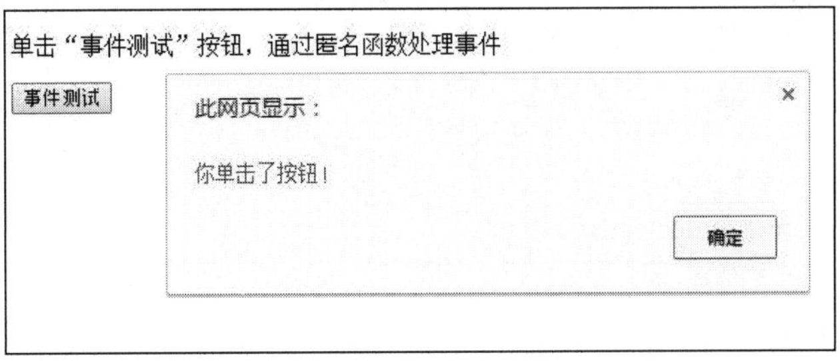

图 11-3　例 11-1 效果图

例 11-2： 显式声明方式处理事件。

```
1   <!DOCTYPE html>
2   <html>
3   <head>
4   <meta charset="utf-8">
5   <title>显式声明方式调用函数处理事件</title>
6   </head>
7   <body>
8   <p>单击"事件测试"按钮，通过调用函数处理事件</p>
9     <input type=button   id="MyButton" value="事件测试" />
10  </body>
11  </html>
12  <script type="text/JavaScript">
13          document.getElementById('MyButton').onclick=btu_click;
14          function btu_click(){
15                  alert("你单击了按钮!");
16          }
17  </script>
```

例 11-2 定义了一个函数，按钮的事件处理器设置为该函数。首先加载文本与按钮，单击"事件测试"按钮后弹出信息提示框，在浏览器中执行例 11-2 的程序后效果如图 11-4 所示。

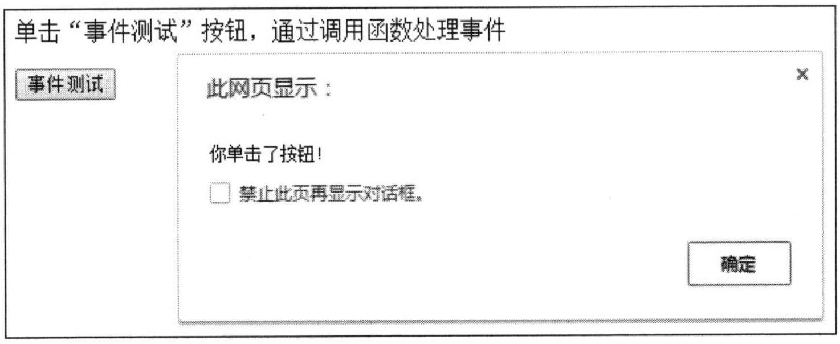

图 11-4　例 11-2 效果图

例 11-3：几个表单事件的运用。

```
1   <!DOCTYPE html>
2   <html>
3   <head>
4   <meta charset="utf-8">
5   <title>几个表单事件</title>
6   <script>
7   window.onload=function(){
8       var oBut=document.getElementById('btu');
9       oBut.value="请输入内容…";
10      function myF()  {
11      this.style.background="yellow";
12      this.value="";
13      }
14      function myB()  {
15      this.style.background="#fff";
16      this.value="请输入内容…";
17      }
18      oBut.onfocus=myF;
19      oBut.onblur=myB;
20  }
21  </script>
22  </head>
23  <body>
24  请输入字符：<input type="text"   id="btu" >
25  <p>当页面加载后，input 按钮自动获取提示文字</p>
26  <p>当 input 获得焦点时会触发 myF 函数，改变背景，提示文字消失。</p>
27  <p>当 input 失去焦点时会触发 myB 函数，恢复背景，提示文字恢复。</p>
28  </body>
29  </html>
```

例 11-3 运用了 3 个表单事件方法，其中 onload 事件是在页面加载完成后立即发生，当页面加载后，input 按钮自动获取提示文字，如图 11-5 所示。onfocus 事件是在对象获得焦点时发生，当 input 获得焦点时会触发 myF 函数，改变背景，提示文字消失，如图 11-6 所示。onblur 事件是在对象失去焦点时发生，当 input 失去焦点时会触发 myB 函数，恢复背景，提示文字恢复，如图 11-5 所示。

图 11-5　input 提示输入文本

图 11-6　input 获取焦点开始输入

11.1.3　实现过程

1. 案例分析

案例展示的效果是当鼠标指针在下面的小图部分滑动时，上面的大图会随着一起变化。鼠标滑动到小图对象上方是一个事件，该事件触发了一个找到对应的大图并让其显示的处理程序，这个处理程序就是事件处理程序，可以使用函数定义。因此，该案例的关键是定义一个找到大图并显示的函数，然后定义触发该函数的事件对象。

2. 案例结构

（1）HTML 结构。依据效果需求，在 HTML 结构上需要定义大图片的空间和小图片的排列空间，方法是先定义一个外部\<div\>标记，然后内部定义一个\<ul\>标记，\<ul\>标记内放置一系列的\<li\>标记，每个\<li\>标记下放置一个小图片。具体结构图如图 11-7 所示。

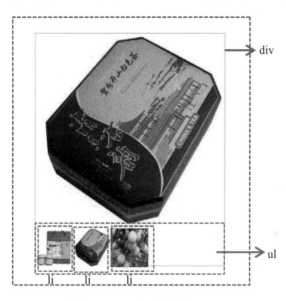

图 11-7　HTML 结构图

（2）CSS 设置。

- 将 ul、li 的浏览器默认值初始化，内外边距清零，列表样式设置为 none。
- 设置外部的 div 标记的宽、高大小，边框属性，定义背景图片作为页面加载后的默认大图，定义上边距（大小等于 div 的高度）便于定位后面的 ul 位置。
- 设置每个 li 的 float 属性，让 li 水平靠左对齐排列，定义鼠标效果，营造按钮环境效果。

（3）JavaScript 特效。封装一个带两个参数的自定义函数，参数分别是小图的 id 和大图的路径，函数功能是获取传参过来的小图的 id 对象，然后设置外部 div 的背景属性等于传参过来的大图。同时分别设置对应的几个 li 对象的调用函数，调用过程传递 id 名和 div 的背景属性设置方式。

3．案例代码

（1）新建 HTML 页面，具体代码如下：

```
1   <!DOCTYPE html>
2   <html>
3   <head>
4   <meta http-equiv="Content-Type" content="text/html;charset=UTF-8">
5   <title>旅游商品展示</title>
6   </head>
7   <body>
8       <div id="box">
9           <ul>
10              <li id="li01"><img src="images/01.jpg" alt="" /></li>
11              <li id="li02"><img src="images/02.jpg" alt="" /></li>
12              <li id="li03"><img src="images/03.jpg" alt="" /></li>
13          </ul>
14      </div>
15  </body>
16  </html>
```

（2）定义 CSS 样式，对应的 CSS 样式代码如下：

```
1   *{margin:0;padding:0;}
2   ul{list-style: none;}
3   #box{ width:360px;  height: 70px;  border:1px solid #ccc;  margin:100px auto;  padding-top: 360px;
    background: url(images/01big.jpg) 0 0 no-repeat;}
4   #box ul li{ float: left; cursor: pointer;}
```

保存后在浏览器中预览，效果如图 11-1 所示。

（3）添加 JavaScript 效果，具体代码如下：

```
1   <script type="text/JavaScript">
2       window.onload=function(){
3       var box=document.getElementById("box");          //获取 box，更换背景图片用
4           function fun(liName,picAddress)              //封装函数
5           {
6               var pic=document.getElementById(liName);  //获取 li 事件源
7               pic.onmouseover=function(){               //设置鼠标经过的事件相应
8               box.style.background=picAddress;          //更换背景
9               }
10          }
11      fun("li01","url(images/sp1.jpg) 0 0 no-repeat");   //函数调用
12      fun("li02","url(images/sp2.jpg) 0 0 no-repeat");
13      fun("li03","url(images/sp3.jpg) 0 0 no-repeat");
14  }
15  </script>
```

刷新页面，将鼠标指针移动到小图标上，对应的大图片将显示出来，如图 11-8 所示。

图 11-8　效果图

11.2　案例 32：追随鼠标的公告框

案例 32：追随鼠标
的公告框

11.2.1　案例描述

公告是发布重要信息的一种手段，在网页设计中有多种方式制作公告框，其中追随鼠标移动的公告框是比较能凸显信息的方法。追随鼠标移动的信息方法是在鼠标所在点的周围设置一个框，里面放入要显示的信息，当鼠标移动的时候，该框也能够随着鼠标移动而移动，效果如图 11-9 所示。

图 11-9　追随鼠标的公告框

11.2.2　相关知识

本案例涉及的知识点是 Event 对象。Event 的中文意思为事件，在 JavaScript 中它代表事件状态，如事件发生的元素、键盘状态、鼠标位置和鼠标按钮状态等，专门负责对事件的处理，它的属性和方法能帮助我们完成很多和用户交互的操作。一旦在 HTML 文档中触发了某个事件，即会生成一个 Event 对象，如单击一个按钮，浏览器的内存中就产生相应的 Event 对象。

1．Event 对象的主要属性和方法

JavaScript 中，Event 代表事件的状态，专门负责对事件的处理，它的属性和方法能帮助我们完成很多和用户交互的操作。Event 对象的属性提供了有关事件的细节（例如，事件在其上发生的元素）。Event 对象的方法可以控制事件的传播。

DOM 标准定义了一个标准的事件模型，它被除 IE 以外的现代浏览器所实现，而 IE 定义了自己不兼容的模型。表 11-2 和表 11-3 列出了标准 Event 对象的属性以及 IE 的 Event 对象的属性。

表 11-2 标准的 Event 对象属性和方法

属性	描述
altKey	返回当事件被触发时 Alt 是否被按下
button	返回当事件被触发时哪个鼠标按钮被单击
clientX	返回当事件被触发时鼠标指针的水平坐标
clientY	返回当事件被触发时鼠标指针的垂直坐标
ctrlKey	返回当事件被触发时 Ctrl 键是否被按下
metaKey	返回当事件被触发时 meta 键是否被按下
relatedTarget	返回与事件的目标节点相关的节点
screenX	返回当某个事件被触发时鼠标指针的水平坐标
screenY	返回当某个事件被触发时鼠标指针的垂直坐标
shiftKey	返回当事件被触发时 Shift 键是否被按下

表 11-3 IE 的 Event 属性

属性	描述
cancelBubble	如果事件句柄想阻止事件传播到包容对象，必须把该属性设为 true
fromElement	对于 mouseover 和 mouseout 事件，fromElement 引用移出鼠标的元素
keyCode	对于 keypress 事件，该属性声明了被敲击的键生成的 Unicode 字符码。对于 keydown 和 keyup，返回键盘上真实键的数字
offsetX,offsetY	发生事件的地点在事件源元素的坐标系统中的 x 坐标和 y 坐标
returnValue	如果设置了该属性，它的值比事件句柄的返回值优先级高
srcElement	对于生成事件的 Window 对象、Document 对象或 Element 对象的引用
toElement	对于 mouseover 和 mouseout 事件，该属性引用移入鼠标的元素
x,y	事件发生的位置的 x 坐标和 y 坐标，它们相对于用 CSS 动态定位的最内层包容元素

2．Event 对象的应用

button 事件属性可返回一个整数，指示当事件被触发时哪个鼠标按键被单击。语法如下：

```
event.button=0|1|2
```

参数与对应描述见表 11-4。

表 11-4 button 事件参数与描述

参数	描述
0	规定鼠标左键
1	规定鼠标中键
2	规定鼠标右键

例 11-4：检测鼠标的哪个按键被单击。

```
1   <!DOCTYPE >
2   <html>
3   <head>
4   <meta charset="UTF-8">
5   <script type="text/JavaScript">
6   function whichButton(event){
7   var btnNum = event.button;
8       if (btnNum==2)
9           {     alert("您单击了鼠标右键！")        }
10      else if(btnNum==0)
11          {     alert("您单击了鼠标左键！")        }
12  }
13  </script>
14  </head>
15  <body onmousedown="whichButton(event)">
16  <p>在文档中单击鼠标将会弹出一个消息框提示您单击了哪个鼠标按键。</p>
17  </body>
18  </html>
```

在浏览器中打开例 11-4 的程序，单击鼠标左键，弹出提示框提示"您单击了鼠标左键！"；单击鼠标右键，弹出提示框提示"您单击了鼠标右键！"，如图 11-10 所示。

图 11-10　单击鼠标右键弹出提示框

例 11-5：检测当前鼠标的光标坐标是多少。

clientX 事件属性返回事件被触发时鼠标指针相对于当前窗口的水平坐标，clientY 事件属性返回事件被触发时鼠标指针相对于当前窗口的垂直坐标。

```
1   <html>
2   <head>
3   <script type="text/JavaScript">
4   function show_coords(event){
5   x=event.clientX
6   y=event.clientY
7   alert("X 坐标: " + x + ", Y 坐标: " + y)
8   }
9   </script>
```

```
10   </head>
11   <body onmousedown="show_coords(event)">
12   <p>请在文档中单击。一个消息框会提示出鼠标指针的 X 和 Y 坐标。</p>
13   </body>
14   </html>
```

在浏览器中打开例 11-5 的程序，鼠标单击窗口任意位置，弹出提示框，提示当前鼠标单击的 X 坐标值和 Y 坐标值，效果如图 11-11 所示。

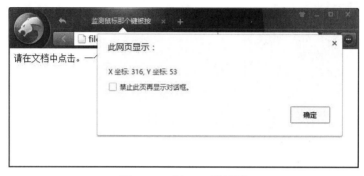

图 11-11　例 11-5 效果图

例 11-6： 检测被按下键的 Unicode 码是多少。

keypress 事件，该属性声明了被敲击的键生成的 Unicode 字符码。

```
1    <html>
2    <head>
3    <script type="text/JavaScript">
4    function whichButton(event){
5    alert(event.keyCode)
6    }
7    </script>
8    </head>
9    <body onkeyup="whichButton(event)">
10   <p>在键盘上按一个键。消息框会提示出该按键的 Unicode。</p>
11   </body>
12   </html>
```

在浏览器中打开例 11-6 的程序后，在键盘上按任意一个键，页面弹出提示框，提示按下的键值，如按下空格键就弹出 32，效果如图 11-12 所示。

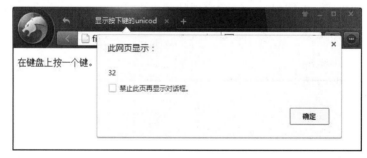

图 11-12　例 11-6 效果图

11.2.3　实现过程

1. 案例分析

对于随着鼠标移动的公告框，内容不应该太多，可以是文字也可以是小图片，因此只需要一个 div 限定即可。关键是要获取移动鼠标时的坐标位置，这个可以使用 Event 对象的 clientX 与 clientY 属性获得。

2. 案例结构

（1）HTML 结构。对于 HTML 结构，只需要一个 div 的内容。

```
<div id="container">随鼠标移动的信息内容</div>
```

（2）CSS 设置。CSS 设置方面，需要把显示的 div 设置为绝对定位，然后在鼠标移动过程中，参考窗口设置 X、Y 的坐标位置。因为一开始并不确定鼠标静态的位置点，所以初始化还需要将 div 的显示属性 display 设置为 none，等到页面加载完毕，自动计算出鼠标位置后，在 JavaScript 中设置 display 为显示。

（3）JavaScript 设置。在 JavaScript 设置方面，首先取得每一次鼠标移动后 X、Y 的坐标值，这可以使用 Event 对象的 clientX 和 clientY 属性获取，然后偏移 15 个像素，实现在鼠标右下角显示 div 框。

3. 案例代码

具体代码如下：

```
1  <!DOCTYPE html PUBLIC "-//W3C//DTD XHTML 1.0 Transitional//EN" "http://www.w3.org/TR/xhtml1/
   DTD/xhtml1-transitional.dtd">
2  <html xmlns="http://www.w3.org/1999/xhtml">
3  <head>
4  <meta http-equiv="Content-Type" content="text/html; charset=utf-8" />
5  <title>跟随鼠标的公告栏</title>
6  <style type="text/css">
7  #container{ width:100px; height:30px; background:#f8383a; text-align:center; color:white; font:12px/30px
   Tahoma; display:none; position:absolute; border-radius:5px;}
8  </style>
9  <script type="text/JavaScript">
10 document.onmousemove = function(e){
11     if(window.event) e = window.event;
12     var mydiv = document.getElementById("container");
13     mydiv.style.display = "block";
14     mydiv.style.left = e.clientX + 15 + "px";
15     mydiv.style.top = e.clientY + 15 + "px";
16 }
17 </script>
18 </head>
19 <body>
20 <div id="container">跟随鼠标的公告栏</div>
21 </body>
22 </html>
```

程序中的第 10 行获取鼠标移动事件，然后执行匿名函数，第 11 行获取 Event 对象，第

14～15 行取得每一次鼠标移动后的 X、Y 的坐标值，然后偏移 15 个像素，实现在鼠标右下角显示 div 框。具体效果如图 11-9 所示。

11.3　案例综合练习

本案例将模仿键盘的上下左右键控制目标的移动，用户可通过单击屏幕上显示的方向按钮来控制 UFO 的移动，如图 11-13 所示。

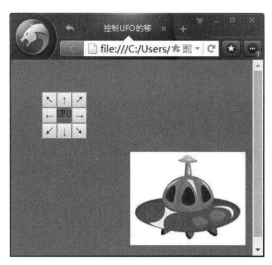

图 11-13　控制 UFO 效果图

第 12 章　综合案例

综合案例

- 规划网站结构。
- 网站开发。
- 网站发布。

前面章节分别介绍了 HTML、CSS、JavaScript 的各种技术及应用场景，经过学习后读者应掌握 HTML 的标记、CSS 的样式调整和 JavaScript 的特效技巧。为了进一步巩固所学的基本技术并能有效运用，本章以"黄姚古镇旅游网"的开发过程为例，介绍开发一个网站涉及的过程、步骤，以便读者能从整体的角度认识开发网站的流程。

12.1　网站开发流程

开发一个网站就是建设一个项目，需要有严格的管理和流程。开发网站的基本流程包括网站规划、网站设计、网站开发、网站发布、网站维护等。开发网站要从整体角度出发，进行详细的需求分析，在了解客户需求后，才进行设计效果图和编写具体代码。

1. 网站规划

网站规划是指在网站建设前对市场进行分析，确定网站的目的和功能，并根据需要对网站建设中的技术、内容、费用、测试、维护等做出规划。网站规划对网站建设起到计划和指导的作用，对网站的内容和维护起到定位作用。

一个网站的成功与否与建站前的网站规划有着极为重要的关系。在建立网站前应明确建设网站的目的，确定网站的功能、规模、投入费用，进行必要的市场分析等。只有经过详细的规划，才能避免在网站建设中出现很多问题，使网站建设能顺利进行。当客户提出想做一个什么样网站的时候，我们就必须弄清楚客户需求，进行需求分析，如客户想要做的网站的类型是什么？风格是什么样的？有没有具体的要求？比如服务器空间的要求等等。

2. 网站设计

网站设计是将网站规划的内容、网站的主题模式，结合自己的认识，通过艺术的手法表现出来。一般的操作方式是确定客户的需求，根据用户需求分析，规划出网站的内容版块草图，俗称网站草图。在取得客户认可和同意后就开始签订协议，并进入正式开发网站阶段。之后就进入美工设计阶段，由美工设计师根据网站草图，利用图片设计软件制作效果图。就如同建房子，首先画出效果图，然后再开始建房子，网站也是如此。

3. 网站开发

网站开发根据网站的功能需求的不同，网站开发会有不同的开发模式，一般的网站开发分为三个部分：界面设计、程序设计、系统整合。界面设计是将网页设计师所设计出来的设计稿，按照 W3C 规范用 HTML、CSS、JavaScript 将其制作成网页格式。程序设计是根据网站功能规划进行数据库设计和代码编写，实现网络的逻辑功能。系统整合是将程序与界面结合，并实施功能性调试。

4．网站发布

网站程序开发完成后，需要将程序上传到专门的网站服务器，才能让互联网上的用户访问，这个上传的过程就是网站发布。网站发布首先需要申请、购买服务器空间和域名，获得服务器空间的地址、用户、密码后，使用 FTP 工具将程序上传到服务器空间并设定域名属性。

5．网站维护

一个好的网站需要定期或不定期地更新内容，才能不断地吸引更多的浏览者，增加访问量。网站维护是为了让网站能够长期稳定地运行在 Internet 上，一般包括网站推广、网站运营、网站整体优化等工作。

12.2 "黄姚古镇旅游网"网站开发

"黄姚古镇旅游网"的主要功能是推广黄姚古镇的旅游信息，在线呈现古镇的方方面面，让感兴趣的旅游者了解古镇，吸引更多游客到古镇旅游。

根据一般的信息呈现网站类型开发形式，网站主要分为首页、目录页、内容页 3 个框架，所有内容均在这 3 个框架内展开。首页是网站的第一张页面，既概括网站的精彩内容，又引导用户进入网站中具体内容的页面。目录页是网站内容依据栏目分类的索引页面，具有汇总、归档、索引功能。内容页是具体某一张网站信息内容页面。三类页面如图 12-1 至图 12-3 所示。

图 12-1　网站首页效果图

| 图 12-2 网站目录页效果图 | 图 12-3 网站内容页效果图 |

本次网站案例制作的基本流程按次序分为准备工作、网站公共部分模板开发、网站主要页面开发、网站发布 4 个步骤，具体的工作方案及操作流程见表 12-1。

表 12-1　综合网站案例制作流程表

步骤	工作方案	具体操作
准备工作	建立站点，确定管理文件夹	使用 Dreamweaver 新建站点文件
	效果图切片，生产图片素材	使用 Photoshop 切片工具切割效果图
	分析效果图，确定代码思路	
网站公共部分模板开发	建立结构文件，生成页面框架	建立并编辑 templet.html、common.css 文件
	头部区域开发	编辑 class="header"区间内容
	导航区域开发	编辑 class="nav"区间内容
	友情链接与版权信息区域开发	编辑 class="footer"区间内容
网站主要页面开发	网站首页开发	建立并编辑 index.html、index.css 文件
	网站列表页面开发	建立并编辑 list.html、list.css 文件
	网站内容页面开发	建立并编辑 content.html、content.css 文件
网站发布	网站域名	申报域名、购买域名、域名备案、域名解析
	网站空间	购买空间、空间解析、文件上传

12.2.1　准备工作

在经过前期的需求分析，并由美工设计师制作出效果图后，网站前端工程师就要开始进入准备工作阶段，这个过程包括建立站点、效果图切片、效果图分析等工作。

1. 建立站点

建立站点对于网站的管理工作非常重要，站点文件夹是网站内容文件夹，里面存放网站所需要的文件，如图片文件、CSS 文件、JS 文件、文本内容文件、Flash 文件、音乐文件、视频文件等。通过建立网站的管理文件夹，就可以建立站点的内部管理结构，文件之间的逻辑关系就会简洁、明了，在后期网站上传服务器、网站内容维护等方面都有非常重要的作用。下面详细介绍使用 Adobe Dreamweaver CS6 软件创建站点文件的步骤。

（1）创建网站根目录。在电脑本地磁盘任意的盘符下均可创建网站根目录，这里在 C 盘中 web 文件夹中创建一个新的文件夹，作为网站根目录，命名为 huangyao，如图 12-4 所示。

（2）在网站根目录下新建文件夹。打开网站根目录 huangyao，在根目录下新建 css、images 和 JavaScript 文件夹，分别用于存放网站所需的 CSS 样式表、图像文件和 JavaScript 脚本文件，如图 12-5 所示。

图 12-4　建立根目录　　　　　　　　　　　图 12-5　网站基本文件夹

（3）新建站点。打开 Dreamweaver 工具，在菜单栏中选择"站点"→"新建站点"选项，弹出"站点设置对象"对话框，在对话框的"站点名称"处输入站点名称，在"本地站点文件夹"中浏览并选择站点的根目录，如图 12-6 所示。单击"保存"按钮完成站点的新建。

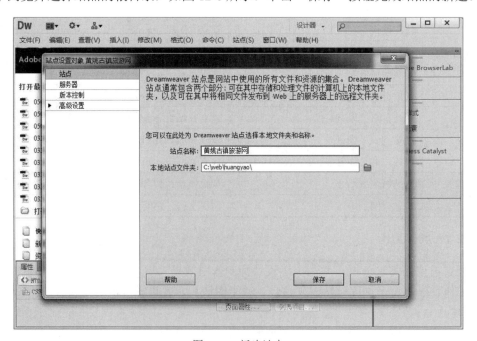

图 12-6　新建站点

2. 效果图切片

为了提高页面加载速度，有利于网页优化并满足部分版面设计的要求，需要将设计稿切成便于制作网页的图片素材，这个过程称之为"切片"。切片是把一张设计图利用切片工具按照网页编辑所需的规格切成一张张小图，便于后期的 DIV+CSS 编辑静态页面书写，完成网页布局。常用的切图工具有 Photoshop 和 Fireworks。本书以 Adobe Photoshop CS6 的切片工具为例讲解切片技术，具体步骤如下：

（1）选择切片工具。在 Photoshop 软件中打开效果图文件，选择工具箱中的"切片工具"，如图 12-7 所示。

图 12-7　选择工具箱中的"切片工具"

（2）绘制切片区域。拖动鼠标左键，在需要切割图片的区域选中一个矩形，切片的大小位置要依据网页的需求来确定，如图 12-8 所示。

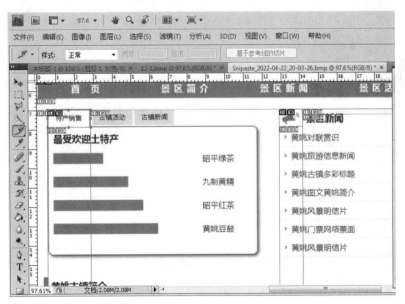

图 12-8　切片内容区域选择

（3）导出切片。切片绘制完毕后，需要导出切片文件。在菜单栏上选择"文件"→"存储为 Web 所用格式"选项，弹出"存储为 Web 所用格式"对话框，如图 12-9 所示。在"存储为 Web 所用格式"对话框中选择图片的保存格式，单击"存储"按钮打开"将优化结果存储为"对话框，如图 12-10 所示。在"将优化结果存储为"对话框中选择保存图片的路径位置，然后单击"保存"按钮，即可保存图片。

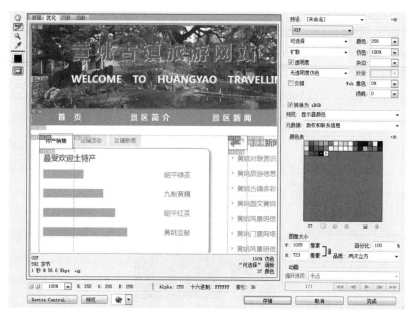

图 12-9　"存储为 Web 所用格式"对话框

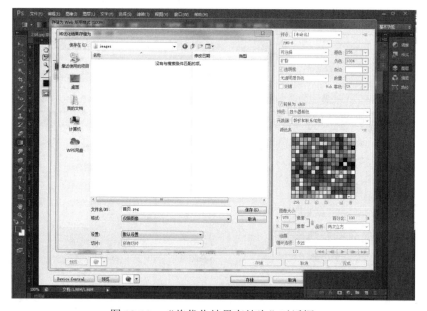

图 12-10　"将优化结果存储为"对话框

（4）存储图片。导出后的图片保存在站点根目录的 images 文件夹中，切图后的素材如图 12-11 所示。images 文件夹中的图片就是刚才通过切片工具把首页整张页面的效果图切割成许多小图构成的图片集，这里面有部分图片是网站不需要用到的，需要在后期筛选出来并删除掉。

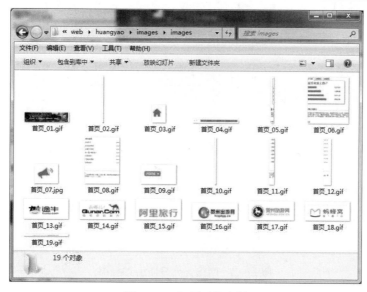

图 12-11　切图后的素材

3. 效果图分析

在正式开始前端代码编辑前，需要对网页的结构及版式进行分析理解，这样才能高效地做好网页的布局与排版工作。下面对网站效果图的页面布局、HTML 结构、CSS 样式和 JavaScript 特效进行分析。

（1）页面布局分析。网站页面的布局方式直接影响着用户使用网站的方便性，合理的布局会让用户在浏览网站时快速发现核心内容和服务。一般网页界面的布局展示规律是：从上到下，从左到右，将重要信息有序合理地排放在重要的位置；重要的内容在第一屏显示优先落入到用户的眼帘；各个模块展示要有层次性；页面布局的同级页面布局需统一。

分析网站三类页面的效果图发现，该网站的所有页面都是按照上、中、下的布局思路，主体内容在中间。三类页面上、下区域内容都一样，区别在于主体区域的结构不同，内容有变化。依据这样的页面关系，我们制作时也可以先制作相同的内容区域，再制作不同的内容区域。

（2）HTML 结构分析。分析网站三类页面的效果图可以看出，三类页面都是从上往下依次分成了头部标题区间、网站导航区间、页面主体内容区间、友情链接与版权信息区间 4 个区间模块，具体结构如图 12-12 所示。

（3）CSS 样式分析。通过对页面结构分析可知，所有模块区域均是等宽 1000px 大小，居中显示，整体效果以暗红色（#f35049）为色彩基调，文字除了头部区间的字体是微软雅黑之外，其余均是宋体，大小为 14px，所有链接文字均无下划线。这些共同的样式特征可以提前定义，减少代码冗余。

（4）JavaScript 特效分析。在该首页中，有两处场景用到了 JavaScript 代码实现功能，具体如下：

1）主体区间的切换栏。主体区间的第一个内容就是栏目切换，当鼠标指针移动到某个标题栏时，显示对应的栏目信息，并改变当前标题栏的外观样式。如鼠标指针移动到"特产销售"时，效果如图 12-13 所示。

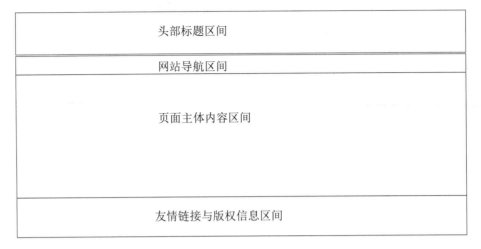

图 12-12　网站首页 HTML 结构图

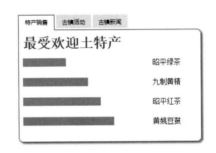

图 12-13　内容切换栏展示效果

2）页面主体内容区间的简介内容展开与收缩效果。首页有一个古镇简介的区域，如果所有内容全部显示会占据较大的空间，从而使页面不太美观，为了既保证简介的内容有效显示，又保证页面设计美感，此处运用了文章的展示与收缩特效，收缩的效果如图 12-14 所示。

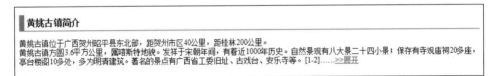

图 12-14　景区简介的展开与收缩效果图

12.2.2　网站公共部分模板开发

在完成了网站制作的基本准备工作后，下面就开始编辑页面的具体内容。这里使用网站模板页面 templet.html 做示范，按照页面的 3 个公共区域位置、效果，分别展开网站公共部分内容的制作。

1. 建立结构文件

新建一个模板网页名为 templet.html，具体的代码如下：

```
1    <!DOCTYPE html>
2    <html>
```

```
3   <head>
4   <meta charset="utf-8">
5   <meta http-equiv="X-UA-Compatible" content="IE=edge,chrome=1">
6   <title>黄姚古镇旅游网</title>
7   <link href="css/common.css" rel="stylesheet">
8   </head>
9   <body>
10  <!--页面头部, 开始 -->
11      <div class="header"></div>
12  <!-- 页面头部, 结束   -->
13  <!-- 页面导航, 开始 -->
14      <div class="nav"></div>
15  <!-- 页面导航, 结束 -->
16  <!-- 页面主体, 开始 -->
17      <div class="main"></div>
18  <!-- 页面主体, 结束 -->
19  <!-- 页面底部, 开始 -->
20      <div class="footer"></div>
21  <!-- 页面底部, 结束 -->
22  </body>
23  </html>
```

为了清除浏览器默认的标签样式，使得网页在各个浏览器中显示的效果一致，一般在做网站 CSS 具体设计前都会对 CSS 样式进行初始化并声明一些通用的样式。在站点文件 css 文件夹下建立一个样式文件 common.css，定义公共样式，具体如下：

```
/*重置浏览器的默认效果样式*/
body,ul,li,ol,dl,dt,dd,p,h1,h2,h3,h4,h5,h6,form,img{padding: 0;margin: 0; list-style: none;}
/*全局控制*/
body{ font-size: 12px; font-family:Arial,"宋体"; color#333; }
.header,.nav,.main,.footer{ width: 1000px; margin:0px auto; }
/*链接默认状态/
a { color: #222; text-decoration: none; }
```

2. 头部区域

首页头部的效果图如图 12-15 所示，效果比较简单，只有一个背景图、两行标题。背景图直接在头部区域框架的<div>标签内部放入，标题由<h1>标签和<h2>标签组成，打开 templet.html 文件，补充头部区域代码，该区域的 HTML 结构如下：

```
<!-- 页面头部, 开始 -->
    <div class="header">
        <h1>黄姚古镇旅游网站</h1>
        <h2>welcome to huangyao travelling website</h2>
    </div>
<!-- 页面头部, 结束   -->
```

CSS 样式方面，头部标题用到了阴影文本效果，这属于 CSS3 版本的功能，具体方法参考第 8 章知识点。打开 common.css 文件，输入如下代码：

```
1   /*头部样式设置*/
2   .header{ height: 200px;   background: url(../images/top.jpg) no-repeat; }
```

3	.header h1{ font-size: 48px; font-family: "微软雅黑"; color: red; font-weight: bold; margin-left:100px; padding-top: 30px; text-shadow: 1px 1px 0 #fff; }
4	.header h2{ font-size: 24px; font-family: "微软雅黑"; color:#fff; font-weight: bold; margin: 20px 0 0 100px; text-shadow: 1px 1px 0 red;　text-transform: uppercase; letter-spacing:2px; word-spacing: 20px; }

第 2 行代码设置头部框架的高度，并加载了 top.jpg 图片作为背景图片。第 2、3 行分别设置中文标题、英文标题效果，其中 text-shadow 属性设置其阴影效果。

图 12-15　首页头部效果图

3．导航区域

导航栏目包括五个按钮，导航能让浏览者的浏览网页过程一直在网站的目录结构内。这里导航的 HTML 结构运用了无序列表构成标题，通过加入<a>标签获得链接的功能。依据效果图，为第一个链接"首页"按钮添加了一个图标修饰，因此对其<a>标签属性添加一个类（class="home"），做专门的修饰。打开 templet.html 文件，补充导航区域代码，该区域的 HTML 结构如下：

```
1    <!-- 页面导航，开始 -->
2    <div class="nav"></div>
3        <ul>
4            <li><a href="#"   class="home">首        页</a></li>
5            <li><a href="#">景区简介</a></li>
6            <li><a href="#">景区新闻</a></li>
7            <li><a href="#">景区活动</a></li>
8            <li><a href="#">关于我们</a></li>
9        </ul>
10   </div>
11   <!-- 页面导航，结束 -->
```

导航的样式特征是底色为暗红色，链接文字为白色，当鼠标指针经过链接上方时呈现反差效果，底色变白色，文字变暗红色，对于首页按钮添加了图标修饰，还需要单独设置 CSS 样式。鼠标指针经过"首页"链接时效果如图 12-17 所示。打开 common.css 文件，补充如下代码：

```
1    /*导航列表设置*/
2        .nav{ height: 40px; }
3        .nav ul li{width:200px; float:left;   height: 40px; line-height: 40px; text-align: center}
4        .nav ul li a{   display: block;background: #f35049; color: #fff; font-size: 18px; font-weight: bold;
                letter-spacing:8px;    }
5        .nav ul li a:hover{ background: #fff; color:#f35049;   font-size: 24px;    }
6        .nav ul li a.home{background:#f35049 url(images/home.jpg) no-repeat 5px center; color:#fff;}
7        .nav ul li a.home:hover{background: #fff url(images/home2.jpg) no-repeat 5px center; color:#f35049; }
```

第 4 行代码定义了默认状态下的导航链接样式，第 5 行代码定义了鼠标经过链接上方时改变的状态样式，第 6、7 行分别定义了"首页"链接的默认效果及鼠标指针经过时的样式效果。

图 12-16　首页导航默认效果图

图 12-17　鼠标指针经过"首页"链接时效果图

4. 友情链接与版权信息区域

友情链接与版权信息区域分上下层，上层是友情链接内容，下层是版权信息内容。友情链接使用的是一组 span 标签，利用行内块属性设置行内元素的宽高大小并定位元素。版权信息很简单，就是一段文字的居中显示。打开 templet.html 文件，补充友情链接与版权信息区域代码，该区域的 HTML 结构如下：

```
1    <!--页面底部, 开始-->
2    <div class="footer">
3         <div class="link">
4         <p>友情链接</p>
5         <span class="two"></span>
6         <span class="three"></span>
7         <span class="four"></span>
8         <span class="five"></span>
9         <span class="six"></span>
10        <span class="seven"></span>
11        </div>
12        <div class="copyright">
13            <p>©CopyRight 2016-2017      All Rights Reserved. 黄姚古镇旅游教学版网站 版权所有</p>
14        </div>
15   </div>
16   <!--页面底部, 结束-->
```

打开 common.css 文件，补充输入如下代码：

```
17   /*底部设置*/
18   div.link{width:1000px; border-bottom: 1px solid #ddd;}
19   .link span{ display: inline-block; width: 150px; height: 50px; margin: 5px;    }
20   .link .two{ background: url(ex/images/2.png) no-repeat; }
21   .link .three{ background:url(ex/images/3.png) no-repeat; }
22   .link .four{ background: url(ex/images/4.png) no-repeat; }
23   .link .five{ background: url(ex/images/5.png) no-repeat; }
24   .link .six{ background: url(ex/images/6.png) no-repeat; }
25   .link .seven{ background: url(ex/images/7.png) no-repeat; }
26   .copyright p{ text-align: center; }
```

12.2.3　网站主要页面开发

1. 网站首页

分析首页效果图可以看出，首页的主体区间分成三大块空间，先是分别分成上下两部分，上部分再分成左右两部分结构，主体区间效果图如图 12-18 所示。对于由多组空间组合成的网页内容，采用先构造页面空间，再分部完成具体内容的方法实现，步骤如下：

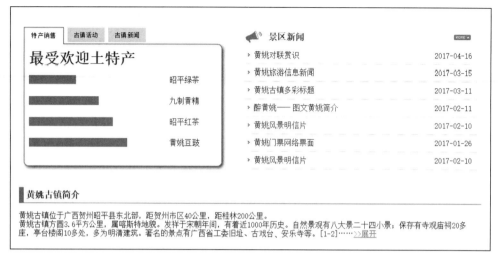

图 12-18　主体内容效果图

（1）构造结构空间。依据以上对效果图的分析，先勾画出主体区间的结构图，如图 12-19 所示。

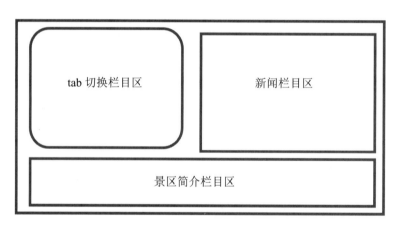

图 12-19　首页主体区间的结构分解图

通过复用 templet.html 文件，添加文件来构造新的页面框架结构。首先复制并粘贴模板页面 templet.html 文件，将其改名为 index.html 文件，打开该文件，再补充主体区间的代码，修改如下：

```
1    <!-- 页面主体，开始 -->
2    <div class="main">
3        <div class="tab"></div>        <!-- tab 切换栏目区间 -->
4        <div class="news"></div>        <!--新闻栏目区间 -->
5        <div class="info"></div>        <!--景区简介区间 -->
6    </div>
7    <!-- 页面主体，结束 -->
```

在 index.html 页面的 head 标签间添加新的 CSS 样式链接，具体如下：

```
<link href="css/index.css" rel="stylesheet">
```

在 css 文件夹下新建一个样式文件 index.css，打开并建立如下代码：

```
1  .tab{width: 450px; height: 300px;      margin: 20px; float: left;}
2  .news{width: 490px; height: 300px;      margin: 20px 20px 20px 0; float: left;}
3  .info{ clear: both; padding: 10px;   }
```

通过复用 templet.html 页面来生成 index.html 页面，快速生成了前面的公共部分内容，然后建立一个新的 CSS 样式文件（index.css）并加载到页面中，可以有针对性地做出本页面的效果内容。index.css 文件的第 1 行与第 2 行代码分别设定两个 div 的宽、高度，使用浮动方式定位两个框架，第 3 行使用清除浮动去掉前面浮动带来的影响。

（2）制作 tab 切换栏目。tab 切换效果的内容由上面的"标题"组和下面的"内容"组两部分组成，"标题"和"内容"是一组数据组合。打开 index.html，补充 tab 切换栏区间的代码，修改如下：

```
1   <div class="tab" id="tab">
2           <input type="button" name="" value="特产销售" class="active">
3           <input type="button" name="" value="古镇活动">
4           <input type="button" name="" value="古镇新闻">
5           <div style="display: block;">
6                       <h1>最受欢迎土特产</h1>
7                       <p id="p1">昭平绿茶</p>
8                       <p id="p2">九制黄精</p>
9                       <p id="p3">昭平红茶</p>
10                      <p id="p4">黄姚豆豉</p>
11          </div>
12          <div>
13                      <h1>最受欢迎古镇活动</h1>
14                      <p id="p1">牛王节</p>
15                      <p id="p2">舞鱼龙</p>
16                      <p id="p3">中秋放孔明灯</p>
17                      <p id="p4">正月抢炮</p>
18
19          </div>
20          <div>
21                      <h1>最受欢迎古镇新闻</h1>
22                      <p>评比活动正在策划中。。。</p>
23          </div>
24   </div>
```

tab 切换效果的样式目标是将一组"标题"和"内容"通过线条的方式关联起来，构成一个整体，在标题处理上也有默认效果与激活状态的反差。打开 index.css 文件，具体设置如下：

```
1  /*tab 的标题与内容样式*/
2  .tab{width: 450px; height: 300px; margin: 20px; float: left;}
3  .tab input{ background: #ddd; border: none; width: 80px; height: 30px; line-height: 30px; }
4  .tab input.active{background: #fff; border: 1px solid red; border-bottom: none; position: relative; bottom: -1px; width:85px; height: 35px; }
```

```
5    .tab div{ border: 1px solid red;   height: 230px; width: 400px; display:none; border-radius:0 10px 10px 10px;
     box-shadow: 3px 3px 6px #666; padding: 10px; }
6    /*内容框里面的样式处理*/
7    p#p1{ border-left:100px solid #f35049; padding-left: 200px;margin-bottom:25px; }
8    p#p2{ border-left:150px solid #f35049; padding-left: 150px;margin-bottom:25px; }
9    p#p3{ border-left:180px solid #f35049; padding-left: 120px; margin bottom:25px;}
10   p#p4{ border-left:210px solid #f35049; padding-left: 90px; }
```

编辑好 HTML 结构与 CSS 样式后，添加 JavaScript 代码。在 JavaScript 文件中建立 index.js 文件，在其中书写对应的 JavaScript 代码，具体如下：

```
1    window.onload = function () {
2        var oTab=document.getElementById('tab');
3        var oInput=oTab.getElementsByTagName('input');
4        var oDiv=oTab.getElementsByTagName('div');
5        for ( var i=0;i<oInput.length;i++) {
6        oInput[i].index=i;
7        oInput[i].onclick=function(){
8        for (var j=0;j<oInput.length;j++) {
9            oInput[j].className="none";
10           oDiv[j].style.display="none";
11           }
12           this.className="active";
13           oDiv[this.index].style.display="block";
14        }
15     }
16   }
```

在 index.html 的 head 标签区间引入该 JavaScript 文件，这样才能使得 JavaScript 代码对 index.html 页面产生影响，具体如下：

```
<script type="text/JavaScript" src="JavaScript/index.js"></script>
```

（3）制作新闻栏目。新闻栏目分栏目标题和内容两部分，呈上下结构。打开 index.html，补充新闻栏目区间的代码修改如下：

```
1    <div class="news"><!--新闻栏目区间 -->
2        <h3>景区新闻</h3> <strong ><a href="#"><img src="images/more.jpg" > </a> </strong>
3            <ul>
4            <li><a href="#">黄姚对联赏识</a><span>2017-04-16</span></li>
5            <li><a href="#">黄姚旅游信息新闻</a> <span>2017-03-15</span></li>
6            <li><a href="#">黄姚古镇多彩标题</a> <span>2017-03-11</span> </li>
7            <li><a href="#">醉黄姚——图文黄姚简介</a> <span>2017-02-11</span></li>
8            <li><a href="#">黄姚风景明信片</a><span>2017-02-10</span></li>
9            <li><a href="#">黄姚门票网络票面</a> <span>2017-01-26</span></li>
10           <li><a href="#">黄姚风景明信片</a><span>2017-02-10</span></li>
11           </ul>
12       </div>
```

标题部分使用了<h3>标签与一张效果为"更多"的图片，内容部分采用了典型的无序列表构造形式作新闻标题，列表内部把新闻标题与新闻时间分成了两个区间。打开 index.css 文件，具体设置 CSS 效果如下：

```
1  /*新闻*/
2  .news{width: 490px; height: 300px;    margin: 20px 20px 20px 0; float: left;}
3  .news h3{ display: inline-block;    width: 150px;    height: 40px; line-height: 40px; background:
   url(images/news.jpg) no-repeat;    padding-left: 50px;}
4  .news strong{ display: inline-block; width: 270px; text-align: right; }
5  .news ul li{ height: 35px; border-bottom: 1px dotted #ddd; }
6  .news ul li a{ display: inline-block; width: 380px; height:35px; line-height: 35px; text-decoration: none;
   background: url(images/ico.gif) no-repeat 5px center; padding-left: 20px; color: #333;    }
```

为分配空间大小，标题及内容都使用了行内块属性（display: inline-block），如第 3、4、6
行代码，保证了既能共享一行空间，也能设置长度属性。

（4）制作景区简介栏目。景区简介栏目包括栏目标题和文章内容段落两部分，结构很简
单。打开 index.html，补充景区简介区间的代码，修改如下：

```
1   <div class="info">
2           <h3>黄姚古镇简介</h3>
3           <p id="infoP"><span id="infoSpan">黄姚古镇位于广西贺州昭平县东北部，距贺州市区 40 公
    里，距桂林 200 公里。<br />
4   黄姚古镇方圆 3.6 平方公里，属喀斯特地貌。发祥于宋朝年间，有着近 1000 年历史。自然景观有八大景
    二十四小景；保存有寺观庙祠 20 多座，亭台楼阁 10 多处，多为明清建筑。著名的景点有广西省工委旧
    址、古戏台、安乐寺等。
5   黄姚古镇 2007 年被国家文物局列为第三批"中国历史文化名镇"；<br />2009 年被国家旅游局批准为 4A
    景区。<br />
6   黄姚古镇里的门楼、古戏台、古街、古井、民居、宗祠、庙宇、桥、亭、匾等为有形建筑遗产，特别是
    作为整体出现的古镇聚落环境。古镇明清古建筑保存有 300 多幢，面积达 1.6 万平方米，完整保存 8 条
    石板街，全部用青石板砌成，全长 10 多公里。还有亭台楼阁 10 多处，寺观庙祠 20 多座，特色桥梁 11
    座，楹联匾额上百副。古镇建筑具有很高的艺术审美价值，其设计建造匠心独运，从建筑学上说也是一
    笔宝贵的遗产。<br />
7   2008 年，广西壮族自治区批复同意实施贺州市《黄姚国家历史文化名镇保护规划》，要求严格按照《中
    华人民共和国城乡规划法》《中华人民共和国文物保护法》和《历史文化名城名镇名村保护条例》的要
    求对黄姚历史文化名镇及其文物进行管理。
8   黄姚古镇在有规划开发的同时，注重保护景区内外的景观，并按照修旧如旧的原则，对破旧的建筑或景
    观妥善地修复，尽量恢复原来的面貌。对古镇风景名胜区内的古建筑、古树名木、古墓葬、摩崖刻、革
    命遗迹和其他重要的人文景观设立保护标志，落实防护措施。<br />
9   </span>……<a id="infoA" href="JavaScript:;">>>展开</a></p>
10  </div>
```

CSS 设置也很简单，只是对栏目标题添加了粗左边框和细底边框作修饰。在 index.css 中
添加对应的 CSS 代码，具体如下：

```
1  /*首页黄姚简介*/
2  .info{ clear: both; padding: 10px;    }
3  .info h3{ border-left: 10px solid    #f35049; padding:5px; border-bottom: 1px solid #f35049;}
4  .info a{color:#f35049; }
```

为了布局效果，该栏目添加了 JavaScript 动态改变段落长度显示效果。在 index.js 中书写
对应的 JavaScript 代码，具体如下：

```
1  var oP = document.getElementById('infoP');
2      var oSpan = oP.getElementsByTagName('span')[0];
```

```
3        var oA = oP.getElementsByTagName('a')[0];
4        var str = oSpan.innerHTML;
5        oSpan.innerHTML = str.substring(0, 150);
6        var onOff = false;
7        oA.onclick = function () {
8            if ( onOff ) {
9                oSpan.innerHTML = str.substring(0, 150);
10               oA.innerHTML = '>>展开';
11           } else {
12               oSpan.innerHTML = str;
13               oA.innerHTML = '>>收缩';
14           }
15           onOff = !onOff;
16       }
```

2. 网站列表页

网页列表页的功能是汇聚、分类网页的标题，通过列表页面对网页内容的标题索引，用户可以快速找到需要的文档入口。不同分类栏目的列表页面内容会有所不同，但是外观结构基本不变，这里以"景区活动"栏目的列表为例，示范该网站的列表页面的制作过程。列表页主体区效果如图 12-20 所示。

图 12-20　列表页主体区效果图

从效果图分析可知，该区域内部分成两部分，左边是二维码和一组在线客服成员 QQ 号，右边是页面位置信息和标题链接列表。与 index.html 的处理方法类似，由 templet.html 页面复制粘贴，得到新的页面 list.html 文件，在 main 区域修改代码如下：

```
1   <div class="main">
2       <div class="left"> <!-- 左边内容 -->
3           <dl>
4               <dt></dt>
5               <dd>123456789</dd>
6               <dd>00000056789</dd>
7               <dd>1111111189</dd>
8               <dd>6677889900</dd>
9           </dl>
10      </div>
11      <div class="right"> <!-- 右边内容 -->
```

```
12          <div class="label">   <!-- 网页位置定义 -->
13              <h3>当前页面>>景区活动</h3>
14          </div>
15          <div class="details"> <!-- 标题链接内容 -->
16              <ul>
17                  <li><a href="#">黄姚对联赏识</a></li>
18                  <li><a href="#">黄姚旅游信息新闻</a></li>
19                  <li><a href="#">黄姚古镇多彩标题</a></li>
20                  <li><a href="#">醉黄姚—图文黄姚简介</a></li>
21                  <li><a href="#">黄姚风景明信片</a></li>
22                  <li><a href="#">黄姚门票网络票面</a></li>
23                  <li><a href="#">黄姚风景明信片</a></li>
24              </ul>
25          <div class="page">            <!-- 页码设置 -->
26              <span><a href="#">上一页</a></span><span><a href="#">下一页</a></span>
27          </div>
28              </div>
29          </div>
30  </div>
```

第 2～10 行代码定义了页面左边的内容，第 11～29 行定义了页面右边的内容。其中右边的内容又由三个 div 标签组成，分别是 label、details 和 page 类。

列表页的 CSS 样式设置类似首页，首先在站点的 css 文件夹下新建一个样式文件 list.css，在 list.html 文件的 head 标签区间添加引入 CSS 的语句，具体如下：

```
<link href="css/list.css" rel="stylesheet">
```

打开 list.css 文件，编辑输入如下代码：

```
1   .left{ width: 250px; height: 400px;border-right:1px dotted #ddd; float: left; }
2   dl{ width: 150px; height: 280px; margin: 10px auto;   }
3   dt{ width: 150px; height: 180px; background: url(../images/qrcode.jpg) no-repeat center center; }
4   dd{ height: 30px; line-height: 30px; background: url(../images/qq.jpg) no-repeat 10px center;
    padding-left:50px; }
5   .right{ width: 740px;min-height: 400px; float: right; }
6   .label{ border-bottom: 1px dotted #ddd; }
7   .label h3{ height: 40px; line-height: 40px; font-size: 14px; padding-left: 40px; background:
    url(../images/position.jpg) no-repeat 10px center; }
8   .details ul{ padding:30px; }
9   .details ul li{ height: 35px; line-height: 35px; border-bottom: 1px dotted #ccc; padding-left: 40px; background:
    url(../images/ico.gif) no-repeat 10px center; }
10      .page{ padding:0 50px; text-align: right; height: 20px; line-height: 20px; font-size: 14px; }
11      .page span{ margin-left: 30px; }
```

第 1 行和第 5 行使用 float 属性分成左右两个区间，第 3 行使用背景属性的方式加入二维码。至此"景区活动"栏目的列表页面的内容编辑完毕，其他栏目分类的列表按照同样的方法编辑即可。

3．网站内容页

网站内容页就是具体的内容页面，依据前面的分析，内容页面也是在模板页面的基础上修改 main 区域的内容实现的，其主体空间效果如图 12-21 所示。

图 12-21   网站内容页主体区效果图

与 list.html 的处理方法类似，由 templet.html 页面复制粘贴，得到新的页面 content.html 文件，在 main 区域修改代码如下：

```
1    <div class="main">
2            <div class="label">
3                <h3>当前页面>><a href="list.html" >景区活动</a>>>景区创意活动</h3>
4            </div>
5        <div id="outer">
6        <p id="title">黄姚古镇  一本被遗忘的千年诗集</p>
7        <div id="post"></div>
8        <p ><span id="sp1">postcard</span><span id="sp2">黄姚古镇明信片</span></p>
9        </div>
10   </div>
```

第 2～4 行代码设定的是网页当前的定位，中间第 3 行代码做了一个链接，可以跳转回到列表页面（list.html），第 5～9 行代码是网页的具体内容，每个页面的这一部分都会不一样，这里放置的是第 6 章的案例内容。

内容页的 CSS 样式设置类似于列表页，首先在站点的 css 文件夹下新建一个样式文件 content.css，在 content.html 文件的 head 标签区间添加引入 css 的语句，具体如下：

```
<link href="css/content.css" rel="stylesheet">
```

打开 content.css 文件，编辑输入如下代码：

```
1    .label{ border-bottom: 1px dotted #ddd; }
2    .label h3{ height: 40px; line-height: 40px; font-size: 14px; padding-left: 40px; background: url(../images/
     position.jpg) no-repeat 10px center; }
3    #outer{ width: 600px; height: 420px; border:4px dotted #ddd; background:#fff url(images/shigongqiao.jpg)
     no-repeat 40px 20px; padding: 20px; margin: 5px auto; }
4    #title{ color: #fff; font-size: 28px; font-family: "微软雅黑"; padding: 10px 50px;text-align: right; }
5    #post{ width: 150px; height: 100px; background: url( images/love.png) no-repeat; margin: 190px 0px 0px
     480px; }
6    span#sp1{ font-size:22px;font-weight: bold; margin-left: 20px; font-variant:small-caps;background: red;color:
     #fff; padding: 5px; }
7    span#sp2{ font-size: 12px; border-bottom: 1px solid red;color: red; padding: 5px; border-bottom: 1px solid
     red; }
```

第 1~2 行代码设定了网站位置内容的样式。第 3~7 行代码是对具体内容的设定，每个网页这部分都会不同，可以依据实际情况设定。

至此网站的三种类型网页结构、样式均已制作完成，后期就是对其他类似网页进行制作和链接属性的完善，而这些工作在实际项目操作中都是由如 PHP、ASP.NET、Java 等后台语言直接输出生产的，如果要掌握这一部分内容的操作，读者可以继续深入学习这些程序语言。

12.3 网站发布

网页制作好之后，只能在本机的浏览器上测试浏览，无法让互联网上的用户访问，这样的网页还不具有真正的网站意义。因此需要将网站发布互联网上，成为互联网的成员，所有互联网用户能通过浏览器直接访问该网页，这是网站建设的最后一步工作。要完成网站发布程序，需要做好域名与网站空间两方面的工作，流程如图 12-22 所示。

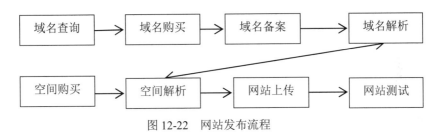

图 12-22　网站发布流程

1. 域名配置

域名是为了标识服务器空间的电子方位，是由一串用点分隔的名字组成的 Internet 上某一台计算机或计算机组的名称，也是便于记忆和沟通的一组服务器的地址。IP 地址是 Internet 主机作为路由寻址用的数字型标识，人不容易记忆，域名会解析服务器的 IP 地址，这样用户就不需要使用长串的 IP 地址了。要获得域名需要经过域名查询、域名购买、域名备案、域名解析几个步骤，这几个步骤都可以在域名代理商处操作，如阿里云、百度云、腾讯云等。

域名查询：在域名代理商处查询想好的域名，查看是否被他人注册，以确保您域名的唯一性。如果你想注册的域名已经被他人注册了，就只能换一个名字继续查询或者尝试与域名持有人交易购买该域名；如果该域名尚未被人注册，就可以进入到下一步购买程序。

域名购买：确定域名尚未被注册后，选择购买域名的拥有年份及其他服务，即可加入购物清单付费购买。有的域名在购买前还需要确定购买者的身份特征，如是个人用户还是企业用户等，这样做的目的是为后期域名的管理确定域名主体。

域名备案：备案是中国的一项法规，使用国内节点服务器开办网站的用户，需要在服务器提供商处提交备案申请。依据《非经营性互联网信息服务备案管理办法》，在中华人民共和国境内提供非经营性互联网信息服务，应当办理备案。未经备案，不得在中华人民共和国境内从事非经营性互联网信息服务。而对于没有备案的网站将予以罚款和关闭。一般的域名代理商都有备案帮助系统，只要在备案帮助系统上传真实的相关材料就可以顺利备案，例如，阿里云的备案系统流程如图 12-23 所示。

域名解析：域名解析是把域名指向网站空间 IP，让人们通过注册的域名可以方便地访问到网站的一种服务，域名的解析工作由 DNS 服务器完成。常见的解析方式有记录解析、CNAME

记录解析和 MX 记录解析。

图 12-23　备案流程图

2. 空间配置

简单地讲，网站空间就是存放网站内容的空间。

空间购买：网站空间的购买比较简单，主要是要考虑安全、性能、性价比等因素。网站空间有多种分类，以网站空间形式分有三种：独立主机、合租空间、虚拟主机。对性能要求以及网站访问速度要求极高的企业网站可以采用独立主机，其特点是成本较高、管理麻烦。中型网站可以采用合租空间，一般是几个或者几十个人合租一台服务器。中小企业甚至个人用户可以使用虚拟主机，一般是空间提供商提供专业的技术支持和空间维护，成本低廉。此外网站空间还可以按支持后台语言、按服务器线路等有各种分类。网站空间的购买可以在诸多的空间提供商处获取，常见的如阿里云、百度云、腾讯云等。

网站上传：网页制作完成后，程序需上传至网站空间才能成为互联网访问的对象。在文件上传前，可以通过购买空间的平台获得网站空间的用户、密码、FTP 用户、FTP 密码等账号信息，通过这些信息才能登录空间，上传信息，如图 12-24 所示。网站的上传可以通过文件浏览器上传网页方式和使用 FTP 客户端上传文件方式两种途径开展，一般使用的是后者，常用的软件有 FileZilla 或 CuteFTP。

图 12-24　网站空间账号信息

下面以 FileZilla 为例介绍如何上传网站文件。

（1）启动 FileZilla 软件，单击 File→Site Manager→New Site 新建站点。打开站点属性界面，建立 FTP 站点，如图 12-25 所示，所有登录属性都可以在网站空间账号信息找到。设置属性后，单击 Connect 按钮，即可连接至主机目录。

新站点名字可任意填写，比如填写为：新站点。

Host：填入主机的 IP 地址。

Port：填写 21。

Protocol：选择 FTP-File Transfer Protocol。

Encryption：选择只使用普通 FTP（Only use plain FTP）。

Logon Type：选择正常（Normal）。

User：填写主机的用户名（主机 FTP 用户名）。

Password：填写主机的 FTP 密码。

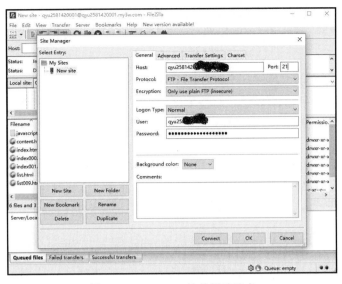

图 12-25　FileZilla 软件新建站点

（2）连接至主机后，软件目录界面中显示两个重要部分。Local site（本地区域）即本地硬盘，Remote site（远程区域）即远端服务器。找到远端服务器中存放文件的文件夹，同时找到本地硬盘中的网站页面内容，选中要上传的文件后右击，弹出菜单，选中 Upload 命令即可开始上传，如图 12-26 所示。

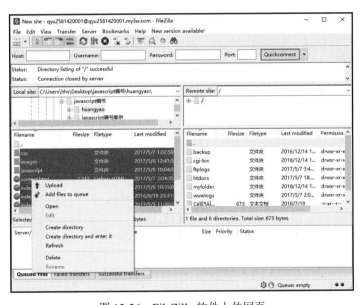

图 12-26　FileZilla 软件上传网页

使用软件上传网站文件后，就可以打开浏览器，输入域名与网站文件夹名在线测试网站了，此时网站真正地具有了互联网访问的功能。

参考文献

[1] 传智播客高教产品研发部. HTML+CSS+JavaScript 网页制作案例教程[M]. 北京：人民邮电出版社，2015.

[2] 温谦. 网页制作综合技术教程[M]. 北京：人民邮电出版社，2009.

[3] 李雯，李洪发. HTML5 程序设计基础教程[M]. 北京：人民邮电出版社，2013.

[4] 缪亮，范芸. 网页设计基础与上机指导——HTML+CSS+JavaScript[M]. 北京：清华大学出版社，2012.

[5] 刘玉红. HTML5+CSS3+JavaScript 网页设计案例课堂[M]. 北京：清华大学出版社，2015.

[6] 聂常红. Web 前端开发技术——HTML、CSS、JavaScript[M]. 2 版. 北京：人民邮电出版社，2016.

[7] 聂斌. HTML+CSS+DIV 网页设计与布局[M]. 北京：人民邮电出版社，2013.